国家出版基金项目
NATIONAL PUBLICATION FOUNDATION

国家出版基金资助项目
“十一五”国家重点图书规划项目

《生态文明与绿色低碳经济发展论丛》

刘思华 主编

生态文明与区域发展

刘铮 刘冬梅 等著

中国财政经济出版社

图书在版编目（CIP）数据

生态文明与区域发展/刘铮、刘冬梅等著．—北京：中国财政经济出版社，2010.12

（《生态文明与绿色低碳经济发展论丛》/刘思华主编）

国家出版基金资助项目 “十一五”国家重点图书规划项目

ISBN 978-7-5095-2595-1

Ⅰ.①生… Ⅱ.①刘…②刘… Ⅲ.①区域环境：生态环境-环境保护-研究-中国 Ⅳ.①X321.2

中国版本图书馆CIP数据核字(2010)第213025号

责任编辑：卢关平　　责任校对：张　凡

封面设计：朱　江　　版式设计：董生萍

中国财政经济出版社 出版

URL：http：//www.cfeph.cn

E-mail：cfeph @ cfeph.cn

社址：北京市海淀区阜成路甲28号 邮政编码：100142

发行处电话：88190406 财经书店电话：64033436

北京富生印刷厂印刷 各地新华书店经销

787×1092毫米 16开 24印张 325 000字

2011年12月第1版 2013年1月北京第2次印刷

定价：47.00元

ISBN 978-7-5095-2595-1/F·2209

（图书出现印装问题，本社负责调换）

本社质量投诉电话：010-88190744

国家出版基金资助项目
“十一五”国家重点图书规划项目
《生态文明与绿色低碳经济发展论丛》编委会

总　序

建设生态文明·发展绿色经济·构建和谐社会

——论发展中国特色社会主义“三大法宝”

党的十六大以后，以胡锦涛为总书记的党中央，科学分析我国全面参与经济全球化的新机遇、新挑战，全面认识工业化、信息化、生态化、市场化、国际化深入发展的新形势、新任务，正确把握当今世界和当代中国发展的面临的新课题、新矛盾；不仅认真总结发展中国特色社会主义的实践经验，而且高度重视世界各国发展的实践经验，从而提出科学发展观、构建和谐社会、建设生态文明、发展绿色经济①等一系列崭新发展理念和重大战略思想，集中体现了新世纪新阶段我们党、国家、政府在中国特色社会主义发展与经济发展问题上重大理论与实践的双重创新。因此，用科学发展观统领建设生态文明、发展绿色经济、构建和谐社会，这是以胡锦涛为总书记的中央领导集

① 本书所说的发展绿色经济是广义的，不仅是指广义的绿色产业，而且包括低碳经济、循环经济、清洁能源与可再生能源经济、碳汇经济以及其他节约能源资源与保护环境生态的经济等。

体的伟大创造。从理论层面上说，这三大重要战略思想，是中国特色社会主义发展理论与经济发展理论的基本观点，是胡锦涛为总书记的中央领导集体对中国特色社会主义理论的丰富和发展，所作出的特有的重大理论贡献，开辟了马克思主义发展理论在当代中国创新与发展的新境界，谱写了马克思主义中国化、时代化、大众化的新篇章。从实践层面上看，我们按照科学发展观的客观要求，建设生态文明、发展绿色经济、构建和谐社会的伟大实践，是中国特色社会主义实践的基本形式，应该说是21世纪中国发展的主旋律；甚至可以说，它们是21世纪发展中国特色社会主义的“三大法宝”，必将展现出中华文明发展所追求的中国生态经济社会有机整体绿色、和谐、协调、可持续发展的最高境界。“十一五”国家重点图书规划项目《生态文明与绿色低碳经济发展论丛》（以下简称《论丛》），是新中国成立以来最大的生态经济学哲学社会学出版工程，它力图从新兴交叉学科视角反映中国特色社会主义发展与经济发展的理论和实践双重创新。因此，本论丛的每部著作，都是选择发展中国特色社会主义的某个重大理论与实践问题进行双重探索，都有所创新。这就涉及发展中国特色社会主义的理论与实践问题很多，在此，仅把其中10个重大问题特意推出并加以简论，是为序。

一

科学发展观是建设生态文明、发展绿色经济、构建和谐社会的理论前提和生命线。党的十七大最终确立了社会主义生态文明观，这是把科学社会主义同中国基本国情与具体实践相结合得出来的马克思主义论断。建设生态文明，是中国特色社会主义的应有之义和重要内涵。它必然成为科学发展观的重要内涵与组成部分，是科学发展观的新发展的重要标志，使我们党的发展理论和文明理论由原来局限于

"社会的世界"扩展到"自然的世界"，反映了当今世界和人类文明的最新发展理念。它不仅是对人类经济社会发展的经验，而且是对生态自然发展的经验的深刻总结与高度概括。这是科学发展观具有划时代意义的根本含义。因此，以人为本的科学发展观的完整内涵和精神实质具有两层含义：一是在经济社会领域里，处理人与人的社会关系是以人为本；二是在生态自然领域里，处理人与自然的生态关系是以生态为本。在此，广义的"生态"，既是科学发展、和谐发展的核心要义，也是衡量科学发展、和谐发展的根本标志。因此，我们完全可以说，科学发展观是以人为本和以生态为本的双重价值取向的内在统一，是经济社会发展观和生态自然发展观的有机统一观。这就是科学发展观的核心内涵与基本要求的内在统一。因为，在21世纪建设生态文明、发展绿色经济、构建和谐社会的世纪，无论是全面发展，还是协调发展，尤其是可持续发展，都是与自然生态环境良性循环不可须臾分离的绿色发展，离开了人与自然和谐统一的生态发展即绿色发展就没有全面、协调、可持续发展可言。当然，也就没有科学发展可言。由此，我们必然得出一个合乎逻辑的结论：科学发展是以绿色发展、和谐发展为核心的全面、协调、可持续发展。这充分体现了科学发展观的绿色发展属性和特征。

科学发展观作为发展着的科学理论，它的理论内涵，不仅涵盖了建设生态文明的思想观念，而且涵盖了发展绿色经济的思想观念。如果说，生态文明与和谐发展是科学发展观和中国特色社会主义的应有之义与重要内涵，那么完全可以说绿色经济与绿色发展也是科学发展观和中国特色社会主义的应有之义与重要内涵。尤其是人与自然和谐协调发展，是生态文明的核心理念，也是生态自然发展观的核心理念；绿色经济的实质是经济生态和谐协调发展；和谐社会的本质是社会生态和谐协调发展。正是从"生态—经济—社会"有机整体的生态和谐协调发展意义上说，生态和谐协调已经成为当今中国和谐协调发展的根本基础。它是科学发展观在生态经济社会有机整体发展现实中的具体体现，也是社会主义和谐社会的一个最基本特征。正是在这个意义上说，在哲学层面上，科学发展观是中国特色社会主义生态文明观；在经济学层面上，是生态自然发展观和经济社会发展观有机统一的绿色经济发展观；在社会学层面上，则是中国特色社会主义和谐社会发展观。

二

发展是我们党执政兴国的第一要务。那么，发展的终极目的与价值尺度又是什么呢？尤其“三大法宝”实践选择的终极目的与价值尺度是什么呢？这是新世纪新阶段发展中国特色社会主义要解决的首要的重大理论与实践问题。党的十七大以后，传统或纯哲学社会科学理论，当然也包括传统或纯马克思主义经济学理论在内，都仍然认为，发展尤其是经济发展的终极目的与价值尺度，只是为了人的生存与发展的需要和利益，把非人类生命物种生存与发展的需要与利益，排斥在人的经济社会实践的终极目的和价值尺度之外。国际国内学术界都是如此。西方学者有句名言：“人类保护自然是出于保护自己的目的。”近几年来，学术界在阐明以人为本的科学发展观，纠正了过去把人作为工具和手段来实现经济增长的目的的错误观念，认为科学发展观的以人为本是指发展的出发点和落脚点，是为了人的生存与发展的需要和利益，人的发展是目的，即坚持把人民群众作为发展的终极目的和价值尺度。这是理论上一大进步。一些著名学者和权威刊物发表文章说：“建设生态文明，归根结底是为了人类自身的利益，也正是我们建设生态文明的归宿”。“注重生态价值和呵护好生态利益，归根到底为了人类利益，是为了更好坚持以人为本”。这种解说实际上是沿着极端人类中心主义和工业文明的思路来诠释建设生态文明，仍然没有摆脱工业文明发展的窠臼；把自然作为工具和手段来实现经济增长和最大限度地占有物质财富的目的。“三大法宝”的伟大实践，就向这种单一的终极目的和价值尺度发出了挑战。理论与实践都充分表明，工业文明是反人性（社会）和反自然（生态）的文明形态，工业文明时代的黑色经济是反人性（社会）和反自然（生态）的现代经济，资本主义工业社会是反人性（社会）和反自然（生态）的现代社会。当今我们建设社会主义生态文明、和谐社会和发展绿色经济，是人性化和生态化的崭新的现代文明、现代社会和现代经济，既要保证满足全体人民可持续生存与全面发展的需要和利益；又要保证满足非人类生命物种的生存健康与安全发展的需要和利益。这就是“三大法宝”实践选择的两重终极目的和价值尺度，这是自然、人、社会有机整体和谐协调为导向的生态文明、绿色经济、和谐社会的理论与实践的基本价值取向，更是我们探索中国特色社会主义发展与经济发展道路的理论与实践宗旨。因此，我们重构马克思主义经济学双重价值取向理论，寻找马克思主义经济学与当代人与人的发展问题和自然与生态发展问题之间的有机联系，使两者回归马克思主义经济学视野，确立它们在马克思主义经济学基本价值维度的地位。于是，我们把人和自然都是发展的终极目的的双重价值取向理论，运用到建设生态文明，发展绿色经济，构建和谐社会中来，不仅是经济智慧的升华，而且是生态智慧的升华；不仅是生存智慧的升华，而且是发展智慧的升华，必将引起包括新兴、交叉科学在内的哲学社会科学尤其会给马克思主义经济学研究带来革命性变革。

三

建设生态文明，构建和谐社会，都必须也应当大力发展绿色经济，形成生态和谐、社会和谐和经济和谐一体化的绿色经济形态。这是因为，绿色经济既是生态文明时代全新的经济形态与发展模式，又是和谐社会的最佳经济形态与发展模式。

马克思主义生态文明观认为，生态文明作为一种后工业文明，是社会形态和经济形态内在统一的全新的文明形态。从文明形态对人与自然发展关系的影响来说，工业文明是人与自然分裂与冲突的不和谐发展，可以称之为“黑色文明”，生态文明是人与自然内在统一与和谐共生的和谐发展，可以称之为“绿色文明”。因而，从生态与经济的发展关系而言，工业文明的经济形态是“黑色经济”，生态文明的经济形态是绿色经济。21世纪是建设生态文明、发展绿色经济、构建和谐社会的世纪。这个新世纪的社会形态的主导形态是生态文明或绿色文明，它们也是和谐社会的主导社会形态，这个新世纪的经济形态的主导形态是生态经济或绿色经济，它们在本质上是可持续发展经济，也是和谐社会的主导经济形态。首先，从绿色经济本质属性来看，我曾作过这样的概括：“绿色经济是可持续经济的实现形态和形象概括。它的本质是以生态经济协调发展为核心的可持续发展经济。”① 这就确认了绿色经济的生态经济属性，揭示了它的可持续经济的本质内涵。正是从这个意义上说，绿色经济作为生态文明时代的经济形态，是生态经济形态的现实象征与生动概括。其次，从现时代的经济发展实践来看，绿色经济正在朝着成为人类社会文明发展继农业文明的农业经济、工业文明的工业经济与知识经济之后的崭新经济形态的方向发展，并且现实已成为建设生态文明、构建和谐社会的重要经济发展模式。再次，从人类社会的经济形态演变的客观进程来看，生态文明是一种后工业文明形态，绿色经济是一种后工业经济形态；而包括信息经济在内的知识经济，既是工业文明高度发达的突出表现，又是在此基础上发展起来的一种后工业经济，是从工业文明的黑色经济向生态文明的绿色经济转型的经济形态，必然充当了工业文明

① 刘思华主编：《绿色经济论》，中国财政经济出版社2001年版，第3页。

和生态文明、黑色经济和绿色经济的中介。正是这个意义上，我们对绿色经济重新界定为：以生态文明为价值取向，以生态、知识、智力资本为基本要素，以人与自然和谐发展和生态与经济协调发展为根本目标，实现生态资本增殖的可持续经济。正因如此，2009 年 11 月，欧盟正式提出了新的战略构想，其核心要素就是发展绿色经济，要在未来的 10 年内，将欧盟打造成为一个“绿色知识经济体”。

社会主义和谐社会是一个自然生态和社会经济有机整体可持续发展的社会，这就决定了和谐社会的经济形态与发展模式，必然也应当是绿色经济。我曾在一些论著中提出“社会主义和谐社会是生态经济可持续性发展的社会”的新论点，此论准确地反映了和谐社会的生态经济属性和可持续发展经济的经济特征。因此，现在，我们完全可以说，发展绿色经济，铸造绿色经济形态，是对社会主义和谐社会生态经济属性和可持续经济特征的最充分体现。首先，社会主义和谐社会的科学命题，是对中国特色社会主义社会的生态与生态经济本质的最充分表达。因为社会和谐是中国特色社会主义的本质属性；生态和谐是构建社会主义和谐社会的生态基础，也是中国特色社会主义的本质属性；经济和谐是构建社会主义和谐社会的经济基础，当然是中国特色社会主义的本质属性。尤其是对于生态文明时代的现代社会主义社会，是自然生态关系和社会经济关系内在统一与和谐共生的生态经济社会有机整体。正是自然生态属性和社会经济属性的内在统一与和谐共生，才构成中国特色社会主义的本质。这种本质集中体现在人、社会、自然之间形成和谐、协调、可持续发展的关系。因此，社会主义和谐社会是一个生态经济可持续本质的社会。其次，建设生态文明、构建和谐社会，是对工业文明社会的人与自然相分裂、个人与社会相脱离、自然与社会互损而付出双重代价的基本特征的否定，是要真正实现人与自然双盛、个人与社会双强、社会与自然双赢，达到人、社会、自然和谐共生，共同繁荣与可持续发展的至高境界，最终创造一个自然生态和社会经济有机整体和谐协调可持续发展的社会。这是建设生态文明的真谛，也是构建和谐社会的要旨。再次，能够满足上述要求的只能是也应该是符合建设生态文明与构建和谐社会要求的绿色经济；只有发展绿色经济，才能建设生态和谐与经济和谐相统一的和谐经济。从自然生态意义上说，大力发展绿色经济是为和谐社会发展提供生态基础；从社会经济意义上说，大力发展绿色经济是为和谐社会发展提供经济基础。因此，大力发展绿色经济已成为当今世界经济社会发展和人类文明进步的一大趋势；绿色发展与绿色崛起更是当代中国经济社会发展、中华文明进步的势不可挡的大趋势。

四

建设生态文明、发展绿色经济、构建和谐社会，必须实施生态主导型的发展战略。这是发展中国特色社会主义的新战略，也是21世纪中国现代化发展的基本战略。这是建设生态文明和构建和谐社会的客观要求。(1) 生态文明是21世纪人类社会文明的主导文明形态，它是人与自然、人与人、人与社会、人自身四大和谐协调发展的现代文明。生态文明的这种总体特征，也是构建和谐社会的基本内容与根本目标，将成为21世纪现代经济发展和人类文明进步的主旋律和大趋势。而社会主义和谐社会的科学内涵内含着“四大和谐协调发展”，因此，建设社会主义生态文明的主旨，同构建社会主义和谐社会的主旨完全一致，这种一致性要求实施生态主导型的现代化发展战略。(2) 从我国实践来看，进入21世纪以来，我国一些地区大力提倡生态优先的发展理念，实施“生态立市（省）、环境优先”的发展战略，使一些城市、地区在走中国特色的新型工业化道路过程中，不仅在克服工业文明的弊端，而且超越工业文明，正在朝着建设生态文明社会方面前进，这实质上体现了“生态主导型的现代化发展”的基本战略。(3) 当然，从当今中国的总体上看，生态危机还在加深，它在本质上不仅是当代中国的发展危机，而且是当代中国的生存危机，是中华民族的生存方式的危机，真正缓解和克服生态危机的根本出路就在于从根本上改变现行的现代化的基本战略，实施生态主导型的现代化发展战略。(4) 全面贯彻落实科学发展观，必须把不断追求和递进实现“四大和谐协调发展”作为建设生态文明、发展绿色经济、构建和谐社会的价值原则、根本目标和运作航标，就必须要求实施自然生态、社会生态、人体生态一体化的生态文明发展战略，它在本质上是生态主导型的现代化发展战略。这种绿色发展与绿色崛起应当视为胡锦涛为总书记的中央领导集体实施科学发展战略的核心。因此，用绿色崛起带动和平崛起，走绿色和平发展道路，这是中华文明伟大复兴的必由之路。(5) 实施生态主导型的现代化发展战略，在经济领域内，就是实施绿色经济与绿色发展战略。这是21世纪可持续发展战略的集中体现。实现绿色经济发展战略，是加快转变经济发展方式、大力调整经济结构，走生态文明发展道路，从根本上促进中国生态经济社会有机整体和谐协调发展的根本大计，是具有全局性和战略性的重大战略。

五

建设生态文明、发展绿色经济、构建和谐社会的战略目标，就是把我国建设成为富强民主文明和谐的社会主义现代化国家，在发展中国家率先跨入生态文明社会，即可称之为生态社会或绿色社会。人类文明发展到今天，随着工业文明高度发达，人类社会生产与生活过程和自然界的生态过程已经完全相互交织与相互融合而浑然一体。当今维系人类生命和非生命形式的这个濒临失衡的球体上，客观存在的只是自然生态系统和社会经济系统互相依存、互相制约、互相作用、互相转化的生态经济社会有机整体。当今社会主义也是这样的有机整体，应该是人与自然、人与人、人与社会、人自身和谐共生共荣的社会有机整体发展形态。这就决定了“三大法宝”的战略目标和根本任务在实质上是完全一致的，甚至可以说，建设社会主义生态文明和构建社会主义和谐社会的目标和任务，是同一个问题的两个方面。

首先，不管是狭义还是广义的生态文明之说，建设社会主义生态文明，都必须是牢固地建立在马克思主义人、社会、自然有机整体和谐协调发展理论的基础上，推进人与自然、人与人、人与社会、人与自身和谐共生共荣、生态自然和经济社会的全面协调发展，实现生态经济社会有机整体的科学发展、和谐发展、绿色发展。只有这样，才能把中华文明建设成为人与自然、人与人、人与社会、人自身和谐协调发展的现代文明形态。这是建设社会主义生态文明的主旨，是实践马克思主义人、社会、自然有机整体和谐协调发展理论的生动体现。

其次，生态文明时代的绿色经济同工业文明时代的黑色经济的本质区别，就在于后者是建立在人与自然相分裂、社会与自然相互损的基础上；前者是建立在人与自然内在统一、社会与自然和谐共生的基础上。因此，绿色经济发展是以人与自然和谐发展、生态与经济协调发展为根本目标，是人、社会、自然和谐共生共荣的现代经济，是把中国特色社会主义经济发展的生态环境代价和社会经济成本减少到最低限度的可持续性的和谐经济。

再次，社会主义和谐社会必须是经济、政治、思想文化、生态环境等社会领域，各种要素及各个关系之间互相协调、相互融合的和谐发展状态。笔者曾把这种发展状态概括为：是“以人为主体的社会和谐发展状态，它包括人与人之间的和谐、人与自然之间的和谐、人与社会之间的和谐、人自身关系和谐四个方面的基本内涵”①。因此，构建和谐社会，实际上是人们不断追求和递进实现人与自然、人与人、

① 刘思华：《生态马克思主义经济学原理》，人民出版社2006年版，第484页。

人与社会之间关系的和谐发展，并最终达到人自身关系和谐发展，实现人、社会、自然有机整体和谐协调发展。正如胡锦涛同志所指出的："我们要构建的社会主义和谐社会，是经济建设、政治建设、文化建设、社会建设协调发展的社会，是人与人、人与社会、人与自然整体和谐的社会，要贯穿于建设中国特色社会主义的整个历史过程。"①

由上可知，在科学发展观的统领下，建设生态文明，就是建设生态和谐、经济和谐、社会和谐相统一的现代文明；发展循环经济，就是发展生态效率、经济效率、社会效率相统一的现代经济；构建和谐社会，就是构建生态公平、经济公平、社会公平相统一的现代社会。这样的现代文明形态和经济社会状态，就标志现代中国跨入了生态文明社会。从国内外学术界对后工业社会的研究，生态文明社会可以概括为生态社会或绿色社会。

在1994年出版的《当代中国的绿色道路》一书中，笔者明确提出："生态社会是现代经济社会发展的远景"，"农业社会——工业社会——生态社会并列为人类社会文明递进的发展序列"。在2006年出版的《生态马克思主义经济学原理》一书中，进一步指出："生态社会是和谐社会的理想模式"，揭示了绿色社会模式同和谐社会、生态文明的内在统一性。在国际上，许多学科学者的后工业社会或后现代社会的主张同笔者的主张基本相同。自20世纪90年代以来，先是西方生态学家试图以系统整体观和生态中心主义思想为基础，来构造全盘改造工业文明社会的方案，提出了"最终建立一种无等级差别的理想的生态社会"的主张。生态自治主义者对后现代社会的设想是一个在人与自然和人与社会关系上都消灭了统治、征服与压抑的绿色社会，是一个合作和谐的社会。英国学者伊恩·莫法特在《可持续发展》一书中，描述了可持续发展社会的景象，并称之为绿色社会模

① 引自《科学发展观重要论述摘编》，中央文献出版社2008年版，第72页。

式。日本经济学家在1999年提出了生态发展的共生与社会发展的共生相统一的“生态社会发展理论”。尤其是美国社会生态学者和生态社会主义学者，都设想了未来的生态社会的总体轮廓，提出了他们的生态社会观。生态社会主义理论对未来社会主义或共产主义社会发展模式的构想，就是构建一种超越资本主义和现实社会主义模式，按照生态可持续性原则，形成的人与自然、人与社会（人）、人自身和谐发展的新型社会主义社会，在这个总目标下，未来生态社会主义发展蓝图，也就是绿色社会模式。这同笔者所说的绿色社会模式，不仅是生态社会模式的形象概括，而且是“四大和谐有机整体”的生态社会的绿色概括，是完全一致的。在此，我还要特别强调的是，美国生态后现代主义的奠基人查伦·斯普瑞特克在2006年作了“生态社会的分析和展望”的演讲，指出“生态社会的选择正在高涨，并且正在成功地融入主流”，他用现实事实说明转向“生态社会的紧迫性”，还对中国给予厚望：“参与到生态社会的世界观中去，中国的社区和地区就可能在种种超越现代性的意识形态，走向绿色未来的道路上成为典范。”①

综上所述，在当代中国建设生态文明、发展绿色经济、构建和谐社会的终极目标，就是努力探索一个当今农业、工业、生态文明并存的“三元文明结构”的社会主义大国，实现中国特色社会主义文明形态超越发展，建设成为绿色经济强国、生态文明富国，在发展中国家率先把十几亿人口带进生态社会或绿色社会，即是生态（绿色）社会主义的和谐社会。这是在21世纪把我国建设成为富强民主文明和谐社会主义现代化国家的最高层次含义。

---

① ［美］查伦·斯普瑞特克著，张妮妮译：《生态后现代主义对中国现代化的意义》，《马克思主义与现实》2007年第2期。

六

建设生态文明、发展绿色经济、构建和谐社会的双重战略任务；这是中国的基本国情和21世纪中国特色社会主义发展的特殊规律所决定的。在人类文明发展史上，西方发达国家用了近300年时间，才实现工业化，使10亿人口进入工业社会。而我国仅用了60年就阔步进入工业化中后期，把13亿人口带进工业社会。但工业化的任务还没有最终完成，要继续进行工业文明建设。就在此进程中，我们又提出了建设生态文明的重大战略任务。这就是说，我们要遵循当今世界文明发展的普遍规律和共同思想，即人类文明发展正在进入生态时代，必须按照生态文明的要求进行工业文明建设，完成工业化的任务；发达国家是实现了工业化、建成高度发达的工业文明之后，才提出建设后工业文明，而中国特色社会主义则在建设工业文明的过程中就要正视建设生态文明问题。这如实反映了21世纪中国特色社会主义文明发展的特殊规律。社会主义中国作为世界上最大的发展中国家，必须坚持把发展作为党执政兴国的第一要务。因此，我们背负着建设工业文明、实现工业化和建设生态文明、实现生态现代化的双重战略任务；既面临着克服、消除工业文明的黑色经济形态与发展模式的黑色弊端，将其改造成为绿色经济形态，又面临着构建与生态文明发展相适应的绿色经济形态与发展模式的双重压力与双重应对。这是21世纪中国发展与经济发展的最根本的特殊性。根据这种特殊性来探索中国特色社会主义发展道路，使我们找到了“三大法宝”，它们充分体现了中国特色社会主义发展与经济发展应对双重压力和完成双重任务的时代步伐和客观进程。

正确认识和理解“三大法宝”尤其是建设生态文明与发展绿色经济同新型工业化的辩证关系，赋予新工业文明理论特质与新的实践导向，这是把中国经济切实转移到科学发展轨道上来所要解决的一个重大理论与实践问题。因为，（1）党的十六大确定的新型工业化道路，只是赋予了新工业文明的信息化内涵与信息经济的特征。新工业文明只有信息维度。这种工业化与信息化融合，只是表明工业化由大机器生产力发展到信息生产力，这是工业文明发展的新阶段。由于它缺乏生态内涵，使新型工业化在本质上仍然属于工业文明形态。（2）工业化和信息化融合难以克服传统工业化的弊端。这种弊端在人与自然的生态关系方面，是资源短缺、环境污染、生态恶化；在人与人的社会经济关系方面，是贫富悬殊、缺乏经济社会公平。我们探索新型工业化道路以来的7年间，不仅环境污染和生态破坏日益严重，而且为富不仁、劳资对立、贫富差距也变得越来越严重。从学理上说，信息化是应当获得资源消耗低的效果，但是这7年间资源高消耗没有得到缓解。对此，不少学者认为，我国探索新型工业化道路并没改变我们在传统工业文明发展老路上前行的步伐，没有达到新型工业化和建设生态文明的一致性。（3）只有信息维度的新型工业化的主旨，主要是对传统工业文明的弊端加以限制，不会改变工业文明整体的反人性、反生态性质和不可持续性，是不能使新型工业化直接成长为生态文明的。因此，新型工业化道路在本质上是建设工业文明的发展道路；建设生态文明，是生态文明发展道路，不能把两者混为一谈。因此，在实践中推进新工业文明同生态文明有机结合与融合发展，这必须将走新型工业化道路综合为生态文明发展道路的内在环节，使建设新工业文明纳入建设生态文明之中，使它成为中华文明由工业文明向生态文明转型的过渡性文明形态。为此，我们必须对新型工业化的理论特质与实践导向重新界定。（4）按照“三大法宝”尤其建设生态文明的新要求，赋予新型工业化生态内涵，确立新工业文明信息化维度和生态化维度的有机统一，开启新工业文明的生态视阈，为我国现代工业体系和产业结构的知识化（包括信息化）与生态化的相互协调与融合发展提供理论前提。(5) 笔者曾在《生态马克思主义经济学原理》一书中提出:探索新型工业化道路,应当从一个基本点升华为两个基本点,"以信息化带动工业化,以工业化促进信息化:以生态化优化工业化,以工业化推动生态化,走出一条科技含量高、经济效益好、资源消耗低、环境污染少、人力资源优势得到充分发展的新型工业化路子。"① 因此,新工业文明不仅要大量推进信息化与工业化融合,而且要大力推进生态化与工业化融合。它不仅是实现工业化,建设高度发达工业文明的过程;而且是这种过程同信息化与生态化并行不悖且相互融合,从而推进工业文明向生态文明转型的跃迁过程。

七

加快转变经济发展方式,形成与建设生态文明、构建和谐社会相适应的绿色经济发展模式,这是21世纪现代经济发展模式的伟大革命,是生态文明与可持续经济发展理论研究的一个历史性课题,也是中国特色社会主义经济发展理论研究的一场攻坚战。首先,党的十七大明确指出,"经济增长的资源环境代价过大","建设生态文明;基本形成节约能源资源和保护生态环境的产业结构、增长方式、消费模式。"这表明我们建设生态文明需要由高昂代价的黑色经济发展方式向最低代价的绿色经济发展方式转变,形成最低代价的可持续的绿色经济发展模式。长期以来,我国学界对我国经济发展的创新理论模式的研究,显得十分薄弱,尤其是近年来,对建设生态文明、构建和谐社会的经济发展"模式化"问题研究,可以说还没有破题。大家知道,党的十四届五中全会制定了经济体制和增长方式两个根本转变的战略方针,时至今日,经济体制的根本转变基本实现而增长方式的转变没有实现,并且粗放型增长方式更加强化,使在工业文明发展过程

① 刘思华:《生态马克思主义经济学原理》,人民出版社2006年版,第541页。

中形成的缺乏生态内涵的经济增长方式与经济发展模式仍然处于主导地位。因此，彻底改变、超越工业文明发展的经济模式，形成生态文明发展的经济模式，这是中国特色社会主义道路的战略重点和发展思路，也是建设生态文明与构建和谐社会的极其重大的难题。我们可以说，中国现代化建设和改革开放能否取得最终成功，将取决于我们能否成功地实现工业文明发展的经济模式向生态文明发展的经济模式转变。

其次，可持续发展经济学及它的马克思主义形态的生态马克思主义经济学，全方位论证了生态是21世纪现代经济运行和经济发展中的内生变量，探讨了生态发展规律及其对经济发展和运行效率的影响，构建了最低代价生态内生经济发展模式的基本框架。绿色经济发展模式，就是这种模式的现实形态，也就是说，绿色经济发展在本质上是最低代价生态内生经济发展模式。历史与现实都表明，工业文明发展的经济模式，是“大量生产、大量消耗、大量消费、大量废弃”的不可持续的黑色经济发展模式。这种经济模式在我国工业文明发展中，形成“高开采、高投入、高消耗、高污染、低利用、低产出、低质量”的粗放型经济增长方式，这是目前我国最高代价生态外生经济发展模式的基本实现形态。因此，改革开放30年来，我国经济快速高速增长，可以说是完全被工业文明的经济发展模式所浸透。这就迫切要求我们必须创造一种与自然生态相和谐协调的科学发展模式，这已成为当今中国现代化建设的当务之急。党的十七大标志着中华文明中一个建设社会主义生态文明的新时代正在到来，建设生态文明与构建和谐社会的经济发展“模式化”，就是要形成与社会主义生态文明、和谐社会发展相适应的绿色经济模式。这就是中国特色的绿色经济发展模式，应该是超越资本主义经济模式，其本质内涵应当是最低代价的、生态内生的生态经济和谐协调可持续发展模式，即是生态自然和经济社会和谐协调可持续发展双赢发展模式。

再次，从学理上说，绿色经济是生态文明时代的崭新经济形态，从实践层面上说绿色经济是生态文明发展的全新经济模式，无论是前者还是后者，其现实的具体的实现形式，都具有多样性，其中最基本的形态，或者说主要经济技术模式，就是以低能耗、低污染、低排放为基础的低碳经济和减量化、再利用、资源化为特征的循环经济，它们都属于绿色经济范畴，都是绿色经济模式的现实体现。

八

深化经济体制改革，建立社会主义生态市场经济体制，为建设生态文明、发展绿色经济、构建和谐社会提供制度基础和体制环境。这是中国经济体制的第二次革命，即经济体制的生态革命。我国经济改革与发展，实行两个具有全局意义的根本性转变之所以呈现逆向运动，其中一个根本原因就在于，我国初步建立起的社会主义市场经济体制，未能摆脱传统计划经济体制的窠臼，仍然保留着生态与经济相脱离、人与自然不和谐的基本特征，甚至可以说，还是一个以牺牲生态环境和以牺牲大多数平民百姓的利益（包括人的生命安全与心身健康）为代价而使一部分人富起来的经济体制，它实质上是建设工业文明的经济体制。正是从这个意义上说，改革开放30年来，我国经济体制改革，基本上是沿着工业文明发展“体制化”的方向前行。所以，现行的社会主义市场经济体制克服工业文明发展那种牺牲生态环境和大多数平民百姓利益的制度与机制，显得勉为其难和无能为力。

在当今世界，无论是发达国家还是发展中国家，各国市场经济体制及运行机制，基本上是以人与自然、生态与经济相分裂与对立为特征的，使现代经济运行与发展往往不能反映生态学真理。正如一位德国学者所指出的：“迄今为止，还没有一个国家拥有围绕关注环境而组织的市场经济，德国也不例外。”① 因此，当今世界各国的现代市场经济体制尤其是发达国家的自由市场经济体制，不仅是当今有效需求不足的国际金融危机与全球资本主义经济危机的体制原因，而且更是生态资本有效供给不足的全球生态危机的体制原因。在改革开放30年间，我国坚持资源配置市场化的改革方向，从根本上改变了高度集中的计划经济体制，建立了社会主义市场经济体制，带来了空前的经济繁荣，创造了世界经济发展的奇迹，使我国物的世界大大发展，初步实现由贫穷向富裕的根本转变。但是，初步建立起的现代市场经济体制即没有克服当今世界各国的现代市场经济体制的根本缺陷，这就是没有超越人与自然、生态与经济相分裂与对立的根本特征，仍然是一种生态外生的非持续发展经济体制。这是我国现行的社会主义市场经济体制还很不完善的一个根本方面。它还存在着排斥市场经济体制与运行机制的生态要素，以及市场主体的厂商追求效用最大化、利润最大化与环境保护、生态建设与发展的尖锐矛盾；从而经济运行不能反映生态学真理，在创造物质生产力、使我国经济发展、日益富裕的同时，消灭了生态生产力，使我国生态资本有效供给不足、生态贫困越来越严重。国内外现代市场经济运行与发展正反两方面事实充分表明，中国特色的社会主义市场经济体制，应该是市场对资源配置的基础性调节作用同国家宏观调控与政府监督对经济社会的主导性调控作用相结合的政府主导型市场经济，这是一方面；另一方面，建立和完善社会主义市场经济必须内在地具有可持续发展的生态机制，使生态环境真正成为现代经济良性运行与可持续发展的内生要素与内在机制，就能表现出超越发达资本主义市场经济的制度优势。这是完善社会主义市场经济市场体制即现代市场经济体制创新的一个根本方向。

因此，符合生态文明发展的绿色经济发展、和谐社会发展要求的

① 吴晓东等译：《人类需要多大的世界 MIPS——生态经济的有效尺度》，清华大学出版社2003年版，第146页。

经济体制，是生态与经济一体化的生态内生经济体制，这就是以生态可持续性为核心的可持续发展经济体制。它要求我们必须推进生态掠夺型的工业文明经济体制向生态发展型的生态文明经济体制转变。唯有如此，才能使我国社会主义市场经济既能反映经济学的真理，又能反映生态学真理。这是建设生态文明和构建和谐社会尤其是发展绿色经济“体制化”的正确方向和重大任务，更是完善社会主义市场经济体制的正确方向与重大任务。

早在10多年前，我在《可持续发展经济学》一书中批判了传统经济体制的根本缺陷与主要弊端，深刻论述了可持续发展经济体制的本质内涵与基本特征，提出了我国经济体制改革的本身应当实现两个根本转变：一是从传统计划经济体制向现代市场经济体制的根本转变，即建立社会主义市场经济体制：二是从现代市场经济体制向可持续发展经济体制的根本转变。这种体制的要义应是基于生态关怀和人文关怀的生态可持续性，在此基础上构建全新的生态内在现代市场经济体制，即中国特色的社会主义可持续发展经济体制，它实质上是中国特色的社会主义生态市场经济体制，是对现行的现代市场经济的现实超越与理论超越。因此，实践“三大法宝”都内在要求现行市场经济体制和运行机制，克服自身的根本缺陷，使之具有生态向度和人文向度及其统一性，真正建立起生态与经济一体化的、生态内在的可持续发展经济体制。这种经济体制才是符合生态文明发展、绿色经济发展、和谐社会发展的崭新的经济体制。这是一个新的历史跨越、新的伟大实践。在理论上，尤其在实践上，这是个21世纪中国改革与发展的难题。

九

建设生态文明、发展绿色经济、构建和谐社会，都需要一场彻底的生态革命，形成整个社会主义社会运行与发展机制的全面生态化即全面绿化。20世纪下半叶以来，发达国家的工业文明高度发达，把现代人类逼进了生态危机的深渊，现今全人类还处于大规模的生态灾难之中。它不仅吞噬着自然生态（即人身外的自然），而且毁坏着人体生态（即人自身的自然），使现存的人类生存方式具有毁灭性。这是资本主义工业文明和自由市场经济的反生态和反人性的集中表现。这种人类生存方式危机的深刻根源，就是人们经济社会活动的价值观念、行为方式、社会经济、政治文化、科学技术机制的反生态化和人性化。因此，当今人类可持续生存与全面发展，需要一场深刻的生态革命，推进人类生存与发展的生产方式和生活方式的生态化转型，实现人类生存方式的全面绿化；其关键又在于现代经济领域里必须进行一场彻底的生态革命，实现现代经济运行与发展的全面绿化。生态革命要求现代经济社会活动必须按照反映自然生态规律的自然生态原则去实现世界系统运行的生态合理性，也就内在要求经济、科技、文教、政治、社会活动等经济社会运行与发展的全面绿化，当代中国的生态革命的根本目标，就是追求生态经济社会有机整体内部机制的生态化，形成社会主义生态市场经济体制机制，使中国特色的社会主义经济社会体系运行朝着人性化与生态化的方向发展，这是科学发展观和社会主义生态文明对工业文明的时代性扬弃和实践超越。生态文明、绿色经济、和谐社会是生态化和人性化内在统一的现代文明、现代经济、现代社会。因此，实践“三大法宝”，都内在要求现代经济社会运行与发展机制的人性化与生态化，实现自然生态、社会生态和人体生态的和谐协调发展。

进行经济社会的彻底生态革命，不仅要用生态理性绿化现代经济和现代社会，更重要的是而且首先是用生态理性绿化思想观念，进行彻底的思想观念的生态革命。近年来，世界各国应对国际金融危机和气候变化的过程，正如李克强同志所说：“是人们思想革故鼎新的过程，也是世界经济创新发展的过程。”在今日之中国，实践“三大法宝”的过程，确实是中国特色社会主义创新发展的过程，是推动中国特色社会主义经济发展从要素驱动向创新驱动转变的过程，这是首先要创新思想观念。从根本上说，应当是革工业文明思想观念之故，鼎生态文明思想观念之新。然而，不要说包括当代中国在内的发展中国家，就是当代发达国家已经发展到后工业社会，进入“后工业文明时代”，但人们的价值观、财富观、发展观、实现观还停留在工业文明社会，基本处于工业文明时代。正如美国学者H. 梅多斯所说的：“生活在今天的人们是很难理解工业革命是如何深刻改变人类思想的，因为我们自己一直都在运用工业革命的思维模式进行思考。”① 因而需要一场彻底的思想观念生态革命。建设生态文明、发展绿色经济、构建和谐社会，当务之急就是进行新一轮的思想解放，其主旨是思维模式的生态革命。这就是从建设工业文明观念、思想、理论的禁锢下解放出来，树立和践行建设社会主义生态文明的价值观、财富观、发展观、实现观和政绩观，才能保证中国特色社会主义经济社会运行与发展朝着生态化与人性化方向发展。

十

建设生态文明、发展循环经济、构建和谐社会的最大难题和严峻挑战，就是今日之中国“资本的逻辑”已差不多成为支配社会生活一切的逻辑。“资本的逻辑”是同“三大法宝”的“劳动的逻辑”相对立的，尤其是与生态和谐、经济和谐、社会和谐不相容。因此，如何克服、摆脱“资本的逻辑”的束缚，构建和谐生态、和谐经济、和谐社会，并推进当代中国生态经济社会有机整体和谐协调发展，这是发

① ［美］唐标勒·H. 梅多斯等著，赵旭等译：《超越极限》，上海译文出版社2001年版，第231页。

展中国特色社会主义的“歌德巴赫”猜想。

首先，马克思主义对资本主义社会的批判，就是对资本逻辑的批判。在资本主义私有制下，建设工业文明是通过发展市场经济（从总体上看，主要表现为自由市场经济）来创建资本主义工业文明。于是“资本霸权逻辑”就成为资本主义工业文明和市场经济的内在性的社会经济属性。它们就完全被资本主义制度的反人性和反自然的本质特征所浸透，使反人性和反自然成为它们的内在特质。马克思曾经强调指出，资本家是“人格化的资本”，贪婪和惟利是图是他们的本性，在他们看来，世界上没有一样东西不是为了金钱而存在，他们活着就是为了赚钱。因此，资本[①]的惟一价值取向，就是要使自身不断增殖，以赚钱为本，追求资本利益最大化，最大限度地获取经济利益，实现赚钱发财的目的。这种资本的本性支配着企业乃至整个社会生活，它们就围绕利润最大化这一核心运转，在这种“资本霸权逻辑”支配下，资本主义工业文明与市场经济发展，就必然以牺牲精神道德为代价，以牺牲生态环境为代价，以牺牲人的生命安全与心身健康为代价，尤其是掠夺自然，破坏环境，蹂躏生态，成为“资本霸权逻辑”支配、主宰自然的必然逻辑。当今发达国家资本主义文明在“资本霸权逻辑”的支配下，不仅发生金融危机与经济危机；而且是生态经济社会极不公平、不和谐、极度片面发展的现代文明。可见，资本逻辑确实是与生态文明、绿色经济、社会和谐相对立的，资本的价值取向和生态的价值取向是相对抗的。

其次，当今之中国，处于社会主义初级阶段，改革开放初步建立起社会主义市场经济，已从排斥资本变为接纳资本，甚至允许资本扩张。在我国是以公有制为主体的多种所有制并存，个体经济、民营经济、外资经济等私人资本在数量可能超过国有资产；加之私营企业家也可以入党，以赚钱为主旨的人们无疑已成为中国社会的中坚。这样

① 这里所说的资本，是指物质资本，即是马克思《资本论》中所说的资本概念。

“资本的逻辑”已差不多成为支配中国经济社会运行的主导逻辑。从我国前段时期利用资本所带来的负效应来看，出现了许多企业见利忘义、惟利是图，道德滑坡，不择手段牟取非法暴利，官商勾结，权钱交易，腐败现象日益严重。贫富差距日益扩大，生态环境日益恶化，制造出癌症村越来越多等破坏经济和谐、生态和谐、社会和谐，使我国发展陷入了“挤资源求发展”、“有发展无幸福”的困境。这是新自由主义经济学在实践中酿成的必然恶果，其罪魁祸首，就是“资本的逻辑”。2008 年的山西溃坝事件和三鹿奶粉事件的罪魁祸首也正是“资本的逻辑”。因而，在我们面前出现了这样一个世界难题，中国现代化事业尤其经济发展离不开资本的扩张，发展私营资本经济，而在我国现阶段又难以消解、改变资本的本性，社会主义市场经济和工业文明，又不能克服市场经济和工业文明的反人性和反生态的特性，那么我们究竟如何破解这个难题呢？

再次，丰富和发展中国特色社会主义理论，消除马克思主义生态文明与和谐社会理论同我国工业文明发展与市场经济发展实践之间的尖锐矛盾，这就必须把建设工业文明纳入建设生态文明的轨道，探索中国特色社会主义生态文明、绿色经济、和谐社会发展道路。按照马克思主义观点，社会主义的最终目标，是要消灭私有经济，逐步克服、消除“资本霸权逻辑”。然而，今日之中国资本存在具有合理性，但不能认为只有等到资本的合理性完全丧失殆尽以后再去考虑超越资本。因此，“为了确保经济的发展和社会的稳定，国家不能让资本权力无限地张扬，而是通过国家的调节，以缓解资本与社会的对抗。”这就是说，“在现阶段，我们需要资本，但必须限制资本的霸权，这就是基本结论。”[①] 所以，我们为了建设生态文明、发展绿色经济、构建和谐社会，“我们不仅要利用资本与限制资本结合在一起，还要把

① 详见孙承叔：《真正的马克思》，人民出版社 2009 年版，第 398—400 页。

利用资本与超越资本结合在一起。"① 这就是我们要实行利用、改造、限制、超越资本的"八字"方针。利用资本发展经济，使物质生产力高度发展；改造资本就是利用资本绝对不能拜倒在资本的脚下而自由放任，而要逐步改变它的反人性和反生态性的负面影响；限制资本就是绝对不能任凭资本逻辑的横行霸道，不能让资本权力无限张扬，必须采取种种限制措施，把资本增殖、追求利润最大化，以"三个牺牲"为高昂代价降到最低限度；超越资本就是摆脱"资本的逻辑"束缚，逐步扬弃资本原则。只有这样，我们探索中国特色社会主义发展道路，才能实现生态和谐、经济和谐、社会和谐，使中华文明发展走向生态经济社会有机整体和谐协调可持续发展的理想境界，最终建设成为富强民主文明和谐的社会主义现代化国家。

最后，我还要指出的是，自党的十七大以来，建设生态文明问题已成为我国学术理论界的研究热点，引起多学科学者的极大兴趣，发表了大量的论文，出版了不少著作，国家社科基金也立项了多项课题。然而，令人遗憾的是，运用马克思主义的立场、观点、方法，研究生态文明理论，真正认识建设社会主义生态文明问题的学者（如像陈学明教授那样）却是少数；多数学者没有真正认识生态文明本身所特有的基本范畴、基本理论及其发展规律；甚至有些学者把西方经济学的环境污染治理思想，这种西方工业文明发展先污染后治理的理论表现，也归纳成为生态文明理论，这是把工业文明和生态文明混为一谈，在理论上是很不科学的。所以，我认为，在今日之中国，对建设生态文明理论的马克思主义研究，还是刚刚起步。因此，目前和今后加强对建设社会主义生态文明与和谐社会、发展中国特色的绿色经济及其相互关系研究，是中国特色社会主义生态经济社会发展理论研究的一场硬战。虽然说，本论丛存在着不少值得商榷之处，但它的出版，会为我国学术理论界更深层次的研究，提供有益的丰富的思想材

① 陈学明：《生态文明论》，重庆出版社2008年版，第63页。

料，必将推动中国特色社会主义生态经济社会理论与实践的不断探索与日益发展。

刘思华

2010年11月于湖北恩施

目　录

第一章 生态文明发展与区域发展

第一节　中国生态文明的发展理念及其战略

一、生态经济是生态文明时代的经济形态

（一）生态经济理念的演进

迄今为止，人类经过了三种文明：原始文明、农业文明和工业文明。目前中国正处在从工业文明向第四种文明即生态文明迈进的阶段。

原始文明。原始社会由于生产力水平低下，人类所奉行的是适应自然并绝对依附于自然的活动原则。在这一阶段，人类只能被动地适应自然，盲目地崇拜自然、依赖自然，对自然生态没有任何实质性的破坏和威胁，并且处处受到自然界的束缚。人类生态活动没有超出自然界的承载能力。因此，原始文明是初始的、低级的，是受自然支配的文明阶段。

农业文明。进入农业社会，人类开始发挥主观能动性，增强了改造自然的能力并在一定程度上支配自然，但同时也加快了人与自然的分化。总体说来，在农业文明时期，人类既利用自然又尊重自然，农业文明对

生态环境的破坏是有限的，它并没有造成整个生态环境的恶化。人类改造自然的活动并没有威胁到人类的生存与发展进程。

工业文明。在工业革命后，科技的应用使生产力水平大幅度提高，人类对自然的“控制”与“征服”能力增强，创造了巨大的物质文明与技术文明，但是，以消耗自然资源和能源为基础的工业文明对生态平衡造成了极大破坏，导致了一系列全球性生态问题出现：人口暴涨、资源短缺、环境污染和生态破坏。以至于自然界不断对人类进行报复：厄尔尼诺现象、温室效应、沙尘暴、大洪水、大旱灾、地震、沙漠化等。

生态文明。随着人口、资源、环境问题的日益凸显，人们逐步认识到：人类必须选择一种新的文明方式实现与自然的协调发展。生态文明正是在对传统的经济发展模式和经济行为深刻反思的基础上形成的，是人类在对待人与自然关系上的进步，顺应了人类社会文明发展的潮流。生态文明作为一种适应自然发展的新型文明形态，是文明发展的高级阶段和表现形式。它遵循自然的发展，在了解、尊重自然的前提下，实现人的发展与自然发展的双赢。生态文明的核心就是要求人类重建人与自然和谐与统一的关系，走生态文明发展之路，是当今人类社会生存和发展的必然选择。生态文明与前三种文明具有本质的区别，它不单纯是工具、技术进步意义上的文明，而是与技术相伴随的观念意义上的文明。这种文明并不脱离工业文明，与工业文明相伴随，但尽可能多地摈弃工业文明对资源环境的过度消耗与破坏，在满足人类需求的同时，实现人与自然、社会、环境的和谐共生。

人类生态经济理念的形成是与生产力发展相伴随的。在人类社会的早期，人们对人与自然的关系缺乏清醒认识，伴随着生产力的发展以及环境问题的频发，才引发了人们对环境问题的关注，认识到经济系统与环境系统之间具有相互依存、相互影响以至于互相制约的关系。人类生态经济理念的形成经历了四个阶段：

第一阶段：认识匮乏阶段（20 世纪 60 年代以前）。这个阶段人们将生态系统视为永世不变、可以无限索取的物质存在。因此，在生产力不断发展的同时，一味追求经济的高速发展，并没有意识到经济活动对生态环境的破坏性，对经济发展和生态环境问题盲目乐观。这段时间有关推进经济快速增长的理论受到尊崇，而自然资源的稀缺性和生态环境恶化问题却未得到人们的足够重视。

第二阶段：认识萌芽阶段（20 世纪 60—70 年代）。工业革命在推动生产力发展的同时，也带来了资源的过度消耗和对环境的破坏。20 世纪 60 年代前后出现的一系列环境事件，使人们开始关注环境与经济发展的关系问题。1962 年，美国科学家蕾切尔·卡逊在《寂静的春天》一书中指出了人类活动对生态环境破坏的严重后果，使人类开始意识到生态环境问题的重要性。但此阶段各种反对的意见不绝于耳，特别是一些著名的大企业家拼命指责甚至诋毁蕾切尔·卡逊的研究结果，也有一部分人对经济和生态环境问题持悲观态度。20 世纪 70 年代罗马俱乐部发表关于人类困境的报告——《增长的极限》，该书的作者丹尼斯·米都斯等认为：生态系统和经济系统两者互相依存、相互影响。人口的过度增长和消费，必将导致资源的枯竭和生态环境的严重恶化，科学技术的发展是环境恶化的根源。因此，要解决人类发展的困境，避免环境的衰退，就必须自觉遏制经济的增长。1972 年，在联合国人类环境会议上发表的《联合国人类环境会议宣言》，使人们进一步认识到人类自身的生产方式和生活方式已经破坏了生态环境与经济发展间的关系，必须寻求经济发展与生态环境协调发展的途径。但这次会议上各国对可持续发展理念并未达成共识。

第三阶段：认识发展阶段（20 世纪 80—90 年代）。人们对经济与生态环境关系的认识逐渐趋于理性，开始从系统论的角度出发将经济与生态环境视为一个大系统中的两个子系统，认为两个子系统间是辩证统一的关系，经济与生态环境应该协调发展。人们更加关注可再生资源以及环境容量、资源承载力等问题。

第四阶段：达成共识阶段（20 世纪 90 年代至今）。1987 年，在联合国环境发展大会上挪威前首相布伦特兰夫人在《人类发展报告中》提出“可持续发展”思想，并将可持续发展定义为：“满足当前的需要，而不危及下一代满足其需要的能力。”[①] 可持续发展理论的提出真正开始把经济发展与生态环境联系起来，寻求经济可持续发展。1992 年里约会议不仅扩展了对环境问题的认识范围和认识深度，而且把环境问题与经济社会发展结合起来研究，探求它们之间相互影响和相互作用的关系。会议要求各国根据本国情况制定各自的可持续发展战略、计划和对策。到目前为止，已有一百多个国家制定了适合本国国情的可持续发展战略。这标志着生态经济的可持续发展理念开始由理论走向实践。

（二）中国生态文明发展战略

1. 中国生态文明发展战略的指导思想。马克思主义生态经济学认为，社会经济发展是自然生态因素作用的自然生态过程和社会历史因素作用的社会历史过程相统一的自然历史过程，社会经济形态发展中始终存在着自然基础，生态环境因素始终在起作用，自然生态环境是人类物质生产实践活动的内在要素。而以往的传统经济学研究中，只是把自然生态环境作为人类社会经济实践活动的外部因素，是以生态环境和经济社会相脱离为基本特征的。因此用这样的理论观点去指导人类的社会经济活动，往往会忽视自然生态环境的基础性作用，而由此造成的生态灾难也使得人类最初的良好愿望落空。“美索不达米亚、希腊、小亚细亚以及其他各地的居民，为了得到耕地，毁灭了森林，但是他们做梦也想不到，这些地方今天竟因此而成为不毛之地，因为他们使这些地方失去了森林，也就失去了水分的积聚中心和贮藏库。”[②] “只有确立自然生态环境是社会生产力存在与发展的内在要素的理论，才能使作为哲学范畴的自然生态环境概念成为马克思主义生态经济理论的经济学基础。”[③] 马克思指出：“劳动首先是人和自然之间的过程，是人以自身的活动来引起、调整和控制人和自然之间的物质变换的过程。”[④]马克思这个科学论断的

① 世界环境与发展委员会：《我们共同的未来》，吉林人民出版社 1997 年版，第 10 页。
② 《马克思恩格斯选集》第 4 卷，人民出版社 1995 年版，第 383 页。
③ 刘思华：《生态马克思主义经济学原理》，人民出版社 2006 年版，第 123 页。
④ 《马克思恩格斯全集》第 23 卷，人民出版社 1972 年版，第 201—202 页。

深刻性，就在于它把人及社会经济活动与外部自然界之间的关系，作为人类社会经济系统与自然生态环境系统之间的关系来看待，而且表明了它们之间进行物质变换，即物质代谢（应该说包括物质、能量及信息的变换和价值转换）这个人类社会物质生产的本质特征①。中国的生态文明发展战略必须以马克思的物质变换理论为指导。马克思指出："自然必然性的王国会随着人的发展而扩大，因为需要会扩大；但是，满足这种需要的生产力同时也会扩大。这个领域内的自由只能是：社会化的人，联合起来的生产者，将合理地调节他们和自然之间的物质变换，把它置于他们的共同控制之下，而不让它作为盲目的力量来统治自己；靠消耗最小的力量，在最无愧于和最适合于他们的人类本性的条件下来进行这种物质变换。但是不管怎样，这个领域始终是一个必然王国。在这个必然王国的彼岸，作为目的本身的人类能力的发展，真正的自由王国，就开始了。但是，这个自由王国只有建立在必然王国的基础上，才能繁荣起来。"② 从这段话中，我们可以看出马克思认为社会主义制度也必须合理地调节人与自然之间的物质变换。马克思所说的"最无愧于"和"最适合于""人类本性"，是马克思给我们规定的人与自然之间物质变换的两条基本原则。"最无愧于""人类本性"是说发展战略的制定不能违背人的自然生态的需求。"最适合于""人类本性"是要求我们制定的发展战略必须有利于物质变换。

人类和自然界之间的最基本的关系就是人类不断循环往复地同自然界进行物质变换。从物质变换的概念看来，好像人类向自然界排放废弃物和排泄物是顺理成章的事情，似乎人类要生存、发展就会产生污染。实际上人类社会和自然界、自然生态与社会经济是一个生态经济有机整体，所谓废弃物和排泄物要能够加入循环往复的物质变换，并在物质变换的过程中得到利用。也就是说生态经济有机整体中没有绝对不可利用的废弃物和排泄物，暂时不可利用的废弃物和排泄物的排放，也不能超出自然环境可以承受的限度。而且通过科技进步，这些暂时不可利用的

① 刘思华：《生态马克思主义经济学原理》，人民出版社2006年版，第196页。
② 《马克思恩格斯全集》第25卷，人民出版社1974年版，第926—927页。

废弃物和排泄物也会得到充分利用。目前出现的环境污染和生态灾难其实是人类和自然界之间的物质变换出现了裂缝，工业生产过程中产生的废弃物没有得到处理和利用而直接过量排放到了自然界。马克思在《资本论》第一卷中指出："资本主义生产使它汇集在各大中心的城市人口越来越占优势，这样一来，它一方面聚集着社会的历史动力，另一方面又破坏着人和土地之间的物质变换，也就是使人以衣食形式消费掉的土地的组成部分不能回到土地，从而破坏土地持久肥力的永恒的自然条件。……资本主义农业的任何进步，都不仅是掠夺劳动者的技巧的进步，而且是掠夺土地的技巧的进步，在一定时期内提高土地肥力的任何进步，同时也是破坏土地肥力持久源泉的进步。"① 马克思揭示了以衣食形式进入城市中的土地养分在人口中和城市中的流失和浪费。也就是说人与土地之间物质变换的相互作用过程中出现了裂缝。要想消除物质变换的裂缝，我们在现代化建设中必须实施可持续发展战略。

2. 中国生态文明发展战略的具体实践——可持续发展—循环经济、生态文明的提出，是人们对可持续发展问题认识深化的必然结果。推进生态文明建设，最终是为了实现经济和生态共同进步的可持续发展，也就是说可持续发展的核心问题是实现生态经济协调发展。可持续发展的内涵十分丰富，学者们从自然属性、社会属性、经济属性和科技属性等不同方面定义可持续发展，有关可持续发展的定义多达上百种。1987 年 2 月，世界环境与发展委员会在《我们共同的未来》中提出了"可持续发展"的概念，把它定义为："可持续发展是这样的发展，满足当代的需求而不损害后代满足他们需求的能力。"② 1992 年，联合国环境与发展大会（UNCED）的《里约宣言》中对可持续发展进一步阐述为："人类应享有以与自然和谐的方式过健康而富有成果的生活的权利，并公平地满足今世后代在发展和环境方面的需要。求取发展的权利必须实现。"著名生态经济学家刘思华教授把中国特色的可持续发展理论总结为四个要

① 《资本论》第 1 卷，人民出版社 1975 年版，第 552—553 页。

② 世界环境与发展委员会：《我们共同的未来》，吉林人民出版社 1997 年版，第 10 页。

点：

“一是可持续发展的本质是发展，关键是发展经济。二是人口问题是我国可持续发展的首要前提。三是节约资源是可持续发展的重要保证。四是保护环境是可持续发展的根本问题。认为中国特色的可持续发展的基本含义是发展经济、控制人口、节约资源、保护环境的四位一体协调发展，最终实现经济社会与生态环境双赢互胜的生态经济良性循环。”①

如何实施可持续发展战略从而最终实现生态文明？也就是说实现这一目标的具体途径是什么？党的十七大给出了明确的答案，那就是在“实现全面建设小康社会奋斗目标的新要求”中提出的“循环经济形成较大规模，可再生能源比重显著上升”，“循环经济是以资源的循环利用为核心，以环境保护为前提，以自然资源、经济、社会协调发展为目的的新型经济增长模式”②。循环经济是着眼于解决经济发展和生态环境的矛盾，使经济社会发展对资源的无限需求和地球上有限资源的矛盾得到根本缓解，使经济发展和环境保护可以兼得。循环经济遵循减量化（reducing）、再利用（reusing）、再循环（recycling）的“3R”原则，核心是以物质封闭循环流动为特征，把经济活动重组成一个“资源—产品—再生资源”的闭环流动型经济流程和“低开采、高利用、低排放和再使用”的循环利用模式。这时，传统的单向线形经济流程“资源—产品—废弃物排放”得以改变，循环经济就是保护环境的经济。

目前在国内外发展循环经济的具体做法有两种：

1. 建设生态工业园。20世纪90年代以来，生态工业园开始在世界工业园发展领域蓬勃兴起，目前国内外都在积极研究和发展这一工业模式。生态工业园是在较大范围内实践循环经济的原则，通过科学规划改变以往企业选址的随意性和生产区、生活区混杂的状态，是依据循环经济理念建立的一种新型工业组织形态。其实质是运用循环经济思想组织企业共生层次的物质和能源的循环，目标是使工业系统接近废弃物的

① 刘思华：《生态马克思主义经济学原理》，人民出版社2006年版，第414—416页。

② 薛晓源、李惠斌：《生态文明前沿报告》，华东师范大学出版社2006年版，第200页。

“零排放”，达到资源的最优使用。“丹麦卡伦堡生态工业园是目前国际上最成功的一个生态工业区。该园区以发电厂、炼油厂、制药厂和石膏板厂为核心企业，通过彼此间和其他企业间的废弃物和副产品的交换与传递，建立了工业横生和代谢生态链关系，最终实现园区的污染‘零排放’。”① 中国扬子江国际化学工业园是国内较为成功的生态工业园区，其在建设规划纲要中明确提出要构建多条生态工业链；目前，园区内的产业链网已初步形成。苏州精细化工、梅塞尔化工、陶氏化工等化工巨头入驻该园区，吸引了一大批下游企业。企业间以产品、副产品和废物相互利用为纽带，形成了近20家企业的产业链网结构，集聚效益明显。

2. 建设生态示范区。生态示范区是以生态学和生态经济学原理为指导，以协调经济、社会发展和环境保护为主要对象，统一规划，综合建设，生态良性循环，社会经济全面、健康持续发展的一定行政区域。生态示范区是一个相对独立的对外开放的社会、经济、自然的复合生态系统②。早在1983年，著名经济学家于光远就提出“把青海省建设成为一个生态省”。自1999年海南省率先提出建设生态省以来，目前全国已有海南、吉林、黑龙江、福建、浙江、江苏、山东、安徽、河北、广西、四川、辽宁、天津、山西14个省区市开展了生态省建设，有150多个市（县、区）开展了生态市（县、区）创建工作。建设生态示范区有利于“可持续发展能力不断增强，生态环境得到改善，资源利用效率显著提高，促进人与自然的和谐，推动整个社会走上生产发展、生活富裕、生态良好的文明发展道路”。

（三）中国生态文明发展战略的新进展——碳交易

联合国气候变化峰会2009年9月22日在纽约联合国总部举行，国家主席胡锦涛出席峰会开幕式并发表重要讲话，他在题为《携手应对气候变化挑战》的重要讲话中强调，中国高度重视和积极推动以人为本、全面协调可持续的科学发展，明确提出了建设生态文明的重大战略任务，

① 毛如柏、冯之浚：《论循环经济》，经济科学出版社2003年版，第33页。

② 《全国生态示范区建设规划纲要（1996—2050年）》，百度文库。

强调要坚持节约资源和保护环境的基本国策，坚持走可持续发展道路，在加快建设资源节约型、环境友好型社会和建设创新型国家的进程中不断为应对气候变化作出贡献。今后，中国将进一步把应对气候变化纳入经济社会发展规划，并继续采取强有力的措施。一是加强节能、提高能效工作，争取到 2020 年单位国内生产总值二氧化碳排放比 2005 年有显著下降。二是大力发展可再生能源和核能，争取到 2020 年非化石能源占一次能源消费比重达到 15% 左右。三是大力增加森林碳汇，争取到 2020 年森林面积比 2005 年增加 4000 万公顷，森林蓄积量比 2005 年增加 13 亿立方米。四是大力发展绿色经济，积极发展低碳经济和循环经济，研发和推广气候友好技术[①]。从胡锦涛主席的讲话中我们可以看到国家对于发展低碳经济和碳减排的庄严承诺，并把发展低碳经济和碳减排提高到“以人为本、全面协调可持续的科学发展”和建设生态文明的战略高度来认识。目前，国际上通行的促进全球温室气体减排、减少全球二氧化碳排放所采取的主要措施就是碳交易。联合国政府间气候变化专门委员会于 1992 年 5 月 9 日通过《联合国气候变化框架公约》。1997 年 12 月于日本京都通过了该《公约》的第一个附加协议，即《京都议定书》。把市场机制作为解决二氧化碳为代表的温室气体减排问题的新路径，即把二氧化碳排放权作为一种商品，从而形成了二氧化碳排放权的交易，简称碳交易。碳交易基本原理是，合同的一方通过支付另一方获得温室气体减排额，买方用以充抵在《京都议定书》下的减排责任。温室气体排放问题根源于环境问题的外部性，碳交易就是通过对排放行为收费，使外部成本内部化，从而在总量上控制温室气体排放。在 6 种被要求排减的温室气体中，二氧化碳（CO_2）为最大宗，这种交易以每吨二氧化碳当量（tCO_2e）为计算单位，所以通称为碳交易。2005 年《京都议定书》正式生效后，全球碳交易市场出现了高速增长趋势。2007 年碳交易量从 2006 年的 16 亿吨跃升到 27 亿吨，上升 68.75%；成交额的增长更为迅

① 胡锦涛：《携手应对气候变化挑战——在联合国气候变化峰会开幕式上的讲话》，《人民日报》2009 年 9 月 23 日。

速。2007年全球碳交易市场价值达400亿欧元，比2006年的220亿欧元上升了81.8%，2008年上半年全球碳交易市场总值甚至就与2007年全年持平[①]。《京都议定书》中仅有清洁发展机制（CDM）涉及发展中国家。从二氧化碳的排放控制看，可以将CDM项目分为两类：一类是通过控制二氧化碳的排放来减少大气中的二氧化碳；另一类是通过吸收二氧化碳来减少大气中的二氧化碳，也就是我们所说的碳汇造林项目。这种通过森林起到固碳作用，从而来充抵二氧化碳减排量的义务，是通过市场机制实现森林生态效益价值补偿的一种重要途径。《京都议定书》规定发展中国家在2012年以前不需要承担具体的减排义务，因此，在第一承诺期内中国境内所有减少的温室气体排放量，都可以按照《京都议定书》中的CDM转变成有价商品出售给发达国家（见图1－1）。

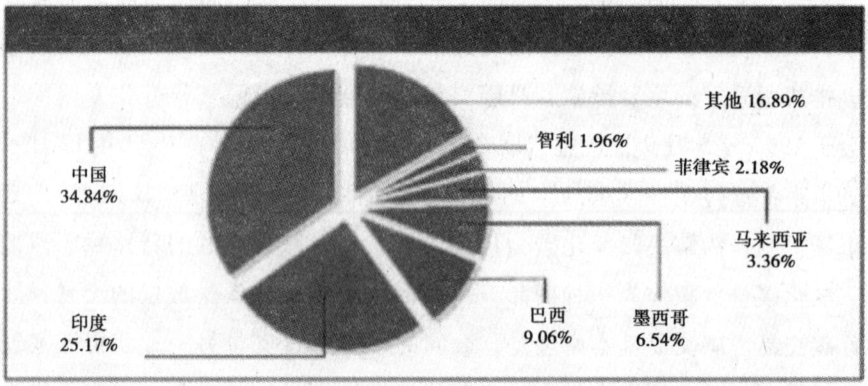

图1－1　联合国已核准签发的CDM项目总数：1788（截至2009年8月27日）

资料来源：联合国气候变化公约网站。

CDM项目在中国发展势头良好，中国企业积极参与其中，利用CDM项目促进自身发展。联合国气候变化公约网站的数据显示：截至2009年8月27日，在联合国已经核准签发的1788项CDM项目中，中国占到了34.84%。作为全球第二大碳排放资源国，2008年中国清洁发展机制

① 王颖、管清友：《碳交易计价结算货币：理论、现实与选择》，《当代亚太》2009年第1期。

（CDM）项目产生的核证减排量的成交量已占世界总成交量的84%。同时2008年国内以北京环境交易所、上海环境能源交易所以及天津排放权交易所为代表的环境权益交易服务类的专业化市场平台纷纷成立。这表明碳交易已经进入实质性的操作阶段。

二、区域资源禀赋与经济发展

区域经济发展，是区域经济学研究的重要内容。在区域发展过程中，区域经济发展是基础。而区域经济发展研究在不同研究者的研究中包括不同的内容。其中包括强调区域生产环境与区域产业结构分析、区域发展战略的制定，有的强调区域发展政策，还有的研究区域资本积累与投资对区域发展的影响等等。我们这里研究的区域经济发展，主要包括资源禀赋对经济发展的影响、区域经济发展过程中的生态效应以及区域经济可持续发展等几个方面：

（一）区域资源禀赋对经济发展的积极作用

《辞海》中将资源定义为："资财的来源。一般指天然的资源。一国或一定地区内拥有的物力、财力、人力等物质要素的总称。分为自然资源和社会资源两大类。前者如阳光、空气、水、土地、森林、草原、动物、矿藏等；后者包括人力资源、信息资源以及劳动创造的物质财富。"联合国环境规划署（UNEP）将资源定义为："所谓资源，特别是自然资源，是指在一定时间、地点和条件下，能够产生经济价值，以提高人类当前和未来福利的自然环境因素和条件。"① 在《辞海》中将禀赋定义为：犹天赋。指人所禀受的天资或体质。也就是说禀赋的本义是指人的品性、智力、体魄等方面的整体素质。资源禀赋就是资源的素质和状况，也就是一个国家或地区所拥有资源的整体素质。"劳动首先是人和自然之间的过程，是人以自身的活动来引起、调整和控制人和自然之间的物质

---

① 周鹏：《论经济转型时期的自然资源与区域发展问题》，《山西师范大学学报（自然科学版）》2004年第2期。

变换的过程。”[①] 马克思在这段论述中清楚地告诉我们经济发展的基础是资源的变换。任何区域经济发展都是建立在区域的资源禀赋基础上的，因此，一个地区的资源禀赋对该地区的经济发展有着至关重要的影响。

1. 自然资源是决定或制约经济增长的物质基础。自然条件和资源禀赋直接影响着一国产业结构的形成和转换，尤其是在工业化的初期阶段。自然条件和资源禀赋不同会导致产业结构不同。与此同时，自然条件和资源禀赋与一国产业结构转换间的关系又具有多样性。例如，一些中东产油国，其产业结构的变化至今仍基本上受制于国内的自然资源禀赋。一些工业发达国家或发展中国家，在推动产业结构转换的过程中，自然资源禀赋起着不可或缺的作用。纵观世界各国产业结构演变的历史，绝大部分国家把自然资源禀赋作为工业化发展与经济增长的初始条件或先决条件，在其产业结构的转换过程中的不同阶段，其作用和影响是绝对不能低估的，越是在初中期阶段，其影响与作用越大。当初级产品生产的比较优势被制造业所取代，从而完成起飞与初期阶段向中期阶段过渡时，它的作用与影响则会趋于减小[②]。

工业革命以来经济飞速发展的事实雄辩地告诉我们，自然资源对于一个国家的资本原始积累起到了毋庸置疑的促进作用。例如，美国、澳大利亚和加拿大在开国之初工业基础相当薄弱，在短短的数十年间就走完了英国、法国等老牌资本主义国家百年才能走完的工业化道路，而且美国还成为资本主义世界的霸主，尽管其快速发展有着多方面的原因，但其丰裕的自然资源功不可没。世界上许多发展中国家以及落后国家在发展的道路上，不仅自然资源禀赋普遍缺乏，而且缺少资本与技术创新传统，出口资源以及初级资源产品就成为这些国家获取发展经济必需的外汇收入的重要甚至是唯一途径。因此，自然资源就为扩大本国投资乃至进入工业化进程提供了必要的资金支持。马克思主义认为“劳动不是一切财富的源泉。自然界和劳动一样也是使用价值（而物质财富就是由

① 《马克思恩格斯全集》第23卷，人民出版社1972年版，第201—202页。

② 引自 http：//www. tup. tsinghua. edu. cn/Resource/tsyz/024979 -01. txt。

使用价值构成的!）的源泉，劳动本身不过是一种自然力，即人的劳动力的表现”。自然界是“一切劳动资料和劳动对象的第一源泉”，把自然界纳入劳动过程，“劳动才成为使用价值的源泉，因而也成为财富的源泉”①。以往的政治经济学都把劳动看做是财富的源泉，但我们同时也不能忽视自然资源也是财富的源泉之一。正因为自然资源在生产过程中与劳动共同发挥作用，劳动才能成为财富的源泉。随着科学技术的不断进步，人们似乎觉得经济增长对自然资源的依赖越来越小了，其实科学技术的进步最主要的表现就是对资源利用方式的改变和进步，同时也促进了对新资源的开发和利用。无论科学技术如何进步，无论有多少新的人工合成材料问世，制造它们的初始原料一定是来自自然界的自然资源。而且由于某些自然资源的稀缺性和不可替代性，已经成为了制约一些国家高科技产业发展的瓶颈。“在人类社会发展的高级阶段，特别是现代生产力的发展，科学技术的巨大进步，劳动资料结构的复杂化，就使得具有生产资料效用的自然资源在现代生产力发展中获得了极其重要的意义，以致具有决定性作用，它能够加速或者延缓社会物质生产和生活的发展，并成为制约现代经济运行和经济发展的基本要素。”②

2. 自然资源影响初始产业布局和结构。由于自然界的各种自然物质不同，即自然产品的多样性使人类劳动的劳动资料和劳动方式也不同，从而形成不同的生产力结构的特点③。马克思指出：“资本的祖国不是草木繁茂的热带，而是温带。不是土壤的绝对肥力，而是它的差异性和它的自然产品的多样性。形成社会分工的自然基础，并且通过人所处的自然环境的变化，促使他们自己的需要、能力、劳动资料和劳动方式趋于多样化。”④ 这里所说的“差异性”，就是指自然环境和资源的差别性，这种差别性必然影响生产和劳动方式的多样化，从而形成不同生产力结

① 《马克思恩格斯选集》第3卷，人民出版社1995年版，第298页。
② 刘思华：《生态马克思主义经济学原理》，人民出版社2006年版，第43页。
③ 刘思华：《生态马克思主义经济学原理》，人民出版社2006年版，第124页。
④ 《马克思恩格斯全集》第23卷，人民出版社1972年版，第561页。

构的特点，最终形成不同的产业结构布局。

中国幅员辽阔，东、中、西部地区资源禀赋差异巨大，在资源禀赋差异基础上建立的产业结构必然存在极大的不同。从区域分布来看，中国的东部地区，因为其气候适宜、雨水充足、日照充分，因而，在农耕社会的早期，就形成很多鱼米之乡。也是由于资源禀赋的决定，江南还独有能够支撑锦缎生产的桑蚕。以此为基础，农村剩余劳动人口的出现，很快便分化出桑蚕的手工加工业。随着生产力的不断发展，特别是15世纪后期西方老牌资本主义国家通过海上交通进入中国，并与中国沿海地区开始进行贸易往来，收购桑蚕、茶叶等初级加工品，进口绸缎制成品。这种初级加工品的出口，带动了中国沿海地区的手工作坊的发展，并逐步形成中国早期轻工业的雏形。中部广大地区地域辽阔，特别是在长江、黄河流域适合农耕活动，经过千百年的历史进程，逐步形成中国的农业产粮地区；新中国成立后，中国的钢铁工业迅速发展。中国钢铁产业布局直接表明自然资源对初始产业布局的影响。中国钢铁工业是按依托大城市、利用国内资源和靠近铁矿原料产地的原则布局的，东北地区的鞍山矿区是目前中国储量、开采量最大的铁矿原料产地，它是鞍钢、本钢的主要原料基地。首钢、包钢、太钢和邯钢等钢铁厂依靠分布在河北、内蒙古和山西各地的铁矿提供原料。自然资源对产业布局的影响可见一斑。

3. 自然资源丰裕有利于提高社会劳动生产率。“很明显，如果一个国家从自然界中占有肥沃的土地、丰富的鱼类资源、富饶的煤矿（一切燃料）、金属矿山等等，那么这个国家同劳动生产率的这些自然条件较少的另一些国家相比，只要用较少的时间来生产必要的生活资料，因而，从一开始就能除了为自己的劳动外提供更多的为别人的剩余劳动，因此，绝对剩余劳动时间，也就是绝对剩余价值，在这里一开始就比较大，资本（或借以榨取剩余劳动的任何一种生产关系）的生产效率比处于较为不利的自然条件下更高。”① 马克思认为在资本主义生产方式下，“自然

① 《马克思恩格斯全集》第47卷，人民出版社1979年版，第287—288页。

力不是超额利润的源泉，而只是超额利润的一种自然基础，因为它是特别高的劳动生产力的自然基础”①。“古人就已经知道，劳动能力的天然便宜，即它的生产费用或再生产费用的天然便宜，是工业生产的一个重大因素。”② 马克思引用狄奥多洛斯的《史学丛书》（第 1 册第 80 章）中谈到埃及人的论述：“他们抚养子女所花的力气和费用少得简直令人难以相信。他们给孩子随便煮一点最简单的食物；甚至纸草的下端，只要能用火烤一烤，也拿来给孩子们吃。此外也给孩子们吃沼泽植物的根和茎，有的生吃，有的煮一煮或烧一烧再吃。因为气候非常温暖，大多数孩子不穿鞋和衣服。因此父母养大一个子女的费用总共不超过 20 德拉马。埃及有那么多的人口并有可能兴建那么多宏伟的建筑，主要可由此得到说明。”并由此得出结论说，“在资本关系的统治下（……），在劳动的自然条件最有利，因而，尤其是在土地最肥沃的地方，资本的生产力最大，也就是说，剩余劳动时间最多，因而剩余价值最多”③。

劳动生产率的状况是由社会生产力的发展水平决定的。决定劳动生产率高低的主要因素有：劳动者的平均熟练程度；科学技术的发展程度；生产过程的组织和管理；生产资料的规模和效能；自然条件。前 3 个因素属于社会资源，后 2 个因素是自然资源。可见自然资源的丰裕度在提高社会劳动生产率中起基础性作用。在不同的经济发展阶段，自然资源对一国或一区域的社会劳动生产率的贡献率处在不断的变化之中。尤其是在一国工业化的起始阶段，自然资源的丰裕度在提高社会劳动生产率的作用中扮演了重要角色。

（二）自然资源禀赋对经济增长的消极作用及启示

1. “资源诅咒”。在世界经济发展的过程中出现了一种现象，就是往往资源贫乏的国家反而比资源丰富的国家在经济增长方面更持续更稳健，也就是说自然资源丰裕与经济增长之间呈现反方向变化，有的人把这种

① 《马克思恩格斯全集》第 25 卷，人民出版社 1974 年版，第 728 页。
② 《马克思恩格斯全集》第 47 卷，人民出版社 1979 年版，第 288 页。
③ 《马克思恩格斯全集》第 47 卷，人民出版社 1979 年版，第 288 页。

现象称之为“资源诅咒”。这种现象的一个典型例子就是“荷兰病”。20世纪60年代之前荷兰已经是工业制成品的主要出口国，但当发现大储量的天然气资源之后，荷兰政府通过大量出口天然气，国际收支出现巨大顺差，经济一片繁荣景象。资本向最能盈利的部门流动，这是经济学的规律。但是，大量的资金和人才向崛起的天然气业聚集却严重打击了荷兰的农业和其他工业部门，削弱了其他出口行业的国际竞争力，使整个荷兰的经济出现了畸形繁荣，导致反工业化。到20世纪70年代，当天然气开采接近尾声，政府不得不面对通货膨胀率上升、出口下滑、收入降低、失业人口大增的局面。这种资源产业在“繁荣”时期价格膨胀是以牺牲其他行业为代价的现象，国际上称之为“荷兰病”。当然，还有其他对“资源诅咒”的理论解释，比如，资源财富引发寻租效应；资源丰裕对物质资本与人力资本的挤出；资源租金引起内战爆发进而制约经济增长；资源商品价格变化无常等。

自然资源丰富固然是好事，但自然资源丰富的国家和地区如果不制定长远的发展战略，未雨绸缪，丰富的自然资源给这些国家和地区带来的往往是结构单一的资源生产部门和不发达的其他部门。从表1－1中我们可以看到一些自然资源充裕的国家在相当长的一段时间里过于依赖自然资源，因而比自然资源短缺国家的经济增长速度慢得多。而且一旦资源枯竭再开始转型必将带来诸多社会问题，最终造成整个国家或地区产业结构的失调。

表1－1　典型的自然资源禀赋与经济发展水平不相称的国家的对照表

国家	人均国民收入（美元）	GDP年增长率（%）		自然资源状况
		1980—1990	1990—2003	
马达加斯加	290	2.1		世界第四大岛，农业资源、淡水资源极为丰富；有独特的动植物群落；矿产资源丰富，其中石墨居于非洲之首。
秘鲁	2140	－0.1	3.9	铜储量为世界第三位；铋、钒居于世界之首；铅、锌、银、铝居于拉美前列；水系和渔业资源丰富。

续表

国家	人均国民收入(美元)	GDP 年增长率（%）		自然资源状况
		1980—1990	1990—2003	
阿根廷	3810	-0.7	2.3	稀有金属铍居于世界第二位，铀矿为拉美之首；有煤、石油和天然气等资源。
韩国	12030	9.0	5.5	矿物资源不多，探明 282 种，有经济价值的 52 种。
新加坡	21230	6.7	6.3	几乎没有矿产资源，除了少量花岗石；渔业环境也不能满足需求。
日本	34180	3.9	1.2	80% 以上矿产资源和能源资源要依赖于进口；主要资源是煤，且开采价值不大。

注：①数据均来源于：World Development Indicators Database，Word Bank，April 2005。②人均国民收入为 2003 年数据，为世界银行 Atlas 法计算数据。③自然资源拥有状况资料来源于：刘国平、蒋宝恩主编：《世界各国经济概览》，经济科学出版社 2001 年版。

目前学术界对“资源诅咒”现象的研究多集中在国家层面，其实在一国内部的省、市、县域层面也存在类似的现象。在第二产业中，制造业是能够带来规模报酬递增的产业，而矿产资源是属于规模报酬递减或不变的产业。在工业化的进程中，决定工业化进程的制造业部门所占比重应该是上升的，资源产业比重是下降的。而在中国一些地区的经济发展中，资源产业的畸形繁荣制约了能够带来规模报酬递增的制造业部门的发展；丰裕的自然资源成就了这些城市往日的辉煌，也留下了单一的产业结构和相当严重的生态问题，这些深陷资源枯竭困境的城市开始艰难尝试转型。然而严酷的现实和教训并没有引起所有人的警醒，有些地区的发展仍旧重复着老路。

2. “里昂惕夫之谜”的启示。赫克歇尔－俄林要素禀赋理论（以下简称“H－O 理论”）认为，一个国家出口的应是密集地使用本国丰富的生产要素生产的商品，进口的应是密集使用本国稀缺的生产要素生产的商品。第二次世界大战（以下简称“二战”）后，美国经济学家里昂惕夫运用投入产出方法，对美国对外贸易的统计资料进行验证的结果却与 H－O 理论预测不一致。其得出的结论是：美国出口的是劳动密集型产品，进口的却是资本密集型产品。用里昂惕夫的话来说：“美国参加国际分工，是建立在劳动密集型生产专业化基础之上的。换言之，这个国家是利用对外贸易节约资本和安置剩余劳动力，而不是相反。”① 而美国是我们公认的资本丰富、劳动力相对不足的国家。

在20世纪初，土地、劳动力和机器设备在生产中的作用突出，其他因素的作用并不明显，要素禀赋理论可以对当时的国际贸易作出合理的解释。然而在二战之后，科学技术、熟练劳动在生产中的作用日益增强，已经成为一种非常重要的生产要素，而科学技术必须由人来掌握才能应用到生产实践当中，人力资源的开发就成为经济发展的直接动力，这些在原有的理论之中并没有体现，“里昂惕夫之谜”其实反映的就是这种理论和现实的差距。因此，我们在上文中论述“资源诅咒”现象的时候在表1－1中发现一些自然资源充裕的国家反而不如自然资源贫乏国家更有经济活力，之所以出现这样的情况我们可以从人力资源方面找到合理的解释。美国的自然资源丰裕度不输于世界上任何国家，但美国并没有陷入“资源诅咒”，而是在许多方面都处于世界的领先地位。美国自然资源丰富，煤、石油、天然气、铁矿石、钾盐、磷酸盐、硫磺等矿物储量均居世界前列。探明煤储量35966亿吨，探明原油储量270亿桶，探明天然气储量56034亿立方米，森林面积约44亿亩，覆盖率达33%。影响美国取得如此成就的因素很多，而政府对教育和人力资源开发的重视是重要因素之一。仅2007—2008学年，97000所公立小学和中学的经费就达4900亿美元②。联合国教育、科学及文化组织（以下简称“教科文组织”）的研究成果显示，劳动生产率与劳动者文化程度呈现出高度的正相关，与文盲相比，小学毕业可提高生产率43%，初中毕业可提高108%，大学毕业可提高300%③。迈克尔·P. 托达罗在其《第三世界经济发展》一书中指出，“正是人力资源（human re-

① 张举钢、周吉光：《自然资源禀赋与经济发展的悖论》，《中国国土资源经济》2005年第1期。

② 美国国务院国际信息局，http://www.america.gov/mgck/。

③ 高其勋、许良：《人力资源开发与区域经济发展》，《燕山大学学报（哲学社会科学版）》2001年第2期。

sources)，不是资本，也不是物质资源（material resources)，最终决定着一个国家经济和社会发展的性质和步伐”。许多经济学家通过研究认为教育投资的经济收益远远超过其他各类投资的收益。

为验证中国劳动生产率与劳动者受教育程度的相关度，选取2008年全国各省市区大专以上教育程度的人口和地区生产总值的数据进行二元变量的相关分析（见表1-2)。

表1-2　2008年全国各省市区大专以上教育程度的人口（人）和地区生产总值（亿元）指标值

省市区（31个）	大专以上教育程度的人口（本数据是2008年全国人口变动情况抽样调查样本数据，抽样比为0.887‰）单位：人	地区生产总值 单位：亿元
北　京	3986（六）	10488.03（十二）
天　津	1501	6354.38
河　北	2818（十二）	16188.61（六）
山　西	2092	6938.73
内蒙古	1539	7761.80
辽　宁	4128（五）	13461.57（八）
吉　林	1793	6424.06
黑龙江	1980	8310.00
上　海	3707（八）	13698.15（七）
江　苏	4621（二）	30312.01（三）
浙　江	4148（四）	21486.92（四）
安　徽	2063	8874.17
福　建	1774	10823.11
江　西	2309	6480.33
山　东	4369（三）	31072.06（二）
河　南	3703（九）	18407.78（五）
湖　北	3965（七）	11330.38（十）
湖　南	3519（十）	11156.64（十一）
广　东	5667（一）	35696.46（一）
广　西	1308	7171.58

续表

省市区（31 个）	大专以上教育程度的人口（本数据是 2008 年全国人口变动情况抽样调查样本数据，抽样比为 0.887‰）单位：人	地区生产总值 单位：亿元
海　南	407	1459.23
重　庆	1019	5096.66
四　川	3038（十一）	12506.25（九）
贵　州	1108	3333.40
云　南	1334	5700.10
西　藏	41	395.91
陕　西	2802	6851.32
甘　肃	999	3176.11
青　海	347	961.53
宁　夏	390	1098.51
新　疆	1699	4203.41

资料来源：《中国统计年鉴》（2008），中国统计出版社 2008 年版。

所谓二元变量的相关分析是指通过计算变量间两两相关的相关系数，对两个或两个以上变量之间两两相关的程度进行分析[①]。本书采用 Pearson 简单相关系数，该相关系数是用来衡量定距变量间的线形相关关系。将表1－2中数据输入 SPSS11.0 统计软件时进行处理，结果如下（见表1－3、图 1－2）：

表 1－3　　大专以上教育程度的人口和地区生产总值相关系数

项目		大专以上教育程度的人口	地区生产总值
大专以上教育程度的人口	Pearson Correlation	1	.836**
	Sig.（2－tailed）	.	.000
	N	31	31
地区生产总值	Pearson Correlation	.836**	1
	Sig.（2－tailed）	.000	.
	N	31	31

① 余建英、何旭宏：《数据统计分析与 SPSS 应用》，人民邮电出版社 2003 年版，第 165 页。

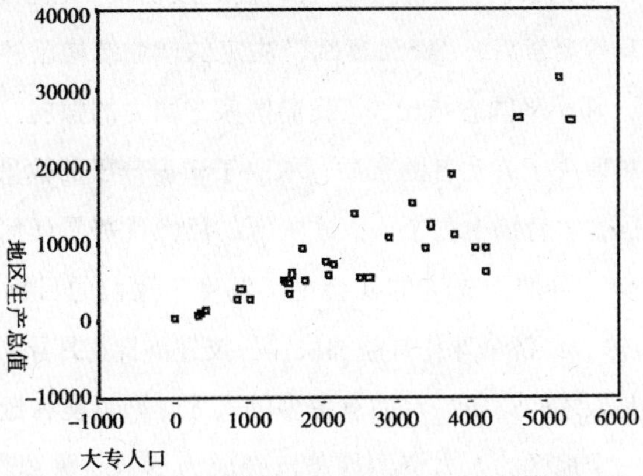

图 1－2　大专人口和地区生产总值的散点图

从表 1－3 中可以看出，Pearson Correlation 表示大专以上教育程度的人口和地区生产总值的相关性系数为 0.836。在这个数据旁边的 2 个星号表示显著性水平为 0.01 时，统计检验的相伴概率小于等于 0.01，也就是总体无显著线性相关的可能性小于等于 0.01，即大专以上教育程度的人口和地区生产总值显著相关，且为正相关。

我们从绘出的散点图中可以明显看出大专以上教育程度的人口和地区生产总值这两个变量线性正相关，拥有大专以上教育程度的人口多的地区其国内生产总值也高。对比表 1－2 中的数字，我们还可以看到一个有趣的现象：即在教育程度排位的前十二名地区，与国内生产总值排位前十二名的地区恰好吻合。只是个别地区的位次有所变动，但都在前十二名排位中间。根据上述分析我们可以得出以下结论：

中国各省、市、自治区的经济发展与大专以上教育程度的人口的拥有量呈显著正相关。区域经济发达程度高的地区大专以上教育程度的人口的拥有量普遍高于经济发达程度低的地区。因此，大力发展适合国情的各级、各类教育，大力开发人力资源，提高地区居民的文化素质，是实现地区科学发展的重要动力。

自然资源决定初始的产业结构选择，但随着经济社会发展，特别是在新的比较优势出现之后，自然资源已经不再是产业结构的决定性影响因素。按照国际经济学中关于比较利益学说中比较利益的改变——在引进人力资本、创新、技术、信息等要素后，“资源禀赋”决定的产业结构已经不仅仅限于“自然资源禀赋”。邓小平同志指出：“我们国家，国力的强弱，经济发展后劲的大小，越来越取决于劳动者的素质，取决于知识分子的数量和质量。一个十亿人口的大国，教育搞上去了，人才资源的巨大优势是任何国家比不了的。有了人才优势，再加上先进的社会主义制度，我们的目标就有把握达到。”[①] 20 世纪以来，经济全球化日益加快，科技进步日新月异，综合国力竞争的核心其实就是人才的竞争，谁拥有更多的人才，谁就能在激烈的国际竞争中取得优势，一个地区的人力资源储备已经成为新的“资源禀赋”。但尽管如此，由于自然资源的绝对稀缺和不可再生性，决定了人们仍然要对自然资源给予高度的重视，既要节约使用自然资源、保护自然资源，还要注重循环使用自然资源，实现全面协调可持续发展。

第二节　区域生态经济发展

一、区域生态经济学的基本理论

区域生态经济学以区域生态经济系统为中心，以生态经济系统的结构—功能—平衡与效益—调控为线索寻求其理论基础。其主要理论有生态经济学理论、协同理论、可持续发展理论、经济发展与生态环境协调发展理论。

（一）生态经济学理论

生态经济学理论也称物质变换理论，是有关生态环境与经济系统内在关系的理论。该理论认为，人与自然之间的关系，首先是在人类社会的物质生产实践活动中发生的，而人类劳动则是人类社会的最基本的物

① 《邓小平文选》第 3 卷，人民出版社 1993 年版，第 120 页。

质生产实践活动，即人类社会的经济活动。人与自然之间的发展关系在本质上是物质变换关系。它是自然生态关系与社会经济关系的统一，即生态经济关系。物质变换理论可分为三个方面：一是生理学、生物学意义的物质变换，是自然领域内的物质代谢，也就是通常所说的自然生态系统中的物质代谢。二是以人的经济行为作为中心的经济学意义的物质变换，这是社会的物质变换，也就是通常人们所说的社会经济系统中的物质变换。三是在人类社会的劳动生产过程中，自然生态系统中的物质变换和社会经济系统中的物质变换，总是相互依赖与相互制约的，显示出人与自然之间的相互依赖与相互作用。因此，人与自然之间物质变换的实现过程，始终是人与自然的自然生态关系及人与人的社会经济关系，两者相互交织与相互融合在一起形成的统一体，即生态经济关系①。而这种自然生态关系和社会经济关系的相互依存和相互制约决定着生态经济系统的运行过程和演进方向。图 1－3 是生态经济关系结构图。

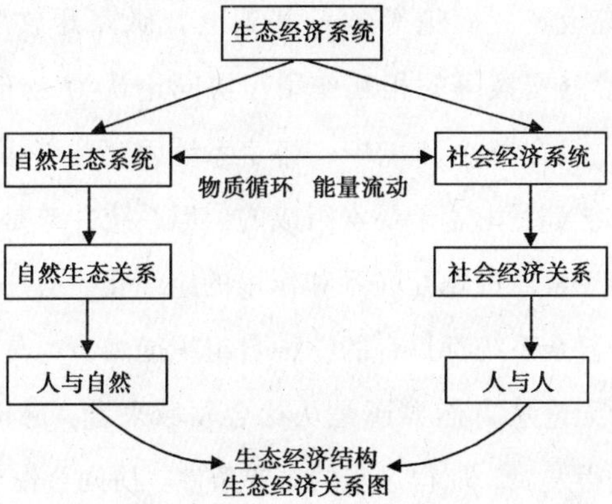

图 1－3　生态经济关系结构图

因此，生态经济系统是由自然生态系统和社会经济系统构成的，通过物质循环、能量流动、信息和价值的交换或转换，相互依赖、相互交织而形成的具有自身结构和功能的复合大系统，它既受自然规律的制约，

① 刘思华：《生态马克思主义经济学原理》，人民出版社 2006 年版，第 202—203 页。

具有自然属性，同时又受客观经济规律的支配，具有社会属性[①]。自然环境是各种生物存在和发展的空间，是资源的载体，也是生产力发展的重要要素之一。人类经济活动则是自然生态系统中物质循环、能量流动和信息传递的一段过程。社会生产既是社会存在和发展的基础，也是社会经济系统与自然生态系统相连接的纽带。它依赖于自然生态系统，同时又反作用于自然生态系统。在社会生产过程中，自然生态规律和社会经济规律均发挥着重要作用。人类经济活动和环境之间的物质变换，说明社会经济的再生产过程只有在遵循客观经济规律和自然规律的基础上才能顺利地进行。凡是正确运用自然生态规律和社会经济规律的地区，经济就能持续发展；反之，违背自然生态规律，盲目追求高速经济增长会导致生态环境恶化，最终必然要受到自然的惩罚。

（二）协同理论

协同论是1976年德国物理学家赫尔曼·哈肯创立的。它建立在控制论、信息论、系统论及突变论等学科基础上，研究开放系统内部子系统间物质、能量或信息交换等的相互作用。协同论认为，千差万别的系统，尽管其属性不同，但在整个环境中，各个系统间存在着相互影响、相互合作的关系。任何系统都是由若干要素组成的，但系统并非是组成要素的简单相加，而是系统内要素通过相互联系和作用的组织化、有序化来实现的，协同作用是任何一个复杂系统都具有的一种自组织能力，也是形成系统有序结构的内部作用力。无论从自然界还是从社会领域来看，融洽、和谐、协同、合作乃是各方面获得发展、取得进步的必要条件。协同合作与矛盾斗争一样，是世界赖以存在和发展的内部动力，这就是事物发展变化的协同性[②]。协同理论揭示系统内及系统间各要素的关系，对社会经济发展具有重要的现实意义，我们只有把协同理论更好地应用到经济发展与生态环境的协调发展中，

① 赵军：《山西省生态环境与经济协调发展研究》，《中国优秀博硕士论文数据库》2008年6月，第14页。

② 李苒：《区域生态环境与经济协调发展研究》，《中国优秀博硕士论文数据库》2006年6月，第15页。

才能有效指导经济发展与生态环境的协调发展。

（三）可持续发展理论

可持续发展理论主要包括经济、生态、社会三个方面：首先，在经济可持续发展方面，从区域开发、生产力布局、经济结构优化等方面要求改变传统的以“高投入、高消耗、高污染”为特征的生产模式和消费模式，实施清洁生产和文明消费，以提高经济活动中的效益。其次，在生态可持续发展方面，以生态平衡、自然保护、资源环境的永续利用等作为基本内容，要求经济发展要与自然承载能力相协调。发展的同时必须保护、改善和提高地球的资源生产能力和环境自净能力，保证以可持续的方式使用自然资源和环境成本。再次，在社会可持续发展方面，以社会发展、社会分配、利益均衡等作为基本内容强调社会公平是发展的内在要素和环境保护得以实现的机制。可持续发展的本质是寻求经济与生态环境之间的动态平衡与协调发展，追求的是人与自然的和谐。是关于人类生存、经济发展和社会进步的全局性发展观念和战略构想。可持续发展理念的中心思想是：健康的经济发展应建立在生态持续能力、社会公正和人民积极参与自身发展决策的基础上。不单纯用 GDP 作为衡量发展的唯一指标，而是用社会、经济、文化、环境、生活等多项指标来衡量发展。通过正确处理人与自然的关系来实现人的全面发展和社会进步，最终实现经济效益、社会效益和生态效益的共赢。

（四）经济发展与生态环境协调发展理论

经济发展与生态环境协调发展理论认为，人类生存的地球及区域环境是由经济与生态环境等诸多因素组成的复合系统，经济、生态环境都是这个大系统中的子系统，这两个子系统相互联系又相互独立、相互支持又相互制约，每个子系统都有一种自组织能力。当组成经济发展与生态环境大系统中的任何一个子系统发生改变，都会引起其他子系统发生变化，对整个大系统的状态产生影响①。而生态环境—经济系统是由经济

① 洪阳：《环境质量与经济增长的库兹涅茨曲线关系探讨》，《上海环境科学》1999 年第 3 期。

子系统与生态环境子系统组成的。生态环境与经济相互依存和相互制约决定着生态环境—经济系统的运行过程和演进方向。生态环境子系统是各种生物存在和发展的空间，是资源的载体，主要包括能量、空气、水、原材料等，它的发展水平是经济发展的基础。经济子系统是人类利用环境子系统提供的资源进行物质资料生产、流通、分配和消费活动的系统，由经济组织、经济实体、经济产业、经济体制等要素组成。它通过保证物质商品的生产以满足人类的物质生活需要，是区域可持续发展的基础，它为社会发展、环境治理提供了物质和资金保障。图 1 -4 反映了生态环境—经济系统的结构关系。

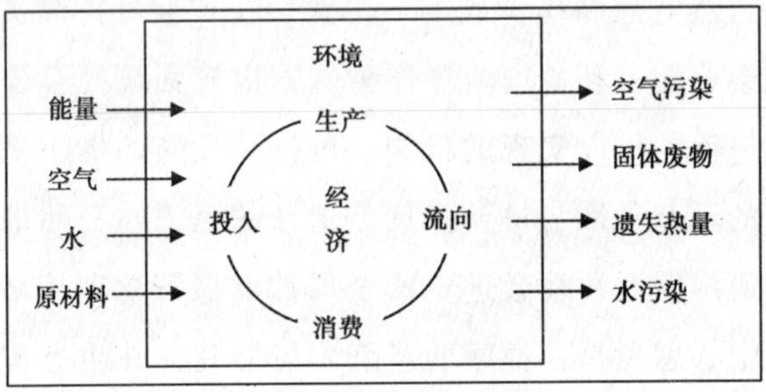

图 1 -4　生态环境—经济系统结构图

可见，在生态经济系统中，生态系统是经济活动的载体，为经济发展提供各种自然资源和环境保障，而良性的经济发展又使得生态环境得到有效保护。因此，只有在经济发展过程中正确处理经济与生态环境的关系，充分利用和发展其积极的一面，弱化、消除其消极的一面，在宏观和在微观两个层面上使两个系统都处于协调状态，整个系统才能处于协调状态，才能实现经济发展与生态系统的良性循环。

生态经济学理论为我们提供了正确认识生态环境与经济发展间相互作用的理论基础；协同理论提供了正确认识事物内在联系的系统方法；可持续发展理论提供了认识经济、社会与环境三者间关系的理论基础；而经济发展与生态环境协调发展理论则是在生态经济学理论、协同理论和可持续发展理论的基础上，系统研究经济发展与生态环境关系的理论。

通过对经济发展与生态环境的矛盾关系研究，使两者间的关系由对抗性向促进性转化从而实现两者矛盾的统一，使经济活动不超过生态环境的承载力，经济发展与生态发展和谐共赢。

二、中国区域生态经济发展现状及存在的问题

（一）中国区域生态经济发展现状分析

改革开放以来，中国经济发展取得了举世瞩目的成就，但这种成绩的取得却是以生态环境恶化、自然资源的枯竭为代价换取的。中国自然资源现状是：随着人口和经济的增长，水土流失沙漠化严重、土地供需矛盾尖锐、森林资源总量不足、资源型缺水问题突出、矿产及能源问题严重、固体废物及土地污染日益严重，野生动植物品种数量不断减少，濒危及面临灭绝的物种数量急剧增多。

以水资源为例，中国现在的水资源总量，仅相当于世界平均水平的四分之一，全国668个城市中有400多个城市供水不足（其中100多个城市严重缺水），2000多万人口饮用水困难，年缺水量约60亿立方米[①]。根据2008年国家环境保护部公报公布：2008年中国主要污染物排放量远远超过环境容量，环境污染严重。全国26%的由国家重点监控的地表水达不到水环境V类标准，62%达不到III类标准；流经城市90%的河段受到不同程度污染，30%的重点城市饮用水源地水质达不到III类标准；近岸海域环境质量不容乐观；46%的城市空气质量达不到二级标准，一些大中城市灰霾天数有所增加，酸雨污染程度没有减轻。全国水力侵蚀面积161万平方公里，沙化土地174万平方公里，90%以上的天然草原退化；许多河流的水生态功能严重失调；生物多样性减少，外来物种入侵造成的经济损失严重；一些重要的生态功能区生态功能退化；农村环境问题突出，土壤污染日趋严重；危险废物、汽车尾气、持久性有机污

① 《我国水资源面临的挑战及对策》，http：//www.maeroehingcomnzgov/zlgh/2000102706332.shtml。

染物等污染持续增加。中国已进入污染事故多发期和矛盾凸显期。面对生态恶化的严峻形势，近年来中国政府高度重视环境保护，并取得了一些成效。以2008年为例，2008年化学需氧量和二氧化硫排放量比上年分别下降4.42%和5.95%；比2005年分别下降6.61%和8.95%；2008年中央环境保护投资达到340亿元，比上年增长百亿元。城市空气质量总体良好，酸雨分布区域保持稳定，全国城市声环境质量总体较好。以下是2008年淡水环境、海洋环境质量状况以及废水和主要污染物的排放情况。

1. 淡水环境质量状况。虽然中国的环境治理取得了一些成效，但根据国家环境保护部《2008年中国环境状况公报——淡水环境》：2008年中国地表水污染依然严重。七大水系水质总体为中度污染，其中，珠江、长江水质总体良好，松花江为轻度污染，黄河、淮河、辽河为中度污染，海河为重度污染，如图1－5所示：

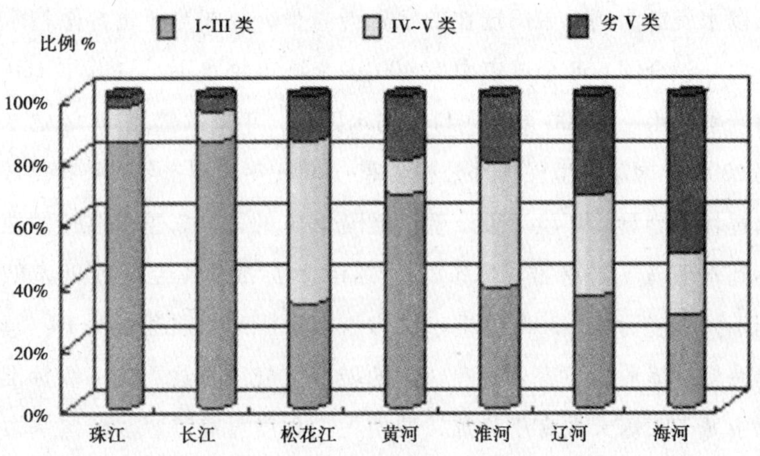

图1－5　七大水系水质类别比例图表

资料来源：中华人民共和国环境保护部：《2008年中国环境状况公报——淡水环境》。

2. 海洋环境质量状况。在四大海区近岸海域中，黄海、南海近岸海域水质良，渤海水质一般，东海水质差。渤海：近岸海域为轻度污染，一类、二类海水比例为67.4%，与上年相比，上升4.1个百分点，四类和劣四类海水占12.2%，下降10.2个百分点。主要超标指标为无机氮、pH和铅。黄海：近岸海域水质为良，一类、二类海水比例为92.6%，与上年相比，上升7.4个百分点，四类、劣四类海水占3.8%，下降1.7个百分点。主要超标指标为无机氮和活性磷酸盐。东海：近岸海域为中度污染，一类、二类海水占38.9%，与上年相比，上升10.5个百分点，四类和劣四类海水占43.2%，下降12.6个百分点。主要超标指标为无机氮和活性磷酸盐。南海：近岸海域水质为良，一类、二类海水比例为89.3%，与上年比较，上升5.6个百分点，劣四类海水占5.8%，下降2.3个百分点。主要超标指标为无机氮、活性磷酸盐和pH（见表1-4）。

表1-4　四大海区直排海污染源污染物情况

海区	废水量（亿吨）	化学需氧量（万吨）	氨氮（万吨）	石油类（吨）	总磷（吨）
渤海	1.32	0.77	0.08	166.3	35.2
黄海	8.29	6.33	0.64	215.1	826
东海	26.32	13.52	1.8	526.4	1092.2
南海	9.72	10.66	1.63	956.4	2260.1

3. 废水和主要污染物排放量。2008年，全国废水排放总量为572.0亿吨，比上年增加2.7%；化学需氧量排放量为1320.7万吨，比上年下降4.4%；氨氮排放量为127.0万吨，比上年下降4.0%。废水排放总量呈明显上升趋势，尤其是工业废水的排放量大幅度上升。化学需氧量排放量和工业氨氮排放量有下降的趋势（见表1-5、表1-6）。

表1-5　各类直排海污染源排放情况

污染源类别	废水量（亿吨）	化学需氧量（万吨）	石油类（吨）	氨氮（吨）	总磷（吨）	汞（吨）	六价铬（吨）	铅（吨）	镉（吨）
合计	45.65	31.29	1864	41531	4213	0.25	0.31	2.7	0.16
工业	15.41	4.31	154	2210	204	0.008	0.3	0.4	0.07
生活	7.36	7.85	703	12110	1384	—	—	—	—
综合	22.88	19.13	1007	27211	2625	0.24	0.006	2.3	0.09

资料来源：中华人民共和国环境保护部：《2008年中国环境状况公报——海洋环境》。

表 1 - 6　　2001—2008 年全国废水和主要污染物排放量

项目	废水排放量（亿吨）			化学需氧量排放量（万吨）			氨氮排放量（万吨）		
年度	合计	工业	生活	合计	工业	生活	合计	工业	生活
2001	432.9	202.6	230.3	1404.8	607.5	797.3	125.2	41.3	83.9
2002	439.5	207.2	232.3	1366.9	584	782.9	128.8	42.1	86.7
2003	460	212.4	247.6	1333.6	511.9	821.7	129.7	40.4	89.3
2004	482.4	221.1	261.3	1339.2	509.7	829.5	133	42.2	90.8
2005	524.5	243.1	281.4	1414.2	554.8	859.4	149.8	52.5	97.3
2006	536.8	240.2	296.6	1428.2	541.5	886.7	141.3	42.5	98.8
2007	556.8	246.6	310.2	1381.8	511.1	870.8	132.3	34.1	98.3
2008	572	241.9	330.1	1320.7	457.6	863.1	127	29.7	97.3

注：以上数据来自对中华人民共和国国家统计局、环境保护部：《2001—2008 年中国环境统计公报》数据的整理。

虽然以上数据显示了中国的环境污染状况有所改善，但污染和生态破坏现象仍很严重，往往造成巨大经济损失和不可逆转的严重后果。据世界银行测算，中国空气和水污染造成的损失要占到当年 GDP 的 8%；中国科学院测算，环境污染使中国发展成本比世界平均水平高 7%，环境污染和生态破坏造成的损失占到 GDP 的 15%；原国家环境保护总局的生态状况调查表明，仅西部 9 个省区生态破坏造成的直接经济损失占到当地 GDP 的 13%。中国膨胀的人口和粗放型的经济增长方式，将使空气、水、土地、生物等环境要素遭到破坏①。比如，2007 年的无锡太湖蓝藻事件就对当地的社会经济发展造成了重大损失。2007 年 5 月底，太湖流域无锡段水域大规模爆发“蓝藻”，此次蓝藻主要由农田施肥、农业废弃物、城市生活污水和工业废水造成。由于太湖附近的自来水厂的水源几乎全部来自太湖，致使无锡市民生活用水受到很大影响②。这次严

① 李鑫：《生态文明建设的理论思考》，《中国优秀博硕士论文数据库》2009 年 5 月，第 16 页。

② 汪同三、郑玉歆：《中国社会科学院数量经济与技术经济研究所 2009 发展报告》，社会科学文献出版社 2009 年版，第 132 页。

重污染事件给当地经济造成巨大损失，同时也典型地反映了中国工业化过程中经济发展与环境的失衡，显示出转变区域经济发展方式的迫切性和严峻性。

（二）中国区域生态经济发展存在的问题

综上所述，中国经济发展与生态环境发展中存在的问题是：经济产值的增加是靠消耗大量资源换取的。在经济发展过程中，资源并未得到充分有效利用，资源消耗量过大、生态环境遭受破坏较为严重。一些主要自然资源已出现严重短缺，资源供需前景不容乐观，对国民经济和社会发展构成严重制约。经济发展给环境带来了巨大压力，自然生态环境持续恶化，形势极为严峻。可以说，中国经济发展与生态环境处于不太协调的状态。区域生态问题对于区域经济可持续发展有着致命影响，如果不及时采取有效措施对区域生态恶化现象加以遏制，区域发展将会步入“问题区域”的尴尬境地。同时，我们必须明确，生态问题的背后蕴含着经济增长趋于极限的危机，隐藏着民族生存的危机，因生态环境引发的矛盾冲突将会威胁国家的长治久安。虽然中国已经加大对生态环境治理的力度，局部生态环境恶化状况有所改善，但整体生态环境恶化的状况未得到有效的改善。区域发展的资源环境压力依然严峻。在中国区域生态经济发展过程中，经济快速增长与资源大量消耗、生态破坏之间的矛盾，经济发展水平的提高与社会发展相对滞后之间的矛盾，区域之间经济社会发展不平衡的矛盾，人口众多与资源相对短缺的矛盾，一些现行政策和法规与实施可持续发展战略的实际需求之间的矛盾仍是制约经济与生态环境协调发展的主要矛盾[①]。而产业结构不合理、经济增长方式粗放的状况没有根本转变，环境保护滞后于经济发展的局面还没有根本改变，体制不顺、机制不活、投入不足、能力不强的问题仍然突出，有法不依、违法难究、执法不严、监管不力的现象仍比较普遍。因此，转变经济增长方式、培育良好的公众环保意识、建立健全的社会保障体

① 中国可持续发展信息网，http：//www.sdinfo.net.cn。

系、调整合理的经济结构、完善相关的政策法规体系是我们亟待解决的问题。

第三节　中国区域生态经济发展战略

在激烈的国际竞争中，一个国家的综合竞争力取决于其是否具备若干个综合经济实力强大的区域，区域是一国国民经济的制高点，代表国家参与国际竞争，带动周边乃至全国经济的增长[①]。而生态环境作为经济发展的前提和基础，区域生态经济的发展就显得尤为重要。在中国生态经济发展的总体态势中，区域生态经济发展已跃居主体地位，如何加快区域生态经济发展，使省（市、自治区）、地（市）、县、乡等各类区域都发挥自身独特功能成为亟待解决的重大理论和实践问题。

一、区域生态经济发展的总体思路

中国早在1992年《中国21世纪议程》中就明确提出在生态经济发展中走可持续发展道路的整体战略；1998年11月发布的《全国生态环境建设总体规划》指出，中国生态环境建设要坚持从国情出发，遵循自然规律和经济规律，以改善生态环境、实现可持续发展为目标，以科技为先导把生态环境建设与经济发展紧密结合。2000年12月《全国生态环境保护纲要》再一次结合实际明确了全国生态环境保护的指导思想：高举邓小平理论伟大旗帜，以实施可持续发展战略和促进经济增长方式转变为中心，以改善生态环境质量和维护国家生态环境安全为目标，紧紧围绕重点地区、重点生态环境问题，统一规划，分类指导，分区推进，

① 上海财经大学区域经济研究中心：《2007中国区域经济发展报告——区域发展总体战略与城市群规划》，上海财经大学出版社2007年版，第1页。

加强法治，严格监管，坚决打击人为破坏生态环境的行为，动员和组织全社会力量，保护和改善自然恢复能力，巩固生态建设成果，努力遏制生态环境恶化的趋势，为实现国家山川秀美的宏伟目标打下坚实基础。此外，2003 年 7 月《中国 21 世纪初可持续发展行动纲要》规定中国实施可持续发展战略的指导思想：坚持以人为本，以人与自然和谐为主线，以经济发展为核心，以提高人民群众生活质量为根本出发点，以科技和体制创新为突破口，坚持不懈地全面推进经济社会与人口、资源和生态环境的协调，不断提高中国的综合国力和竞争力。在指导思想的认识中，国家强调可持续发展理念在生态资源配置中的作用，随着生态因素在区域经济发展实践中的认知度的提高，更进一步地提出“以人为本，以人与自然和谐为主线”的新的发展理念①。十一届全国人大一次会议批准组建环境保护部，强化了统筹协调、宏观调控、监督执法和公共服务等职能，为推进环境保护历史性转变提供了更加有力的组织保障。尤其是党的十六届三中全会以来，中国在区域生态经济发展的指导思想上发生了明确而影响深远的变化，进入了一个促进科学发展的新阶段。在这一阶段，一方面继续 20 世纪 90 年代中期以来促进区域生态经济协调发展的思想和政策；另一方面积极促进地区转变经济增长方式，促进经济、社会、环境协调发展。目前，许多地区提出了生态经济发展战略并出台了相应政策。区域经济层面已经引入生态经济理念和方法，并把它作为制定区域政策、解决区域生态问题的理论依据。

二、区域生态经济发展战略模式——PRED 战略

PRED 战略是区域经济可持续发展的要求和必然选择。它是指在区域经济发展的过程中，应当处理好人口问题（population problems）、资源问题（resource problems）、环境生态问题（environment and ecology prob-

① 杨筠：《生态建设与区域经济发展研究》，西南财经大学出版社 2007 年版，第 50—51 页。

lems）和发展问题（development problems），实现人口适当控制、资源永续利用、环境不断改善、生态良性循环和社会持续发展的协调①。区域发展的根本目的就是以人为本，实现人与人之间、人与自然之间的和谐发展。人口、资源、生态环境在区域经济发展中发挥着基础性的决定作用。只有相互之间协调，才能实现利益的最大化，才能形成聚合力。

（一）人口是实现区域协调发展的核心和主体

人口问题是一个区域发展战略的重要问题。人口是区域发展的原动力和受益者，既是物质资料生产得以进行的基本推动力，又为区域消费提供市场。但人口过多又会给生态、环境和资源带来巨大压力，人口的数量、规模、素质、结构、分布与迁移状况，对区域发展影响重大，有加速或延缓发展的作用。因此，人口适度与合理分布程度很大程度上决定了区域协调发展的程度。表 1－7 是世界主要国家国土面积与人口密度的比较表：

表 1－7　　世界主要国家国土面积与人口密度比较表

国家和地区	Country or Area	国土面积（万平方公里）Country Area（10000 sq. km）2005 年	人口密度（人/平方公里）Population Density（persons/sq. km）		
			2000 年	2005 年	2007 年
世　界	World		46.87	49.84	51.00
中　国	China	959.8	135.37	139.86	141.52
印　度	India	328.7	341.69	368.15	377.82
印度尼西亚	Indonesia	190.5	113.86	121.75	124.55
日　本	Japan	37.8	348.07	350.54	350.54
韩　国	Korea, Rep.	9.9	476.13	489.15	491.55
新加坡	Singapore	0.1	6011.79	6191.29	6659.80
泰　国	Thailand	51.3	118.74	123.32	124.94

① 杨筠：《生态建设与区域经济发展研究》，西南财经大学出版社 2007 年版，第 97 页。

续表

国家和地区	Country or Area	国土面积（万平方公里）Country Area（10000 sq. km）	人口密度（人/平方公里）Population Density（persons/sq. km）		
		2005 年	2000 年	2005 年	2007 年
南　非	South Africa	121.9	36.23	38.61	39.18
加拿大	Canada	998.5	3.38	3.55	3.63
墨西哥	Mexico	196.4	50.40	53.03	54.16
美　国	United States	963.2	30.80	32.36	32.92
法　国	France	55.2	107.06	110.66	112.17
德　国	Germany	35.7	235.71	236.46	235.88
意大利	Italy	30.1	193.63	199.27	201.88
荷　兰	Netherlands	4.2	470.05	481.70	483.50
波　兰	Poland	31.3	126.34	124.59	124.25
俄罗斯联邦	Russian Fed.	1709.8	8.93	8.74	8.65
英　国	United Kingdom	24.4	243.43	248.94	252.28
澳大利亚	Australia	774.1	2.49	2.66	2.74
新西兰	New Zealand	26.8	14.41	15.44	15.79

资料来源：中华人民共和国国家统计局：《2008 年国际统计数据——国土面积与人口密度》。

（二）资源的可持续供给是区域可持续发展的基础

联合国环境规划署将资源定义为在一定时间、地点、条件下能产生经济价值，以提高人类当前和将来福利的自然环境因素和条件，主要包括水、矿产、生物、气候和海洋六大资源。自然资源作为区域发展的基本要素之一，是其他各类资源形成的最初来源和物质基础，是人类经济活动的基本物质要素，对区域劳动生产率提高、产业结构形成和资本原始积累都有重要作用。对自然资源的开发和利用程度，直接关系到区域发展的程度和持续力的高低。表 1－8 是中国主要资源人均占有量与主要国家的比较表。

表1-8　　中国主要资源人均占有量与主要国家的比较

项目	世界	中国	加拿大	美国	巴西	澳大利亚	中国占世界比例%
土地面积	2.77	0.91	39.31	3.92	6.28	48.99	32.9
耕地和园地	0.31	0.10	1.84	0.8	0.56	3.10	32.3
永久草地	0.66	0.27	1.22	1.01	1.22	27.95	40.9
森林面积	0.84	0.13	12.85	1.11	4.15	6.76	15.5
森林蓄积量	69.65	8.51	1061.5	109.1	485.5	79.03	12.2
河川径流量	0.97	0.25	12.30	1.24	3.83	2.22	25.7
可用水能量	0.47	0.36	3.72	0.78	0.67		76.6
矿产总储量	1.77	1.04	12.58	5.67	1.90	17.57	58.8

资料来源：中国科学院可持续发展战略研究组：《2008中国可持续发展战略报告》，科学出版社2008年版，第257页。

（三）良好生态环境是实现区域可持续发展的关键

生态是生物与其赖以生存的环境在一定空间范围内的有机统一，生物圈中各要素为人类提供了生存的基础。而区域生态的基本目标就是遏制生态恶化趋势，把改善生态、保护环境作为经济发展和提高人们生活水平的重要内容。表1-9反映了世界主要国家自然保护区面积和生物多样性情况。

表1-9　　世界主要国家自然保护区面积和生物多样性

国家和地区	Country or Area	国家保护区面积 Nationally Protected Areas		哺乳动物（种） Mammals	
		面积（万平方公里） Area （10000sq. km） 2004年	占土地总面积的比重（%） as Percentage of Total Land （%） 2004年	物种 Species 2004年	濒危物种 Threatened Species 2007年
中　国	China	110.1	11.8	1801	351
印　度	India	15.6	5.3	1602	313
日　本	Japan	5.2	14.3	763	190
韩　国	Korea	0.4	3.6	512	54
泰　国	Thailand	8.0	15.7	1271	157
南　非	South Africa	7.4	6.1	1149	323

续表

国家和地区	Country or Area	国家保护区面积 Nationally Protected Areas		哺乳动物（种） Mammals	
		面积（万平方公里） Area （10000sq. km） 2004 年	占土地总面积的比重（%） as Percentage of Total Land （%） 2004 年	物种 Species 2004 年	濒危物种 Threatened Species 2007 年
加拿大	Canada	62.9	6.9	683	77
墨西哥	Mexico	9.9	5.1	1570	579
美　国	United States	149.0	16.3	1356	937
法　国	France	1.6	3.0	665	117
德　国	Germany	11.2	32.0	613	59
意大利	Italy	3.2	11.0	610	119
荷　兰	Netherlands	1.0	28.0	539	26
俄罗斯联邦	Russian Fed.	128.7	7.9	941	153
英　国	United Kingdom	6.0	25.0	660	38
澳大利亚	Australia	74.5	9.7	1227	568
新西兰	New Zealand	6.5	24.2	424	124

资料来源：中华人民共和国国家统计局：《2008 年国际统计数据——国家保护区面积和生物多样性》。

PRED 战略作为区域生态经济发展的战略模式，其最终目的就是要实现人口、资源、环境同经济社会的协调发展，实质上就是生态经济协调发展。中国人口、资源、环境和经济协调发展的总战略，是中国生态环境和经济协调发展的基本战略，即生态经济协调发展战略。从战略上看，生产发展的快慢，经济增长的多少，是关系到人民生活水平高低的问题；而环境污染，生态破坏，则是关系到人类能否生存发展的问题，尤其对于中国这样一个人口数量庞大、资源相对紧缺、生态基础脆弱的发展中大国来说，确实是生死攸关的大事。因此，在中国社会主义现代化建设中，必须把保护环境、防治污染、改善生态、建设自然放到战略地位上来，成为中国现代化建设的总体布局中重要组成部分，作为现代化建设的一个基本任务。只有这样，才能实现社会经济与自然生态相互协调、相互促进，在发展现代化社会经济中建设现代化自然生态，这是生态经济协调发展战略的真谛①。

（四）区域生态经济体系的构建

构建区域生态经济体系是PRED战略模式的具体应用，是生态经济理论应用于区域生态经济社会发展的系统化和具体化，是对传统区域发展理念的重大变革。区域人口、资源、环境的协调发展要求构建合理的区域生态经济体系。生态经济的核心问题就是如何实现生态系统与经济系统的协调发展。而生态经济体系的建立，就是要在区域经济系统运行机制理论指导下，区域内自然系统、经济系统和社会系统之间相互联系、相互影响、相互制约而构成有序、立体、网络关系的生态经济社会结构，它具有整体性、动态性、功能性和可控性②。生态经济总体上可以分为生态工业体系、生态农业体系、第三产业生态化体系这三大类。构建区域生态经济体系的核心在于将生态经济学的基本理念通过社会经济布局调整、产业结构优化等环节落实到不同产业类型的生产组织和运营过程中，并由此派生出循环经济、绿色生产等符合可持续发展需求的思路和模式（见图1－6）。在确保社会经济发展的同时，尽可能减少资源消耗与生态环境破坏等负面效应，进而为实现可持续发展这一总体目标创造条件。

生态经济发展已经成为区域发展的重要理念，而能否构建完善的生态经济体系则是衡量地区自身竞争力、吸引力和创新力的重要标准。通过区域生态经济体系的构建，能够促进生态系统与经济系统的协调发展，使区域形成良性循环发展的生态系统，最终实现社会经济全面、健康、持续发展的区域；区域生态经济体系的建立可使区域形成优良的生态环境、发达的生态型经济、高尚的生态文明和高境界的生态道德；通过生态经济体系的构建，能够使人的主观能动性得到充分发挥，营造生态环境、恢复生态再生能力、扩大生态容量、提高生态承载力，进而创造自然与人类高度和谐的社会、经济、环境的统一，能够达成社会生产过程的生

① 刘思华：《生态马克思主义经济学原理》，人民出版社2006年版，第409—410页。

② 李培祥、李诚固：《区域生态经济体系的构建》，《资源开发与市场》2003年第8期。

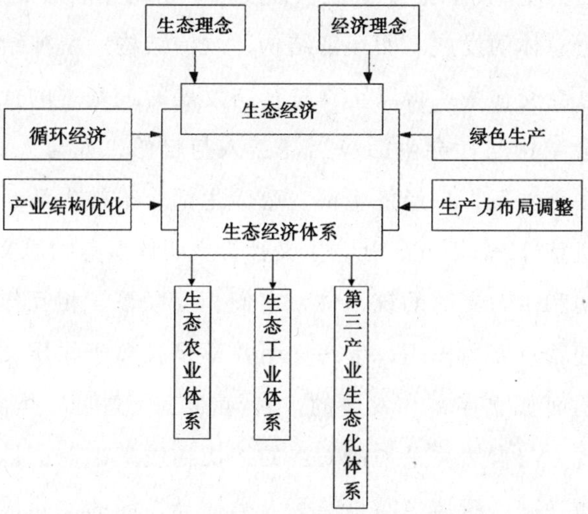

图 1－6 构建生态经济体系要素关系结构图

态、经济、社会效益协调统一，最终实现整个社会的可持续发展。

第四节 生态文明的生成与发展对区域发展的影响

一、生态文明在社会发展中的价值功能

生态文明在社会发展中的价值功能，实际上就是生态文明在社会结构中发挥的作用和在文明中的地位问题，即生态文明与物质文明、政治文明、精神文明之间的关系问题。这里我们借鉴马克思有关自然和人类社会有机统一的社会发展理论进行阐述。

（一）生态文明与三大文明的内在统一

马克思有关自然和人类社会有机统一的社会发展理论认为，社会发展主要包括五大领域：经济领域、政治领域、社会交往关系领域、精神

文化领域、自然生态领域。它们的共同发展、协调发展形成的综合发展，就是人类社会总体的发展。而经济结构、政治结构、精神结构和生态结构则是全部社会交往关系得以正常进行与发展的最基本的社会结构。社会形态的社会结构与社会生活应当涵盖人与自然，人与人、人与社会，人与自身等多重关系，是经济生活、政治生活、精神生活、生态生活多重领域的有机整体①。因此，社会主义社会文明体系是物质文明、精神文明、政治文明和生态文明的统一体，它们相互联系、相互作用，各自对社会的发展起着重要的作用。生态文明并不是脱离于物质文明、精神文明和政治文明而孤立存在和发展的，它与“三个文明”是内在统一的。物质文明体现人与自然关系和谐发展的一切物质基础，也是生态文明得以建设的物质基础；精神文明总结了人类社会发展的文化成果，体现了一定历史阶段科学、文化、艺术、道德、伦理、宗教、哲学、经济、政治、法律等思想理论和意识形态的发展状况和进步程度，从而使人类社会得以历史的延续，是生态文明得以建立的思想基础；政治文明是指一定社会政治制度（包括国体、政体、法律规范体系等）的进步程度和完善发展的水平，是在社会中占主导地位的政治思想意识形态和政治行为，它为生态文明建设提供了稳定的社会秩序和政治秩序②。

由此可知，生态文明是社会主义文明体系的基础，是物质文明、政治文明和精神文明的前提。社会主义的物质文明、政治文明和精神文明离不开生态文明，没有良好的生态条件，人不可能有高度的物质享受、政治享受和精神享受。没有生态安全，人类自身就会陷入不可逆转的生存危机。生态文明所创造的生态环境、生态理念、生态道德、生态社会等等，直接为物质文明、政治文明和精神文明提供必不可少的生态基础。同样，离开物质文明、政治文明和精神文明来谈生态文明，也不会有真正的发展。物质文明、政治文明、精神文明为生态文明建设提供坚实的

① 刘思华：《生态马克思主义经济学原理》，人民出版社2006年版，第441页。

② 张纯：《人的全面发展与生态文明建设研究》，《中国优秀博硕士论文数据库》2007年4月，第14页。

物质基础、科学的制度保证和强大的智力支持。生态文明“使我们走上生产发展、生活富裕、生态良好的文明发展道路”，也为物质文明、政治文明和精神文明的发展和进步创造条件。只有全面推进物质文明、政治文明、精神文明和生态文明的建设，谋求四者的协调发展，才能真正实现全面建设小康社会的奋斗目标。以下我们分别阐述生态文明发展对物质文明、政治文明、精神文明的影响与制约。

（二）生态文明与物质文明

1. 生态文明发展影响着生产力诸要素的性质和水平，规定了物质文明的发展方向。资源配置和环境条件决定着生产部门的分布、产业结构和经济发展的趋势。而作为资源再生产的生态环境影响着经济再生产所需要的劳动对象的数量和品质。生态文明的状况如何不仅影响生产力诸要素的性质和水平，而且影响着其内在结构和结合方式，从而影响着整个经济系统的结构和形态。

2. 生态文明与物质文明发展目的具有统一性。人类的一切经济活动都是在经济与生态系统中进行的。推进生态文明建设是物质文明与经济发展的目标之一，是人类社会可持续发展的最终目的。生态环境是人类生存与生活的基础，生态文明的推进也是为了实现人类社会的可持续发展。目前，物质文明和生态文明建设已统一于经济社会发展的实践中，经济效益和生态效益已成为衡量社会发展的重要标准。所以，推进生态文明与物质文明都是为了促进人类文明的发展，最终实现整个地球的可持续发展。

3. 生态文明与物质文明发展互动共生。生态文明的生成与发展可以为物质文明建设和经济活动提供良好的环境条件和更多的资源，促进物质文明发展。生态文明主张发展循环经济，为物质文明建设提供了新的发展范式。而物质文明的发展和人们生活水平的提高，也会为人们带来更高的精神需求，即人与人、人与自然交流的精神需求，全民素质和生态意识不断提高，人们主动地保护环境、改造环境，使生态环境质量也不断提高。区域生态环境的优劣很大程度上影响着该区域的经济发展潜力，良好的生态环境会对人们有更强的吸引力，也会成为资本选择的关键性因素，最终影响该区域的经济发展状况。

（三）生态文明与政治文明

生态文明与政治文明既相辅相成，又相互制约。生态文明建设是政治文明建设的基础，政治文明建设是生态文明建设的保障，政治文明建设应以生态文明建设为导向。

1. 生态文明是政治文明的必要前提与重要基础。生态文明同物质文明一样都是政治稳定的基础条件。没有生态安全，人类自身就会陷入不可逆转的生存危机。因为生态环境问题在一定条件下可以引发政治动荡乃至国际政治冲突。“如果生态环境退化，国家的经济基础最终将衰退，它的社会组织会蜕变，其政治结构也将变得不稳定。这样的结果往往导致冲突，或是一个国家内部发生骚乱和造反，或是引起与别国关系的紧张和敌对。”①

2. 政治文明建设是生态文明建设的保障。生态文明的践行需要政治文明为其提供意识、行为和制度上的保证。通过调动一切社会力量，建设资源节约型、环境友好型社会。通过加强环境立法及其执行力度，为生态文明建设提供法律和制度保障。政治文明具有决策性、调控性和督导性，执行力强且影响面广，是生态文明建设的有力保障。政治文明还能够在目标、法律、政策、组织、机制等方面为生态文明建设提供坚强后盾，为生态文明建设创造出安定团结的国内政治环境与和平共处的国际政治环境，起到推动和促进生态文明建设的重要作用。

3. 政治文明建设应以生态文明建设为导向。生态文明建设直接体现着政治文明发展的程度和水平，是社会政治文明发展的强有力杠杆，是日益完善的政治文明的体现者。生态文明建设已经成为政府的自觉行为，推动了政治行为文明的完善；生态法规的日益完善加快了政治制度文明建设的进程；生态环境问题的日益突出，促进了公众的政治参与，有利于政治意识文明的发展。生态文明建设通过在政治文明建设中倡导生态意识，完善生态机制使自身得到发展。政治文明建设只有以生态文明建

① ［美］诺曼·迈尔斯：《最终的安全》，上海译文出版社2001年版，第19—20页。

设为导向才能健康发展。

（四）生态文明与精神文明

1. 生态文明是精神文明的有机组成部分，它丰富了精神文明的内涵，是人类自我意识的再次升华，是新时代人类的道德进步和道德完善。生态文明建设不仅有利于形成良好的社会道德环境，而且有利于形成良好的生态环境；它促使人们的伦理道德观念发生了深刻变化，要求人们尊重环境、资源的价值，确认人与自然和谐统一的价值观。人除了具有社会需求以外，还具有强烈的生态需求。只有关注和满足人的生态需求，才能促进人的精神的丰富性和全面性。安全、健康、舒适的生态环境是人健康成长的物质条件和可靠保证，能够陶冶人的情操，塑造人的品格，净化人的心灵，推动人类的现代化和人类文明向更高层次跃进，最终实现人的全面发展。这也是精神文明建设所追求的目标。

2. 良好的生态环境还会引发人们在价值观念、生活方式、消费方式等一系列领域发生革命性的变革，有助于人们形成文明、健康、科学的生活方式和消费方式，以推动精神文明在各个领域和各个环节全面展开。追求生态文明，已成为人类追求高质量的精神生活的一项重要内容。

3. 生态文明的发展也需要精神文明为其提供思想引导、精神动力和智力支持。人类所面临的生态危机是人本身的危机，而要应对这一危机，关键是要加强教育，提高人的素质。另外，还要注重生态知识的教育普及，减少因认识不足而造成盲目破坏生态的现象发生。加强生态文明与精神文明的有机结合，坚持生态文明与精神文明的一致性，充分发挥人的主观能动性，使两个文明相互融合、相互渗透，使生态保护意识深入人心，并最终成为全人类的自觉行动。

二、生态文明对区域经济发展的影响

（一）生态文明与区域产业结构调整

区域产业结构是区域社会再生产过程中各产业部门之间的相互组合

关系以及生产要素在各个产业部门之间的配置状态。区域产业结构调整是指在区域经济的不同部门之间或者统一产业内调整资源配置的行为。其目的是为了建立合理的、协调的区域产业结构①。生态文明对区域产业结构调整有很大的促进作用，这也是发展生态经济、构建生态经济体系的必然结果。通过区域产业结构调整，能够充分利用区域资源，发挥区域自身优势；能够保护区域生态环境，满足以人为本的区域可持续发展；提高区域产业经济效益，增强区域经济实力。只有不断地促进产业结构的更新和升级才能更好地适应生态文明发展。随着区域可持续发展成为区域发展的最终目标，区域产业结构调整也更倾向于实现区域内人与自然的和谐发展（见图 1－7）②。

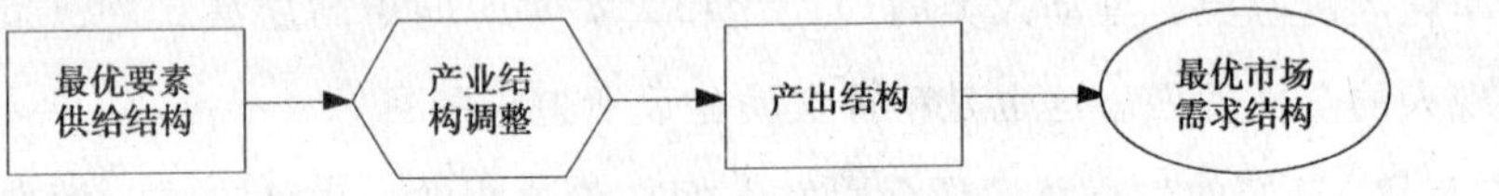

图 1－7　产业结构优化图

如图 1－7，区域产业结构调整能够实现要素供给结构、产出结构、市场需求结构的最优配置，从而促进经济与生态的协调发展。因此，在中国的区域产业结构调整中必须注意以下几个方面：

1. 突出资源供给的有限性和持续性在区域产业结构调整中的作用。区域产业结构调整应该考虑的首要问题就是如何保证区域资源可持续性的配置，从而因地制宜地发挥地区优势来发展区域生态经济。

2. 科学技术已成为区域产业结构调整的关键。目前，各区域产业结构已由劳动密集型向技术密集型转变，以发展“数字经济”、“网络经济”为代表的资金密集型和技术密集型产业已成为区域经济产业结构调整的推动力量。

3. 区域内外的消费需求是决定区域产业结构调整的内在因素，区际

① 杨筠：《生态建设与区域经济发展研究》，西南财经大学出版社 2007 年版，第 150—152 页。
② 杨筠：《生态建设与区域经济发展研究》，西南财经大学出版社 2007 年版，第 150—152 页。

沟通和互动是影响区域产业结构的外部因素。在市场经济条件下，区域分工与协作、竞争和利益以及它们之间的交流互动可以增强各种资源对产业结构的积极影响。

4. 区域产业政策是决定区域产业成败的主导因素。众所周知，提升产业结构是解决资源与环境问题的主要途径。在推进生态文明的进程中，优化区域产业结构对区域生态工业、农业和服务业的发展都有很大的促进作用。在区域产业结构调整中具体做法是：引导区域第一产业进入生态化发展的轨迹，扶持区域第二产业走上清洁生产无污染的道路，重点培养区域第三产业，尤其是高新技术产业的发展。为生态产业的发展提供空间，实现生态、经济、环境的协调统一，从而实现区域经济发展与生态保护的共赢。

（二）生态文明发展与区域循环经济

人类在经济发展过程中经历了三种模式的变迁：第一种是传统模式，即“资源—产品—污染排放”的单向线性的传统模式（见图1－8）；第二种是“先污染，后治理”的末端治理模式（见图1－9）；第三种是循环经济（circuar economy）模式，是“资源—产品—再生资源”多重闭环反馈式循环模式（见图1－10），这种模式使物质不断循环利用，减少了资源的消耗和废弃物的排放，从而达到环境与经济的“共赢”。

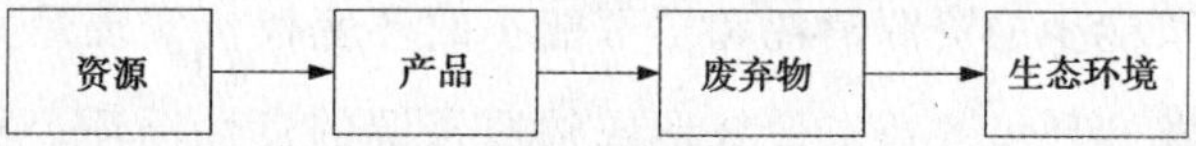

图1－8　单向线性的传统模式

图1－9　末端治理模式

循环经济是相对传统经济而言的一种新的经济模式，是生态文明发展的必然产物。按照美国著名生态学家哈丁的说法，传统工业社会犹如一个可以由牧羊人肆意放牧的草场，是一种由“自然资源—产品和用品

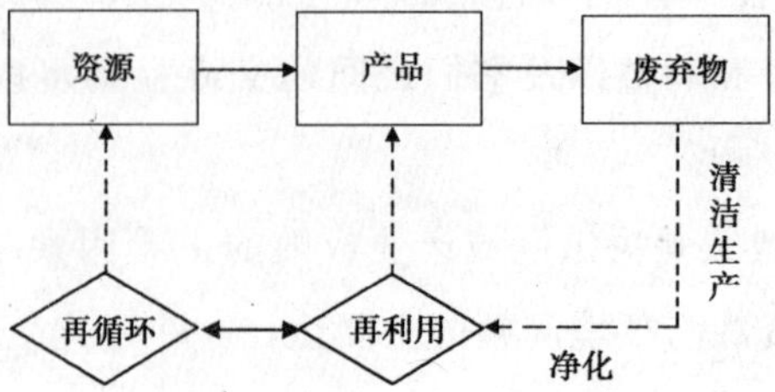

图 1－10　多重闭环反馈式循环模式

—废物排放”单通道组成的线性经济或“牧童经济”。与之相反，循环经济是一种善待地球的经济发展新模式，它要求把经济活动组织成为“自然资源—产品和用品—再生资源”的反馈式流程，所有的原料和能源都能在这个不断进行的经济循环中得到最合理的利用，从而使经济活动对自然环境的影响控制在尽可能小的程度。循环经济是可持续发展战略的经济体现①。它在本质上是一种生态经济或和谐经济，是按照自然生态物质循环方式运行的经济模式，即用生态学规律来指导人类社会经济活动，合理利用自然资源和环境容量，在物质不断循环利用的基础上发展经济，实现经济活动的生态化。狭义上讲，循环经济就是废弃物的循环和综合利用；广义上讲，循环经济以资源的高利用和循环利用为核心，以减量化、再利用、资源化为根本，以低排放、低消耗、高效率为基本特征，用尽可能少的资源消耗和尽可能小的环境代价实现最大的经济效益、社会效益和环境效益。最终形成物质资源的良性循环，从根本上解决环境与发展的矛盾，实现人与自然和谐统一。

（三）生态文明发展与生产力布局调整

发展生态经济，构建生态经济体系不但要提倡优化产业结构，发展环境无污染产业，相应地也要求有合理的产业布局与之相配套，这样才能将所要求的各产业落实到相应的空间和方位，才能取得预期效益。在现代化大生产的条件下，合理的生产力布局是关系国民经济发展至关重

① 诸大建：《可持续发展呼唤循环经济》，《科技导报》1998 年第 9 期，第 39 页。

要的问题。通常情况下，布局问题会随着社会生产规模的扩大，对经济发展的影响也就相应增大。特别是在现代科学技术和现代化大生产的条件下，生产力布局的合理已成为国民经济长远发展和国家统一与稳定的至关重要的问题。如果生产力布局不合理，必然会影响产业生态经济效益提高，甚至导致效益降低。相反，合理的生产力布局能够充分体现本地的资源特点和发挥地理区位优势，能够推动主导和优势产业的发展，能够使发展区域利用有限的自然资源达到经济发展的最佳状态。生产力布局的调整，要求各地区因地制宜地对具体产业空间进行合理规划，因此要考虑以下几个方面：第一，布局规划是否考虑到发挥本区域经济地理位置的优势；第二，交通运输条件的现状和发展趋势对区域生态经济发展是否有利；第三，资源现状及其特点对产业结构、技术结构、战略设想是否合理；第四，生态环境条件与生产力布局规划是否适应。

（四）生态文明与制度建设

区域制度建设主要体现为现行政策，包括法律法规政策，如法律、行政法规、行政规章等；经济政策，如产业政策、财税政策、价格政策和技术政策等。政治体制和法制环境是社会经济活动得以运行的基础，也是生态经济健康发展的重要保障。政治体制和法制环境以及各项方针政策的实施，对区域发展会产生重大影响。以法律法规政策为例，立法理念与内容的滞后以及法律震慑力不足一直是制约中国生态文明建设的主要因素。“有法可依”是社会主义生态文明建设的基本前提。

随着生态环境新情况、新问题不断涌现，必须不断完善中国环境保护法律法规，使其适应社会经济发展的新需要。首先，在区域生态环境的立法中，各区域应以“生态整体利益”为核心，以“生态优先”为立法原则和理念来构建环境法体系。实现人类与自然的和谐共存与发展。其次，在完善环境立法的过程中，各地区还可以通过制定新的环境保护管理制度来弥补法律法规的不足。例如，污染赔偿制度、生态补偿制度、环保考核与责任追究制度、信息公开化制度、清洁生产制度等。与此同时，为有效抑制环境污染和生态破坏行为，有关循环经济发展、生物多样性保护、资源节约、环境税收、环境污染经济核算、有毒有害废物监管、安全与健康等重要领域的法律也亟待制定或修改①。此外，生态文明的生成与发展通过推进环境立法的进程，能够强化当地政府的环境保护责任，以“互惠双赢”为准则推进和深化区域合作。再次，生态文明的发展有力推动了环境管理和环境执法的力度。以2007年为例，当年颁布的环境保护部门规章数为8件，环境保护地方性法规20件，环境保护地方性政府规章32件，当年做出环境行政处罚决定的案件数101325起，环境违法案件查处结案数99820件②。从而有力打击了破坏环境的行为，为经济发展与生态环境保护提供了有力保障。一系列法律规章的出台使环境经济政策不断发展完善。表1－10是近10年来发布的重要环境保护相关政策法规。

表1－10　　近10年发布的重要环境保护相关政策法规

政策法规	发布时间	主要内容
固体废物污染环境防治法	1995.10.30	为了防治固体废物污染环境，保障人体健康，维护生态安全，促进经济社会可持续发展，制定本法。
大气污染防治法（修订）	2000.4.29	对防治燃煤污染、防治机动车船污染防治废气污染等分别做了专门规定。
环境影响评价法	2002.10.28	为了实施可持续发展战略，预防因规划和建设项目实施后对环境造成不良影响，促进经济、社会和环境的协调发展，制定本法。
城市绿线管理办法	2002.11.01	加强城市生态环境建设，创造良好的人居环境，促进城市可持续发展。
城市生活垃圾分类及其评价标准	2004.12.01	城市生活垃圾分类评价标准、城市生活垃圾及其分类收集、城市生活垃圾分选及其技术规范。
可再生能源法	2005.2.28	为了促进可再生能源的开发利用，增加能源供应，改善能源结构，保障能源安全，保护环境，实现经济社会的可持续发展，制定本法。

① 徐春：《可持续发展与生态文明》，北京出版社2000年版，第277页。

② 中华人民共和国环境保护部：《2007年全国环境统计公报——政策法规》。

续表

政策法规	发布时间	主要内容
节约能源法	2007.10.28	为了推动全社会节约能源，提高能源利用效率，保护和改善环境，促进经济社会全面协调可持续发展，制定本法。
城乡规划法	2007.10.28	为了加强城乡规划管理，协调城乡空间布局，改善人居环境，促进城乡经济社会全面协调可持续发展，制定本法。
水污染防治法	2008.2.28	为了防治水污染，保护和改善环境，保障饮用水安全，促进经济社会全面协调可持续发展，制定本法。
循环经济促进法	2008.8.29	为了促进循环经济发展，提高资源利用效率，保护和改善环境，实现可持续发展，制定本法。

资料来源：以上资料来自对国家统计局、环境保护部发布政策法规的整理。

总之，生态文明是继农业文明、工业文明后的一种新的文明形式，它是生产力发展一定阶段的产物，也是人们反思工业文明所带来的种种弊端的基础上产生的，是思维反思实践的一种必然结果，代表着社会的进步。生态文明作为一种价值理念，在经济社会发展过程中具有重要的作用。从生态文明的价值理念出发，人类所赖以生存的社会经济系统需要实现人与自然、人与人之间的和谐共生。区域经济作为一个社会的组成部分，其运行需要生态文明价值理念的统领。以此为基础，才能实现生态经济文明、政治文明以及生态社会文明。各个区域生态文明的实现，是全社会生态文明的基础。

第二章 区域经济发展与生态文明

第一节　区域产业结构优化与生态文明

当前，资源能源紧张和环境污染已成为严重制约国民经济全面、协调、可持续发展的重要问题，为此中央政府在“十一五”规划纲要中提出，要落实科学发展观，通过经济结构的战略性调整，减轻环境污染和生态破坏的压力。产业结构优化及相应的产业结构政策将成为推动经济发展及生态文明建设不可或缺的重要因素。一般认为，优化升级区域产业结构是从源头上减少环境负外部性产生和提高环境正外部性的有效途径，也是党的十七大报告基于中国发展条件变化作出的判断。

一、产业结构、区域产业结构、区域产业结构优化

在经济领域，产业结构概念始于20世纪40年代。产业结构是指在社会再生产过程中，一个国家或地区的资源在产业间的配置状态、产业发展水平、各产业所占比重、产业间技术经济联系及产业间相互依存相

互作用的方式。从产业结构演变与工业化发展阶段关系来看，产业结构发展具有从低级向高级不断演进的趋势，往往先从农业主导向轻纺工业主导转换，进而向以原料和燃料动力等基础工业为重心的重化工业转换，由低度加工型工业向高加工度组装型工业转换，再进一步向第三产业转换。所谓区域产业结构，是指一个国家按照一定标准划分的经济区域内产业与产业间技术经济联系和数量比例关系。按照不同划分标准可以划分为区域三次产业结构、农轻重结构、原材料与加工工业结构、要素密集型产业结构等①。在中国学术界比较早探究产业结构优化内涵的是周振华，他认为产业结构优化包涵产业结构的高度化和合理化两项主要内容。产业结构的高度化是指产业结构从较低水准向高度水准的发展过程，可以用第二、第三产业的比重、资金与技术知识密集型产业的比重以及中间产品与最终产品产业的比重来测度。产业结构的合理化是指提高产业之间有机联系的聚合质量，即产业之间相互作用所产生的一种不同于各产业能力之和的整体能力，可以用产业之间的关系均衡程度和产业之间的关联作用程度表示②。为了促进区域经济的持续快速发展，有必要促进区域产业结构的高度化和合理化。

二、产业结构优化促进经济增长和生态文明建设

区域经济的可持续发展，是以生态文明为基础的经济发展。从产业结构角度考虑就是要形成一种合理的产业结构，兼容经济发展与生态文明建设。产业结构优化升级意味着在保证基础产业的情况下增加产品或服务的附加值，产业结构升级有利于经济增长已成为不争的事实。另外，产业结构对生态环境及经济发展的影响至关重要，在不同发展阶段，产业结构变化与环境质量变动以及国际竞争力具有高度相关性。

---

① 张少兵：《环境约束下区域产业结构优化升级研究》，华中农业大学博士学位论文，2008年。

② 周振华：《产业结构优化论》，上海人民出版社1992年版。

1. 三次产业对环境的影响各有不同。产业结构是经济发展水平的重要标志之一，也是人类作用于生态环境系统的主要环节，它对环境影响的主要原因可以归结为各产业间单位产值污染物产生水平的巨大差异[①]。如火力发电工业因燃烧大量的煤，二氧化硫及烟尘的排放强度远高于其他一些行业；采掘业的固体废弃物产生量居各行业之首；而纺织、机电等行业的工业固体废弃物产生量则很少。不同的产业政策形成了不同的产业结构，从而对环境质量产生不同的影响。从国际工业化进程来看，工业发达国家一般是先发展对环境污染较轻的轻工业和加工工业，后发展对环境污染较重的基础工业和重工业，英、美等国家采用的是这种典型的渐进式发展模式。而中国为了实施产业结构跨越式升级战略，把基础工业放在优先位置，超前配置和发展。20 世纪 80 年代初，发达国家开始采取日益严格的环境保护行动时，已开始整体进入“后工业社会”，第三产业上升为主导产业，对钢铁、建材、化工等高消耗、重污染的工业视为“夕阳工业”，除花费大量投资控制污染外，采取了限制其发展的政策，有些污染产业则被转移到发展中国家[②]。此种情况下，经济增长与能源、矿物资源的消耗逐渐脱钩，产业结构变化明显地减轻了环境压力。中国的情况则与此相反，在 20 世纪 80 年代环境保护提上议程时，正迎来新的工业化强劲势头，为解决基础产业的“瓶颈制约”，优先发展以钢铁、重化工、交通和煤炭为主体的能源等基础产业，能源和资源消耗迅速上升，大大加剧了环境污染负荷。如钢铁、有色金属、化工、建材等工业企业，除少数外，污染都很严重，在污染物排放中占有很大比例，对环境冲击很大，被称为污染密集型产业。结果，西方工业发达国家一般在人均 GNP2000—3000 美元时才出现比较严重的环境污染，在中国则在人均 GDP 几百美元时就出现了[③]。同样的道理，就区域发展而

---

① 曲福田等：《江苏可持发展研究》，中国农业出版社 2006 年版，第 45—56 页。

② 夏友富：《外商投资中国污染密集产业现状、后果及其对策研究》，《管理世界》1999 年第 3 期。

③ 张少兵：《环境约束下区域产业结构优化升级研究》，华中农业大学博士学位论文，2008 年，第 76 页。

言，产业结构不同导致环境问题的严重程度有所差别，一般来说，以工业为主体的区域比以农业和第三产业为主体的区域资源缺口及环境压力要大得多。

2. 各产业的资源利用及再利用效率与生态环境密切相关。资源利用及再利用效率低意味着单位能耗创造的价值少或创造同等价值需耗费更多的资源，相应的不断增加的原材料消耗和较低的资源利用及再利用效率造成废物大量产生及废物处理的投资不足，这些将加重环境污染程度。据《2006 中国可持续发展战略报告》对世界 59 个主要国家的资源绩效水平的调查排序，中国资源绩效居世界倒数第 6 位。2009 年世界银行公布了“促进中国循环经济发展”技援项目的一篇政策建议报告，该报告指出，中国的资源利用效率（指单位国内生产总值的资源消耗）低于国际水平。以能源耗费为例，目前，中国能源利用效率为 33%，比发达国家低 10 个百分点；单位产值能耗是世界平均水平的 2 倍多，比美国、欧盟、日本、印度分别高 2.5 倍、4.9 倍、8.7 倍和 43%；中国 8 个行业（石化、电力、钢铁、有色、建材、化工、轻工、纺织）主要产品单位能耗平均比国际先进水平高 40%；燃煤工业锅炉平均运行效率比国际先进水平低 15%—20%；机动车百公里油耗比欧洲高 25%，比日本高 20%。中国建筑采暖、空调能耗均高于发达国家，其中单位建筑面积采暖能耗相当于气候条件相近的发达国家的 2—3 倍①。能源利用效率低意味着浪费和污染严重。当前，中国大气污染状况十分严重，主要呈现为煤烟型污染特征。城市大气环境中总悬浮颗粒物浓度普遍超标，二氧化硫污染保持在较高水平，机动车尾气污染物排放总量迅速增加，氮氧化物污染呈加重趋势，全国形成华中、西南、华东、华南多个酸雨区，以华中酸雨区为重。再以城市交通为例，交通方式的变化会反映到生态质量上。

① 引自中华人民共和国国家统计局网站，http://www.stats.gov.cn。

三、产业结构演进中的现实问题

在产业结构演进中，与高增长相伴随的环境问题也十分突出。各地在区位条件、要素禀赋相近情况下出现了激烈的地方政府竞争，地方保护主义、地区产业同构等普遍存在。在区域经济发展中，各地往往对资源节约与环境友好的考虑较少，在制定区域产业政策时往往把经济增长放在首位，将环境要素边缘化，这十分不利于区域经济可持续发展。发展战略会产生路径依赖，当前中国区域经济发展的弊端在于，过度依赖具有相对比较优势的资源、环境、劳动力等发展要素，从而陷入所谓的"比较优势陷阱"，导致比较优势丧失。多数后发国家或地区都会存在这个问题，关键在于应抓住有利时机提升要素禀赋结构，及时进行产业结构升级。所幸的是中国政府已注意到产业结构与生态的高度相关性，《中华人民共和国国民经济和社会发展第十一个五年规划纲要》（以下简称《纲要》）中指出：产业结构优化升级是保持经济平稳较快发展、提高增长质量和效益的重要保障。推进产业结构优化升级，不仅要求改善三次产业的比例关系，努力提高服务业增加值和就业比重；而且要求改善产业的内在素质，把增强自主创新能力作为中心环节，调整优化产品结构、企业组织结构和产业布局，提升整体技术水平和综合竞争力。针对服务业比重偏低和研发投入不足的问题，《纲要》特别提出了两个重要的量化指标：一是服务业增加值占国内生产总值比重和就业人员占全社会就业人员比重分别提高 3 个和 4 个百分点；二是研发经费支出占国内生产总值比重增加到 2%。《纲要》从中国资源环境对经济发展已构成严重制约的实际情况出发，提出了"十一五"期间提高资源利用效率的四个具体指标：一是单位国内生产总值能源消耗降低 20% 左右；二是单位工业增加值用水量降低 30%；三是农业灌溉用水有效利用系数提高到 0.5；四是工业固体废物综合利用率提高到 60%。

增强环境约束力有利于产业结构向可持续发展方向演变，这是因为：

第一，考虑有限环境承载力的产业技术基础是以现代信息科技和知识经济为支撑，能源、资源在经济发展中的作用迅速降低，而人的智力、创造性成果的价值则迅速提高。这种强化人力资本、弱化物质资本的产业结构软化规律符合可持续发展要求，将会给经济发展提供强大动力和后劲，保证经济增长与社会进步同环境质量取得协调，并持续稳定地向前发展[①]。第二，重视环境保护有利于改变产品供求结构，形成新的产业增长点。例如，随着人们环保意识增强，对于日常食品需求发生变化，开始注重农产品健康问题的同时，人们开始重视生态农业的休闲、观光作用，从提供一般性食物到供给健康食品，从生产农产品到提供旅游资源，这将给古老的第一产业带来革命性变化。各产业随环保需求变化而相应地改变供给结构，将会为经济腾飞提供新空间。第三，从长期来看，环境保护有利于提高产业国际竞争力。尽管有的研究认为增强环境约束力会降低产业比较优势，损害部分产业国际竞争力，但从长期发展来看，增强环境意识是产业可持续发展的必由之路。在倡导“绿色文明”的社会，不仅环保产业将会成为一个日益壮大的新兴产业，而且传统产业改造也将走“绿色产业”之路。在此背景下，那些技术和管理落后、缺乏社会责任感的企业将越来越不具备生存条件，而那些重视环保与技术革新的企业将获得竞争优势，在参与国际竞争中立于不败之地[②]。王慧炯的“可持续发展与经济结构”课题组给出了经济发展与环境关系的研究框架，认为环境质量取决于经济规模、产出结构、投入产出效率及单位投入物所造成的环境破坏的累积效应。该课题组研究认为，决定环境质量的四个因素是互相作用的，经济规模的扩大引起产出结构的变化，并能促进投资于环境的意愿的增加，产出结构的变化有助于总的投入产出效率的提高，投入产出效率的提高和单位投入物对环境影响的减少有助于

① 杨文进：《经济可持续发展论》，中国环境科学出版社 2002 年版。

② 张少兵：《环境约束下区域产业结构优化升级研究》，华中农业大学博士学位论文，2008 年，第 56—57 页。

经济规模的持续发展①。

第二节 引进外资与生态文明

中国改革开放之后面临着劳动力过剩和资本严重不足的问题，经济增长一直受到资本短缺的制约，为解决资本的短边影响而确立引进外资战略无疑是正确的。30 多年来外资对中国经济的贡献有目共睹，但利用外资的负面影响也是学术界所关注的焦点。当生态文明建设迫在眉睫之时，结合生态文明建设思路，反思引进外资的过程及利用外资的效果已经或将要对生态文明建设引发的各种有利和不利影响，将有助于中国引进外资的战略调整。

一、中国引进外资的过程、政策及阶段性特点

1981—1985 年：尝试阶段。1983 年国务院召开第一次全国利用外资工作会议，总结经验、统一认识并放宽了吸收外商投资的政策。在《关于加强利用外资工作的指示》中，重申利用外资、引进先进技术对国民经济建设的重要意义，指出要把利用外资作为发展经济的长期方针。引进外资的主要政策包括：税收减免优惠，放宽利用外资建设项目的审批权限，通过行业限定引导外资的投资方向，完善涉外立法工作以及改善投资环境。中国在 20 世纪 80 年代初期利用外资的特点主要有："超国民待遇"的政策导向；利用外资的行业分布以投资小、见效快的轻纺加工和服务贸易为主；利用外资的形式以借款为主，而 FDI 比重较小。

1986—1991 年：深化阶段。1986 年国务院颁布了《关于鼓励外商投

① 王慧炯：《对我国经济、社会、科技协调发展道路的一点认识》，《经济理论与经济管理》1999 年第 6 期。

资的规定》即“二十二条”，规定了吸引外资的重点是出口型企业、技术先进型企业和能源交通原料生产等社会基础设施和基础工业。吸引外资的方式由单纯提供租税减免优惠转为政治、经济、社会各方面全面改善投资环境，通过这些方式吸引外资，并为出口导向和进口替代相结合的工业化战略服务。除此之外，国家进一步改善外资企业生产经营条件，以保障外商企业可以按照国际通行的做法进行经营管理。同时，在完善利用外资的立法和管理体制等方面也作出了一系列调整，这一阶段通过了《中华人民共和国外资企业法》、《中华人民共和国中外合作经营企业法》、《中华人民共和国著作权法》等法律，从而使各种形式的外商投资企业生产经营活动和正当权益有可靠的法律保护。1989 年公布的《国务院关于当前产业政策要点的决定》中明确指出引进外资时重点鼓励的投资领域，1991 年进一步明确引进外资的目标是推进中国传统产业的技术进步和产品升级换代。在最初的十年间，先后提出 4 个外资政策目标：利用外资弥补国内资金短缺、利用外资扩大出口、利用外资和外国先进技术更新改造国内传统产业谋求产业结构升级、利用外资打破经济发展瓶颈，随着政策进一步调整，后面两项越来越被放在突出的位置。

1992—1996 年：快速发展阶段。邓小平发表南方谈话和党的十四大召开后，中国各地纷纷加大外资吸收力度，投资环境、办事效率得到前所未有的改善。1992 年 FDI 协议金额首次超过对外借款实际使用额，成为利用外资的主要形式。党的十四大报告将利用外资的领域扩展到金融、贸易、交通、旅游等第三产业，“采取更灵活的方式，继续完善投资环境，为外商经营提供更方便的条件和更充分的法律保障。还要按照产业政策，积极吸引外商投资，引导外资主要投向基础设施、基础产业和企业技术改造，投向资金、技术密集型产业，适当投向金融、商业、旅游、房地产等领域”。党的十四届三中全会进一步指出：“积极引进外来资金、技术、人才和管理经验，改善投资环境和管理办法，扩大引进规模、拓宽投资领域，进一步开放国内市场，创造条件对外商投资企业实行国民待遇，依法完善对外商投资企业的管理。引导外资投向基础设施、基础产业、高新技术产业和老企业的技术改造，鼓励兴办出口企业。发挥我国资源和市场的比较优势，吸引外来资金和技术，促进经济发展。”与此同时，外资的消极作用开始大规模显现，主要表现在：开发区热；地方政府招商引资过程中制定超越国家规定的税收优惠政策和与国家法律相冲突的地方性政策法规；单纯追求项目数量，忽视国家产业政策和项目质量；对外资企业经营活动的监管薄弱。

1997 年至今：稳步发展阶段。中国利用外资呈现出新的特点：规模迅速扩大，大型跨国企业作为投资主体发挥越来越重要的作用，外商投资目的以形成产业规模、占领和控制中国市场为主。这一阶段是为加入 WTO 做准备的关键时期，外资政策要与国际接轨，限制外商投资的领域和规定减少，外资进入的趋势大大增强。上阶段的消极作用尚未扭转，又出现了更多的问题和矛盾引发了深层次思考：外资与市场、外资与技术、外资与品牌、外资企业与民族工业的关系。直至近年来，人们开始思考外资与环境的关系。

二、“市场换技术”战略的痛楚

国家统计局 2008 年 10 月发布的报告显示，截至 2007 年年底，全国外商直接投资累计超过 7700 亿美元，年均增长速度为 20.1%，远高于同期中国国民经济增长速度。其中，从 1992 年以后呈现出蓬勃发展势头，1992 年吸收外资首次突破 100 亿美元，1993 年登上 200 亿美元台阶，1994 年超过 300 亿美元，三年跨过三道坎。此后，中国成为全球投资热点的地位逐步确立，吸收外商直接投资规模稳步扩大。对于外资，要充分肯定外资的正面作用，同时也要理性看待负效应。

（一）引进外资与利益外流

以土地为例，为了吸引外资不断进入，不少地方政府将大量宝贵的土地资源廉价出售或批租给外商。北京大学中国经济研究中心教授平新乔在对 8 个省区调研之后发现，外商到东部一些省份投资，只需要以当地平均土地价格 1/5—1/3 的价钱就能拿到土地。同样，国家发展和改革委员会（以下简称“发改委”）副主任毕井泉2006年调研也发现，一个年生产1300万台笔记本电脑的中国台湾厂商，获得1平方公里的土地，当地政府分文未收，还对企业的所得税进行减免。一些中西部地区也大步跟上东部沿海地区，大片优惠出让土地和引资建设。国家发改委宏观经济研究院投资研究所王元京指出，中国经济是典型的“土地低成本扩张的粗放经济增长”，地方政府引进外资过程中的恶性竞争形成中国各地“鹬蚌相争”，外资企业“渔翁得利”的局面。

目前，中国实施的工业用地招拍挂出让制度可以有效地解决不同区域出让工业用地时无序竞争的问题，使各个地方可以互相比较工业用地总量和价格，形成互相监督的机制，提高互相压低地价竞争投资的风险，使一部分投资转向土地资源相对充足的地方，这就使低价或零价格出让土地的问题以及疯狂圈地、低效利用土地资源的问题得到了解决。但是，在范围和价格上仍存在着因用地主体的身份和项目内容不同而采取区别对待的现象。有的地方为了加大招商引资力度，在工业用地出让上，规定外资企业、外资项目和高新技术项目优于内资企业和内资项目，从而导致了市场用地主体和投资领域内的不平等。

在其他方面，外资企业也能得到比本土企业更多的优惠，本土企业产生了中国经济“拉美化之忧”。引进外资的初衷之一是提升本土企业技术管理水平，增强本土企业国际竞争力，然而外资企业的进入对本土企业的挤出效应相当明显。从2002年开始，东方集团董事局主席张宏伟不断在各种场合反复提起国内零售企业在扩张上遭到的“非国民待遇”，他发现，在零售行业中外资更受欢迎，得到的优惠也更多，而国内企业在扩张时往往受到限制，并面临着被外资垄断的危险，沃尔玛、家乐福有可能成为中国本土零售企业的终结者。麻省理工学院黄亚生教授认为：外资在大量流入中国的同时，国内政策对民营企业的发展实行严格的控制，中国经济对外资的依赖程度已经非常高①。

（二）民族品牌的危机

国务院发展研究中心发表的一份研究报告指出，在中国已开放的产业中，每个产业排名前5位的企业几乎都由外资控制：中国28个主要产业中，外资在21个产业中拥有多数资产控制权。玻璃行业、电梯生产厂家，已经由外商控股；18家国家级定点家电企业中，11家与外商合资；化妆品行业被150家外资企业控制；20%的医药企业在外资手中。据国家工商总局调查，电脑操作系统、软包装产品、感光材料、子午线轮胎、手机等行业，外资均占有绝对垄断地位；而在轻工、化工、医药、机械、电子等行业，外资公司的产品已占据1/3以上的市场份额②。

与此同时，中国民族品牌受到跨国公司品牌的打压。在全球化过程中，一些民族品牌选择接受跨国公司的全球化分工安排，放弃自主品牌，专为跨国公司做贴牌加工，或者长期作为地域性的小品牌存在，寻找和填补市场缝隙。一些具备成长潜力并有一定影响力的国内品牌，又往往容易成为跨国公司兼并或收购的目标。近些年跨国公司通过合资、兼并或收购，蚕食了中国众多知名品牌，比如曾经活跃一时的国内知名洗涤用品美加净、活力28、白猫、熊猫、天津加酶等品牌，如今大多在市场上销声匿迹，取而代之的则是奥妙、碧浪、飘柔等国外品牌。在奉送给外资种种优惠和超国民待遇时，我们自己市场和品牌的丢失，将使中国损失巨大的利益和发展前景，损害了中国的产业安全。好在国家已意识到此类问题的严重性，开始利用法律手段保护民族品牌，如可口可乐并购汇源果汁一案就是良好的开端。

（三）世界工厂的利益分配及环境代价

发达国家的资本家掌握着资本、知识产权、企业管理、品牌销售等优势，然后将在国内的生产部分转移到拥有大量廉价劳动力的发展中国

① 《中国经济“拉美化之忧”——FDI是魔鬼还是天使》，http://www.rednet.com.cn，2004.5.20。

② 郎咸平：《外资收购的背后博弈》，《证券时报》2009年4月20日。

家。在这样的“世界分工”中，发达国家提供资本、知识产权、企业管理、品牌销售，而发展中国家提供廉价的劳动力和广阔的市场，形成“世界工厂”，即缺乏自主研发、自主创新，只充当一个打工者、加工者的地位。这样的地位不仅带来如资源压力、能源消耗、环境污染等一系列的问题，在利润分配时，由于发达国家攫取绝大部分利润，而发展中国家通过“世界工厂”获得的利润相当微薄。

20多年来，不少境外投资者把中国大陆看做是投资最理想的场所，其中一个重要原因就是看中了中国大陆对环境的要求不高。这些企业在提供就业岗位的同时，也消耗掉产地国大量能源与原材料，各种工业废料与污染物一并转嫁。从近年的事实来看，一些外资企业包括著名跨国公司环境违法行为时有发生。截至2007年8月15日，出现在污染企业名单上的跨国公司共有90家，涉及食品、电子、化工、机械制造等行业，有的公司在中国的多个投资公司或分公司都存在超标排放、违反中国法律法规的现象。这些跨国公司绝大多数来自日本、美国和欧洲，其污染企业有一半以上设立在上海，其余的则分散在全国各地[①]。美国《福布斯》杂志网站2009年8月20日报道称，正当全世界责怪中国的污染影响了全球时，北京却把矛头对准了可口可乐和百事可乐公司在北京市的加工厂。据悉，北京市发改委将12家国际和当地企业列入了“重点水污染企业名单”，而可口可乐和百事可乐公司都在其中。

三、生态文明建设呼吁建立引进外资综合效益评估体系

“以市场换技术”战略的实施确实加快了改革开放的步伐，加速了GDP的增长，但是我们不能简单以引进数量指标作为评估标准，因为GDP这一表现经济增长速度的指标有其固有的缺陷，这已成为世界各国经济发展不容置疑和回避的事实。而外资数量和行业分布也并不能成为

① 引自http://www.chinagate.cn/opinions/200708/17/content_8703700.htm。

我们判断中国产业结构的指标，因为在中国生产和出口的大量现代制造业产品很大程度上使用的是跨国公司的技术、标准与品牌，并不是中国产业结构进步的真实反映。如果单纯以这些数量指标评价中国经济实力，很容易忽视经济发展的质量和本国经济的可持续性，忽略外资对国内经济的控制风险。我们引进外资的初衷是带动技术和产业结构的提升，实现粗放型向集约型发展模式的转变，然而目前来看效果不甚理想，我们对“世界工厂”的角色喜忧参半，喜的是我们终于搭上了世界经济的列车，成为世界分工的一环；忧的是这样的角色定位使我们处于十分被动尴尬的地位。目前，中央政府下决心进行产业结构升级，如修正劳动法、为自主创业提供政策支持、产学研结合建立高科技园区等，但在外资引进方面还没有一套很好的筛选指标。

第三节 生态文明对城市建设与发展的影响

城市化是国家进步的重要标志，经济发展在很大程度上依赖于城市经济的繁荣和规模的扩大。然而，传统的城市化过程是个非生态化的过程，城市变成了人与自然矛盾最突出的地方。有学者认为“城市代表了我们环境问题中最严重的一面，特别是由于城市蔓延，它们以令人惊奇的速度持续吞噬着绿色空间，城市中充满了对生态系统有负面影响的人类活动”[①]。很多学者认为现代工业城市是一种不可持续的发展模式，它以“对资源的不可持续性利用和消耗”为特征[②]，如已完成工业城市化

① Nancy Perkins Spyke. Charm in City. Thoughts on Urban Ecosystem Management Florida State University, Journal of Land Use & Environment Law. Spring, 2001.

② White R. Strategic decisions for sustainable urban development in the Third World. Third Planning Review, 16 (2).

的北美地区城市所消耗的能源是所有非洲城市消耗量的16倍之多，也是亚洲和南美洲城市消耗量的8倍多①。因而，探索城市发展的内涵与方向也就成了世界各国所面临的重要课题。1971年联合国教科文组织在第十六届会议上提出了“关于人类聚居地的生态综合研究”，生态城市的概念应运而生。到20世纪后期，生态城市已被公认为是21世纪城市建设模式。

一、生态文明与城市综合竞争力

国内对城市竞争力的研究在近几年有了较大的发展。但到目前为止，总的来说对城市竞争力的定义还没有达到一致。上海市社会科学院认为，现代市场竞争的内涵是对最有价值的生产要素的争夺，只有在配置、利用生产要素方面占有优势，才能在市场中具有优势。因此，城市竞争力实际上是不同城市之间竞争相同资源的能力②；获得“第五届上海市决策咨询研究成果奖”的研究报告《城市综合竞争力比较研究》认为：中国城市经济的主要功能在于集聚与扩散，而城市综合竞争力优势则集中反映为聚集和扩散能力的强弱③。尽管对城市竞争力及影响要素的看法各有不同，但几乎全部研究者都一致认为城市竞争力是一种综合的、系统的能力。

就一般意义而言，城市竞争力主要表现在人才、资本、资源等生产要素的聚集和辐射能力，在全球化的今天，具备这种能力无疑是重要的，然而更为关键的是这种聚集和辐射能力是否具有可持续性。中国有些城市为了短期内实现上述生产要素的聚集，不惜以生态环境和自然资源为代价，结果是当生态环境和自然资源遭到严重破坏，再也不具备生态优

---

① 麦克·詹克斯等编著，周玉鹏等译：《紧缩城市——一种可持续发展的城市形态》，中国建筑工业出版社2004年版。

② 上海市社会科学院城市综合竞争力比较研究中心：《国内若干大城市综合竞争力比较研究》，《上海经济研究》2001年第1期。

③ 引自http：//www. fzzx. sh. gov. cn/listg. aspx？CID＝1048。

势时，这些城市就面临着生产要素的流失，竞争力急转直下，如果此时还不能完成产业结构调整及技术更新，则经济就会进入发展瓶颈。这种现象已被美国经济学家格鲁斯曼（Sanford J. Grossman）等人用环境库兹涅茨倒U型曲线EKC所描述经济与生态环境交互发展关系得以验证。因此，短期内的生产要素聚集效应并不能说明城市竞争力高低，关键的是长期的生产要素聚集及其对经济发展和生态环境改善的双重推动作用。

1. 城市环境的舒适与否影响人力资源的流动。在生态环境日益成为稀缺资源的今天，一个城市的发展若不注重生态保护，则可能带来一系列严重后果。人力资源方面先是涌入城市继而会出现人才反向流动的情况。各种能源类产品缺乏迫使城市提高价格从而提高生活和生产等方面的成本，破坏城市竞争力和可持续发展能力。绿色植物的稀缺和种类单一，无法发挥自然空气调节的机制，空气得不到及时净化，生态破坏严重影响到人类的健康，从而，使现代人日益重视居所周围的生态环境。具有良好经济实力和文化素质的居民对优美环境和生活质量的追求是大型城市向周边区域扩展的主要驱动力量。城市生态环境的恶化将产生“劣币驱逐良币效应”，即把高素质居民“驱逐”出城市中心区域造成技术和资金的流失，形成城市竞争力的衰退。

2. 消费结构的生态化影响城市对资本的吸引力。随着绿色潮流的不断高涨，国际市场消费需求出现变化，绿色消费已成为一种新的时尚。据有关资料统计，77%的美国人表示，企业的绿色形象会影响他们的购买欲，94%的意大利人表示在选购商品时会考虑绿色因素。在欧洲市场上40%的人更喜欢购买绿色商品，那些贴有绿色标志的商品在市场上更受青睐。欧共体的一项调查显示，德国82%的消费者和荷兰67%的消费者在超级市场购物时，会考虑环保问题。在亚洲，挑剔成癖的日本消费者更胜一筹，对普通的饮用水和空气都以“绿色”为选择标准，罐装水和纯净的氧气成为市场的抢手货；韩国和中国香港的消费者，也竞相购买那些几乎绝迹的茶籽作为天然的洗发剂。目前，全世界“绿色消费”总量已达到2000亿美元。在这一绿色浪潮的冲击下，善于审时度势的商家们也积极行动起来，引进绿色观念、推出绿色产品、开发绿色市场、制定绿色价格、开辟绿色渠道、实施绿色公关、树立绿色形象，形成了一套完整的绿色营销体系。为防治环境污染和生态破坏，必须加大扶持力度，规范投资去向，国外企业界的投资已出现了“绿色倾向”[①]。因此，从微观上来讲，在制度、文化及基础设施方面充分考虑生态文明因素，有利于城市中现有企业适应人们环保意识提高后对商品的选择，特别是应对日益全球化的“绿色壁垒”，城市的“绿色名片”将吸引更多的关注“绿色形象”的环保节能型高科技企业进驻。从宏观上来说，一个生态环境条件很糟糕的城市，是不可能吸引大规模人才、资金、技术、管理等生产要素的汇集并获得城市可持续发展的经济资源。从长远来看，保护好自然资源，改善生活环境条件，是保持城市长期繁荣发展和竞争力的基本条件。

二、生态文明基础上的城市建设

生态城市建设是一项系统工程，不同职能的城市做法也不相同。对于特大城市来讲，如要达到或提前达到环境库兹涅茨倒U型曲线的拐点，以生态文明为依托通过产业结构调整和技术升级增强城市竞争力势在必行。以2006年的数据为例，根据GDP排名，东京、纽约、洛杉矶、芝加哥、巴黎国内生产总值分别为1191（$ US Billions）、1133（$ US Billions）、639（$ US Billions）、460（$ US Billions）、460（$ US Billions），人均GDP分别达到34000美元、61000美元、53300美元、51100美元和46000美元，它们的空气也是非常洁净的[②]，从产业结构看，这些城市一般是第一产业占1%左右，第二产业占15%—30%，第三产业占70%—80%。不仅经济高度发达，而且城市的人与自然关系由隔绝变为融合。这些西方经济发达国家引以为骄傲的城市都达到了城市与自然、

① 《绿色包装设计席卷全球》，http：//foodz. cqnews. net/msdt/200904/t20090421_ 3207125. htm。

② 引自 http：//devdata. worldbank. org/wdi2006/contents/Section3. htm。

城市与生态的融合。

关于特殊职能的城市，应走保存特色并借机发展联动经济之路。借用2009年6月24日温家宝总理在全国市长协会第三次代表大会上所作的报告说，城市是一个不断发展、更新的有机整体，城市的现代化建设是建立在城市历史发展基础之上的。中国是历史悠久的文明古国，许多城市拥有大量的、极其宝贵的自然遗产和文化遗产。自然遗产和文化遗产来自天赋和历史积淀，一旦受到破坏，就不可能复得。在城市现代化建设中，必须高度重视和切实保护好自然遗产和文化遗产。城市现代化建设与城市历史文化传统的继承和保护之间，不是相互割裂、更不是相互对立的，而是有机关联、相得益彰的。继承和保护城市的自然遗产和文化遗产，本身就是城市现代化建设的重要内容，也是城市现代文明进步的重要标志。当今世界上，许多著名的城市在现代化建设中都采取严格措施保护历史文化遗产，从而使城市现代化建设与历史文化遗产浑然一体、交相辉映，既显示了现代文明的崭新风貌，又保留了历史文化的奇光异彩，受到了世人的普遍称道。保护好自然遗产和文化遗产，使之流传后世，永续利用，是城市领导者义不容辞的历史责任。

第四节　传统消费理论与生态文明的冲突

一、西方传统的消费理论

中国关于消费的观点自古有之，先秦诸家几乎都禀承崇俭黜奢的思想，一般都以道德廉耻为出发点，如“俭，德之共也；侈，恶之大也”，“奢则不逊，俭则固”，“侈靡论”或“反禁奢论”只是难得一见的“反调”而已。西方学者对消费的研究多出于经济和宏观调控角度。如曼德维尔在《蜜蜂的寓言》中指出奢侈消费虽然是恶德，但“那恶德虽说是格外荒唐万分，却在推动着贸易的车轮前进”。由于分析的角度不同，中国和西方学者得出的结论迥异，这样的分歧正说明了对待消费问题我们需全面思考，尤其是在大力提倡生态文明的今天，恐怕涉及的因素会更多。

（一）消费者选择原则及消费者剩余理论

西方经济学的传统消费理论中，消费者选择原则是很重要的一部分，即研究收入一定的前提下，能够使消费者效用最大化的商品组合原则。代表人物有格森、门格尔、杰文斯、瓦尔拉斯、马歇尔等。这里以马歇尔的理论为例，他认为下列原则在消费者选择商品时起着重要作用。一是边际效用均等原则。如果消费者手中某种物品有几种不同的用途，应当把商品的数量分配以使每个用途上的边际效用都相等。二是消费者均衡的必要条件。一定量货币用于购买几种消费品时，必须使每一单位货币买进的消费品的边际效用相等，或者边际效用之比等于它们的价格之比。三是同一物品现在的需求与未来的需求之间的配置必须趋于获得同样的边际效用。由于物品的未来价值低于现时价值，因此应采用“折扣”形式把未来价值转化为现时价值，使得它在现在用途与未来用途上的数量配置都能取得相同的边际效用。四是希克斯的收入－消费曲线和价格－消费曲线。消费者收入变化引起消费数量的变化，预算约束线与无差异曲线的交点决定了收入一定条件下的消费者均衡，当收入变化时消费者均衡点也发生转移，把不同收入情况下产生的均衡点连接起来形成一条曲线，可以说明商品价格不变时消费者的收入变化怎样影响其消费的，即收入－消费曲线。假定消费者收入不变，变动的仅是某种商品的价格，则预算线斜率将发生变化，与预算线的切点——均衡点也发生转移，把这些均衡点连接起来形成一条曲线，可以说明商品的消费量如何随这种商品的价格变化而变化，即价格－消费曲线。

马歇尔在需求理论中还提出了一个在福利经济学和国际贸易等理论中被广泛应用的消费者剩余的概念。马歇尔认为消费者在购买商品时所得到的满足通常会超过他为此付出的代价所放弃的满足，从而在购买中得到多余的满足，如果对其进行经济衡量，则是消费者为购买此物而愿意付出的价格减去购买此商品实际付出的价格之剩余额，此剩余额就是消费者剩余。消费者剩余越多，消费者获得的满足感越强。

（二）凯恩斯的消费需求理论及发展

作为有效需求的组成部分，消费需求在凯恩斯理论中占据重要地位。消费需求的决定因素是收入和边际消费倾向，收入越高、边际消费倾向越高，消费需求越大。“真实收入增加时，社会愿意从中用来消费的比重逐渐减少”，即当一个社会富裕起来时，边际消费倾向是下降的。凯恩斯之后，又出现了一些学说对其理论进行修正。一是杜森贝利的相对收入假说：从空间看，消费支出不仅受自身收入的影响，也受其他人消费和收入的影响。如果一个家庭收入增加了，但周围的人或自己同一阶层的人的收入也同比例增加，则他的消费在收入中的比例并不会变化。反之，如果他的收入没有增加，但他周围或同一阶层的人的收入增加了，则他的消费在收入中的比例也会提高。这是因为周围的人对他的消费具有“示范效应”，他的消费开支要能维持他在左邻右舍中体面的生活。因此，其消费倾向不是取决于他的绝对收入水平，而是取决于与周围的人相比的收入相对水平。从时间看，现期消费不仅受现期收入的制约而且受到过去收入和消费的影响。如果当前收入低于从前高峰期收入，则他的消费与当前收入有关。如果当前收入低于从前高峰期收入，则人们在收入下降时为维持已经有过的生活水平，会改变消费倾向，提高消费在收入中的比例，即消费的“棘轮效应”。二是生命周期假说。莫迪利安尼认为，人们的消费行为表明每个人总想把一生的全部收入在消费上作最佳分配，以得到一生最大满足。为此，消费者会估计他一生的总收入并考虑人生全程中如何支配这些收入。当个人在青年时期开始就业时，收入水平低，但平均消费倾向高，如果没有转移的收入，他要举债支出发生负储蓄；壮年时期收入增加并逐渐达到高峰，这时一方面要归还青年时的借款还要存些钱以备养老，因此储蓄率为正，平均消费倾向相对较低；老年阶段收入下降，消费会超过收入，开始动用为养老而进行的储蓄，因此储蓄率为负，平均消费倾向较高。三是持久收入假说。弗里德曼认为，消费者的消费支出并非主要由现期收入决定，而是由其持久收入决定，所谓持久收入是指消费者可以预测到的长期收入，即他一生中可得到收入的加权平均值。由于消费取决于持久收入，如果持久收入是一个常数，长期消费倾向就会很稳定。这样，经济衰退时虽然收入减少了，但消费者仍按持久收入消费，故衰退时期的消费倾向高于长期的平均消费倾向，反之则反是①。

除此之外，利率对消费也有作用，一般来讲提高利率可刺激储蓄减少消费，但西方经济学认为提高利率是否增加储蓄抑制消费，要根据利率变动对储蓄的替代效应和收入效应而定。当利率提高使储蓄增加一方面是利率变动对储蓄的替代效应，另一方面利率提高使将来利息收入增加，反而刺激消费，这种效应是利率对储蓄的收入效应。利率究竟如何影响个人消费，需视替代效应与收入效应总和而定。

很明显，就个人消费的决定因素而言，传统的经济学说在思路和观点上各有不同，但总是包含边际消费倾向、收入、商品价格、效用、利率等决定因素，生态环境问题并不在考虑之内。从宏观方面看，凯恩斯之后，消费在宏观调控中的地位越来越重要，他认为边际消费倾向递减规律决定了社会整体的消费水平会逐渐下降，这是造成有效需求不足的原因之一，如果政府要采取措施刺激经济，刺激消费并提倡超前消费必不可少，于是从政府调控经济的角度来看，消费成为企业运转、商业繁荣、国家经济发展的重要引擎，于是推动“更多的生产，更多的消费，更多的就业”这个循环的产生。

二、消费过程中出现的生态问题

（一）超前消费

对于个人来讲，超前消费是指脱离自己生活必需的盲目消费行为，

① 尹伯成：《西方经济学说史》，复旦大学出版社2005年版，第217—220页。

它以追求享乐为目的，以消费高品牌、高档次的商品为特点，是一种不顾生产发展的可能和家庭收入的多少而盲目攀比、不计后果的消费方式。对国家整体来讲，超前消费是指消费水平超出了当时的生产力发展水平可以承受的界限，本质是超过经济发展阶段所决定的消费水平，具体就是超过了人民的购买力的消费，标准是超过了生产力发展水平的限度。

1. 超前消费的原因。收入和生活水平的提高，使人们对商品的需求从满足最基本的生理需求过渡到心理和精神需求，在选购商品时往往并不能理性地分析其在生活中的实用性和必要性，消费行为完全由攀比、炫耀、显富之心所支配。资源是有限的，如果每个人一有钱就搞毫无节制的物质享乐，这种暴发户的心态将会加速地球的灭亡。当富豪、明星等公众人物为生态文明建设承担起社会责任时，在公众面前树立的是光辉形象，相反会成为千夫所指的对象。除了自身因素之外，有些商家华而不实的广告宣传、名人效应的引导、区域政策的倾斜以及部门福利等等都会助长超前消费的行为。

2. 超前消费的危害。从个人身心健康角度讲，心理学家分析，超前消费尤其是购物狂状态的消费行为代表了一定程度的精神空虚。哈佛大学政治学教授本杰明·史华慈教授认为，开始席卷一切的物质主义和消费主义将造成人类精神世界的空虚。耶鲁大学的教授罗伯特·莱恩也有同样看法：即将向全球蔓延的物质主义、消费主义，将使人间的亲情和友情荡然无存。当超前消费的欲望支配一切成为生活重心的时候，金钱作为满足这种欲望的基本条件也变成生活中最重要的东西，物质享乐主义引发拜金主义，其行为必然是为获得金钱不择手段，导致家庭关系、社会关系不稳定或激化，危害他人安全和社会稳定。从国家生存和发展的角度讲，消费和储蓄是此消彼长的关系，超前消费增加就意味着不仅资源浪费和环境恶化，而且说明整个国家在透支未来收入，国民储蓄的严重不足导致储蓄转投资资金不足，干扰了资金的有效配置，投资资金不足造成经济结构失衡从而引发经济动荡。

（二）畸形消费

“人靠衣装、佛靠金装”，有的商品也被粉饰得让人眼花缭乱，过度包装之后成为超出其原有价值的“天价商品”，而买者却络绎不绝，这种现象就是畸形消费。“过度包装”目前正受到社会的普遍质疑。首先，资源浪费。包装通常使用金属、纸张等材料，消费者买回之后拆掉包装直接扔进垃圾箱，有的会被拾荒者捡起卖给废品站进行再利用，有的则混同其他垃圾进入处理厂被填埋或焚烧，经历极短的周转过程，这些宝贵的资源就被浪费了。以衬衫为例：中国一年生产12亿件衬衫，其中8亿件是盒装，8亿只纸盒需要用纸24万吨。如果以粗10厘米的树为标准，每7棵树可以制10吨纸，8亿只包装盒就等于要砍168万棵树。这还不包括其他各种包装得华而不实的产品所费掉的材料[①]。其次，增加环境治理成本。全国人大环境与资源保护委员会的调查表明，中国包装废弃物约占城市家庭生活垃圾的10%以上，而其体积要构成家庭垃圾的30%以上。中国每年包装产品产量约3000多万吨，而中国包装产品的回收率还达不到总产量的30%。国家环境保护部环境与经济政策研究中心副研究员沈晓悦介绍说，中国每年包装废弃物产生量是工业和生活垃圾重量的3%—5%，但体积却占生活垃圾的30%以上。中国垃圾处置仍是卫生填埋为主，因包装废弃物增加无疑会占用更多的填埋土地。塑料包装废弃物因为轻，加之在环境中又不易分解，在流失的垃圾中特别明显，它不仅对景观造成了污染，还对工农业生产带来严重危害，包括占用土地、破坏土壤结构、导致农作物减产等[②]。再次，增加消费者支出。包装是为了保护商品、美化外观，但毕竟我们掏钱买的是商品而不是包装，如果包装的成本大大超出了产品的成本，就是对消费者权益的一种侵害。更有甚者，一些经营者利用消费者注重包装的心理，只注重包装，忽视产品质量，给消费者带来更大的伤害。

如前所述，传统的消费理论认为影响消费行为的因素主要有消费倾

① 《拒绝“过度包装”势在必行》，《中国消费者》杂志，http://www.law.cn/wenxue/rdgt/2005916150459.htm，2005.9.16。

② 《拒绝“过度包装”势在必行》，《中国消费者》杂志，http://www.law.cn/wenxue/rdgt/2005916150459.htm，2005.9.16。

向、收入、价格、效用、利率等因素，当信用卡使得“寅吃卯粮”的提前消费成为现实后，收入因素已不再是硬性指标，边际消费倾向可能大幅增加甚至超过1，而效用即商品为消费者带来的满足感，也因炫耀、面子问题变得愈加复杂化，消费的决定因素内涵及重要性排列正在发生变化，消费倾向、效用已变得越来越重要。

三、生态文明呼唤绿色消费

绿色消费，也称可持续消费，是指一种以适度节制消费避免或减少对环境的破坏，崇尚自然和保护生态等为特征的新型消费行为和过程。绿色消费，不仅包括绿色产品，还包括物资的回收利用，能源的有效使用，对生存环境、物种环境的保护等。绿色消费的重点是“绿色生活，环保选购”。人的生存离不开消费，消费适度就是满足最基本的生活需求过程中进行有选择消费：一是选择未被污染或有助于公众健康的绿色产品。二是崇尚自然、追求健康，注重环保，节约资源和能源。三是注重对垃圾的处置，不造成环境污染。具体来讲，唐锡阳先生认为应符合“3E”和“3R”原则，即：经济实惠（economic，使用加工比较简单的产品），生态效益（ecological，使用较少污染环境、很少破坏自然和野生动植物的产品），符合平等人道（equitable，选择善待劳工，不侵犯原住民生存权，不进行非道德的推销，不经营非人道的动物实验的产品），减少非必要的消费（reduce，不使用一次性产品及精加工含有色素、添加物的产品），重复使用（reuse，废旧物品翻新使用）和再生利用（recycle，提倡使用玻璃、纸、铝等再生原料的产品）。如果可持续消费深入人心，则决定消费的诸多因素中，履行公民责任所带来的愉悦感增加的效用因素将占上风，同种产品消费者在选择的时候，将更注重于为生态所作贡献的多少，选择环保节能的产品，尽管价格贵一些，但消费者的效用满足会更大。当然，这样的消费观念的实现需要国家政策的大力扶持及厂商对环保产品的投入和研发。

第五节　现行政策与生态文明

生态文明的出现引发我们对传统发展模式更深入的思考，包括产业结构、引进外资、城镇化建设以及消费结构等领域。显然，如果站在生态文明的角度，目前中国在这些领域存在着诸多不可持续的方面。正如2004年绿色GDP数据所展示的信息，当年环境污染成本占当年GDP的3.05%，污染的虚拟治理成本是1.8%，也就是说相比之下“先污染，后治理”的代价要比采取预防措施的成本更加高昂。如何才能发生根本性的转变？发展经济一定要以生态环境的破坏为代价吗？抑或有没有一条既保证经济发展又减轻生态负担的良性循环之路？

一、政策导向是生态文明建设的前提

从微观上看，生态文明建设离不开每个人的努力，但是，单个微观经济主体都具有“经济人”的特性，而生态文明建设恰恰需要“经济人”转变成“社会人”，这种转变单纯靠说教收效甚微。在相关制度和政策建立起来之前，寄希望于微观经济主体主动承担生态文明建设的责任是不现实的。在这一方面，我们可以借助于经济学中外部性理论来探寻一些思路。外部性分为正外部性和负外部性两类，正外部性也称“外部经济”，指某个经济行为主体的行动使他人或社会受益，而受益者无须花费代价，如种花、栽树等行为对邻居的影响。负外部性也称“外部不经济”，指某个经济行为主体的行动使他人或社会受损，而造成外部不经济的人却没有为此承担成本。抽烟、噪音、污染等造成的影响就是如此。因个人成本大于个人收益，故人们不愿从事这项对社会有利的活动，为体现政策导向应对这种行为进行奖励或补贴。因此，物质文明、精神文明和生态文明并驾齐驱的前提条件是政策导向的建立。目前中国正在努力创造良好的政策环境，以成就生态文明基础上的可持续发展。其中地方政府政绩考核标准的转变迈出了可喜的一步，2007年国家批准《“十一五”主要污染物总量减排考核办法》，将减排达标跟政绩挂钩，与过去以GDP作为考核指标相比，新的考核办法将会对地方政府的政策导向产生影响。

二、税收政策

（一）对污染环境的废弃物征税

环境税就是把环境污染和生态破坏的社会成本内化到生产成本和市场价格中去，然后再通过市场机制来分配环境资源。环境税的征税目的主要是为了降低污染对环境的破坏，这必然会影响污染企业的税收负担，改变其成本收益比，迫使企业重新评估自己的资源配置效率。最新调查显示，经济合作与发展组织各成员国到目前共推出了375种环境税税种，如二氧化碳税、二氧化硫税、水污染税、噪声税、固体废物税和垃圾税等。环境税不但有助于治理环境，也能产生经济效应，还能够促使企业改进工艺和加大技术创新，在一定程度上提高企业竞争力。在国外，瑞典1991年开征的硫税，使瑞典的二氧化硫排放比1970年减少94%。美国对破坏臭氧层的氟化物征税，刺激了企业开发新的替代产品。德国的生态税收改革拉动德国GDP每年增长约0.1—0.2个百分点，就业人口增加25万人。

中国还没有专门的环境税税种，尽管车辆购置税、燃油税、消费税、资源税、关税、出口退税等现行税种考虑或部分考虑了环境保护，但主要表现为一些与环境保护相关的税收优惠和税收惩罚规定，调节力度相对较小。而且即便是那些与环境有关的税种，其税费收入占税收总收入和GDP的比重比发达国家也要低得多，特别是还没有开征与污染排放相关的税种，环境税收政策也还缺乏系统性。环境保护部环境规划院副院长王金南认为中国应该从四个方面去征收环境税：第一部分是污染排放，环境税税基应该建立在污染排放量的基础上。第二部分是污染产品，对一些有潜在污染的产品，或者一次性消费的资源产品进行征税。第三部分是生态保护税，对一些自然资源产品，如矿产资源开发带来资源破坏，应该征税以作生态补偿。第四部分是碳税[①]。通过征税约束企业的污染环境行为。

（二）支持环保产业发展

中国对产业发展比较重要的税收政策包括2008年开始实行的《中华人民共和国企业所得税法》、《关于资源综合利用及其他产品增值税政策的通知》、《关于再生资源增值税政策的通知》等，基本形成了对环保产业的税收优惠体系。但全国工商联环境服务业商会秘书长骆建华认为，国家应进一步加大税收优惠力度，一是要减免环保企业所得税；二是免征土地使用税、房产税，即对污水和垃圾处理企业的两税予以免征或即征即退[②]。

三、创建排污权交易市场的政策

排污权交易起源于美国，美国经济学家戴尔斯于1968年最先提出了排污权交易的理论。排污权交易作为以市场为基础的经济制度安排，它对企业的经济激励在于排污权的卖出方由于超量减排而使排污权剩余，通过出售剩余排污权获得经济回报；买方由于新增排污权不得不付出代价，其支出的费用实质上是环境污染的代价。排污权交易制度的意义在于它可使企业为自身的利益提高治污的积极性，使污染总量控制目标真正得以实现。这样，治污就从政府的强制行为变为企业自觉的市场行为，

---

① 冯雅：《我国着手准备征环境税 设计难点在确定税基》，http：//www.ctax.org.cn/qyhy/xw/t20091221_ 595423.shtml，2009.12.21。

② 《我国环保产业：怎样才能“不差钱”?》，http：//tech.southcn.com/zxdt/content/200907/10/content_ 5353785.htm，2009.7.10。

其交易也从政府与企业行政交易变成市场的经济交易。中国在2004年成功地进行了首例水污染物排放权交易。南通市环保局经过研究和协调，审核确认由泰尔特公司将排污指标剩余量出售给亚点毛巾厂，转让期限为3年，每吨化学需氧量（COD）交易价格为1000元。2008年11月5日国内首个排污权交易平台——浙江省嘉兴市排污权储备交易中心揭牌成立。然而，中国建立排污权交易制度的法律基础尚未构建起来。从法律角度讲，要推行排污权交易、建立排污权转让市场，必须从法律上确认排污权，从法律上保障可用于交易的富余排污权，并从法律上保障有权出售富余排污权的卖方和有需要购买排污权的买方，以及从法律上规定排污权交易的市场规则和管理机构。

四、完善生态补偿的政策

在生态补偿方面，国外已有成功的案例。例如，美国纽约市市民的饮用水有90%来源于上游卡茨基尔河和特拉华河流域；但在20世纪80年代后期，微生物污染引起了人们越来越多的关注。纽约市最后决定通过投资购买上游卡茨基尔河和特拉华河流域的生态环境服务。资金的来源分为三个部分：政府对水用户征收的附加税、纽约市公债以及信托基金。具体的实施方式是纽约市为该流域内采取最好的管理措施的奶牛场和林场经营者提供了4000万美元，从而使他们采用对环境友好的生产方式来改善水质。

中国环境保护部于2007年9月11日宣布，中国在自然保护区、重要生态功能区、矿产资源开发区和重点流域等4个领域进行生态补偿制度试点。环境保护部副部长潘岳认为生态补偿政策是环境保护部最关注的领域之一，发达地区对不发达地区、城市对乡村、富裕人群对贫困人群、下游对上游、受益方对受损方、“两高”产业对环保产业，进行以财政转移支付手段为主的生态补偿政策，一旦研究实施成功，将为中国制定可持续发展战略，如主体功能区划与产业布局的重新调整奠定基础[①]。应根据国家确定的“资源有偿使用”、“谁破坏谁恢复”、“谁利用谁补偿”的原则和《中共中央关于制定国民经济和社会发展第十一个五年规划的建议》明确提出的“按照谁开发谁保护、谁受益谁补偿的原则，加快建立生态补偿机制”的要求，尽快建立生态补偿机制。

五、金融政策

（一）信贷政策

经济合作与发展组织（以下简称“经合组织”）成员国于2007年签署了一项出口信贷与环保新协议，取代了原有2003年的协议。根据新协议，各成员国出口信贷机构在发放贷款时，应考虑更为严格的环境保护标准。根据新协议，经合组织成员国应对申请贷款的项目进行认真评估，以确定它们对环境的潜在影响以及是否符合国际机构的环保标准，特别是世界银行的各项环保标准。

中国在环保信贷方面起步较晚，2008年底环境保护部才着手与世界银行国际金融公司合作，研究制定适合中国国情的行业环保信贷指南——《促进绿色信贷的国际经验：赤道原则及IFC绩效标准与指南》，这部指南全面介绍了“赤道原则”的内涵，社会和环境可持续性的绩效标准，62个行业的环境、健康与安全指南。但是就目前而言，中国环保产业现在尚处于初级发展阶段。

（二）环境污染责任保险

美国环境责任保险涉及的物质主要是“危险物质”，在有关危险废物贮存、处理、处置的法规中作出了强制保险的规定，目前已经有45个州出台了相应的危险废物责任保险制度。德国自1990年12月《环境责任法》实施之后，要求国内所有工商企业者都要投环境责任险。中国政

---

① 《我国将在四大领域试点生态补偿制度》，http：//finance. sina. com. cn/roll/20070912/07111660931. shtml，2007. 9. 12。

府近年来对环境责任保险也颇为重视。在《国务院关于保险业改革发展的若干意见》（国发［2006］23号）中，即提出“采取市场运作、政策引导、政府推动、立法强制等方式，发展安全生产责任、建筑工程责任、产品责任、公众责任、执业责任、董事责任、环境污染责任等保险业务”。中国保监会《环境污染责任保险工作的意见》中也明确要求：“‘十一五’期间，初步建立符合我国国情的环境污染责任保险制度。到2015年，环境污染责任保险制度相对完善。”日前，环境保护部政策法规司司长杨朝飞在“全国环境污染责任保险试点工作会议”上透露，环境保护部决定在江苏省、湖南省、湖北省、河南省、重庆市、深圳市、宁波市和沈阳市开展环境污染责任保险试点，争取2012年后在全国推广环境污染责任保险。对环境责任保险而言，只有解决了环境侵权责任的法律基础，才能使污染企业产生最基本的投保动力，因此，对于开发环境责任保险市场而言，尽快完善环境侵权立法是当务之急。

六、押金—退款政策

押金—退款制度是指对可能危害环境的产品在销售时要求消费者支付除产品本身价款之外的一定数额的费用，如果这些产品的废弃物按照要求被回收或者将它们的残余物送到指定收集系统后，押金方可退还消费者的制度。其原理是，通过对产品如果不回收利用而使环境受到的破坏进行估算，进而要求产品使用者预缴费用，以此引导消费者将废弃物纳入正当渠道进行回收。但是，国际上行之有效的押金—退款制度在中国尚未实施，在这方面，我们应当充分吸取国外经验。

第三章 珠三角生态文明与区域发展

第一节 珠三角环境概况

一、珠三角简介

“珠三角”的概念起源于20世纪90年代初。1994年10月8日，广东省委在七届三次全会上提出建设珠江三角洲经济区，这是“珠三角”概念的首次正式提出。“珠三角”最初由广州、深圳、佛山、珠海、东莞、中山6个城市及惠州、清远、肇庆3个市的一部分组成（不含香港、澳门2个特区）。后来，“珠三角”范围调整扩大为由珠江沿岸广州、深圳、佛山、珠海、东莞、中山、惠州、江门、肇庆9个城市组成的区域，这也就是通常所指的“珠三角”或“小珠三角”。20世纪90年代后期，在“小珠三角”的基础上出现了“大珠三角”的概念。“大珠三角”就是指广东省、香港、澳门三地构成的区域。2003年，又提出了“泛珠三角”的概念。“泛珠三角”包括珠江流域地域相邻、经贸关系密切的福建、江西、广西、海南、湖南、四川、云南、贵州和广东9省区，以及香港、澳门2个特别行政区，简称“9+2”[①]。至此，“珠三角”实际上涵括了“小珠三角”、“大珠三角”、“泛珠三角”三个不同层面既相互区分又紧密关联的概念。

二、珠三角地区环境状况

随着珠三角地区经济的快速发展，环境污染也有蔓延趋势，以泛珠三角地区为例，存在的主要问题有：

1. 水环境质量有下降趋势。尽管珠江流域干流水质良好，为全国七大江河中水质最好的水系。但城市及工业区的江段和内河污染严重，部分河流呈富营养化趋势。根据中国环境监测总站的监测数据，2004年珠江水系22条河流33个断面中，一至三类水质断面占78.8%，四类、五类水质占15.1%，劣五类水质占6.1%。本区域其他水系的水质状况也与珠江水系类似。同时，水污染逐步向农村蔓延，20%左右的断面水质超过国家规定的三类水质标准，开始威胁到饮用水源和生活用水安全。面源污染日趋严重[②]，近岸海域环境不容乐观，赤潮时有发生，近海水生生态平衡受到威胁。区域污染物排放总量呈逐年增加趋势，据不完全统计，2003年本区域内地9个省（区）废污水排放量达165.2亿吨，化学需氧量（COD）排放量500.8万吨[③]。2004年9个省（区）废污水排放量达172.7亿吨，COD排放总量504.7万吨，废污水排放量占全国排放总量的35.8%，COD排放总量占全国排放总量的37.7%。在9个省（区）中，三分之二的省（区）万元GDP水耗高于全国平均水平，万元

① 《从“珠三角”到“大珠三角”再到“泛珠三角”》，中国政务信息网，2003.9。

② 环境污染分为点源污染与面源污染。点源污染指有固定排放点的污染源，如企业；面源污染则没有固定污染排放点，如没有排污管网的生活污水的排放。

③ 所谓化学需氧量（COD），是在一定的条件下，采用一定的强氧化剂处理水样时，所消耗的氧化剂量。它是表示水中还原性物质多少的一个指标。水中的还原性物质有各种有机物、亚硝酸盐、硫化物、亚铁盐等。但主要的是有机物。因此，化学需氧量（COD）又往往作为衡量水中有机物质含量多少的指标。化学需氧量越大，说明水体受有机物的污染越严重。

GDP 的 COD 排放强度高于长三角的太湖流域。污水治理设施建设相对滞后，区域内仍有相当部分的地级市未建污染处理厂或建成后未能正常运行；已建成的污水处理厂也存在不同程度的污水管网配套设施不完善的问题。随着经济的发展、城市化进程的加快和人口的增加，泛珠三角区域水污染问题将日益突出，水质性缺水和水污染问题正在成为本区域经济发展和社会稳定的制约性因素。

2. 大气环境形势严峻。酸雨污染问题突出，泛珠三角区域内地 9 个省（区）除海南省外，大多数处于中国酸雨污染的主要分布区，其中有 79 个城市属于国家划定的酸雨控制区，酸雨污染较为严重。泛珠三角区域 PH 值小于 5. 6 的酸雨分布面积占全国酸雨面积的 3/4 左右。大气污染物排放总量增加，2003 年，9 个省（区）二氧化硫的排放总量为 654. 5 万吨，占全国二氧化硫排放总量的 31%，二氧化硫的排放总量和工业排放量分别比 2002 年增加 14% 和 18. 9%。2004 年，9 个省（区）二氧化硫的排放总量为 688. 82 万吨，占全国二氧化硫排放总量的 30. 55%。同时，随着该区域机动车辆的快速增长，氮氧化物排放量亦呈逐年增加趋势。

3. 生态环境形势不容乐观。泛珠三角区域部分生态用地被挤占，原生林、自然次生林遭受破坏，一些关键性的生态过渡带及节点没有得到有效保护，区域自然生态体系破碎化明显，缺乏区域控制性生态防护系统。水土流失严重，尤其是岩溶地区“石漠化”发展，严重威胁到水资源的涵养，缺水保水问题突出。珠江流域水土流失面积达到 6 万平方公里，占流域总面积的 14%，年土壤侵蚀量为 2 亿吨。乱捕滥猎、乱挖滥采现象屡禁不止，野生动植物数量和种类减少，生物多样性受到威胁。以微甘菊、大米草、飞机草、水葫芦、一枝黄花等为代表的外来物种入侵危害成片出现。森林生物量和净生产量不高，森林生态效益低。湿地资源遭受破坏，湿地生态系统功能大大降低。单位土地面积农药使用量、化肥施用量高于全国平均水平，氮肥污染、农药残留与持久性有机污染有所加重，农业生态环境恶化，区域生态质量有所下降，生态赤字增加。

4. 未来发展面临着巨大的生态环境压力。在泛珠三角区域内地9个省（区）中，除了广东省、福建省的人均GDP达到2000美元以外，其他广大区域的人均GDP仅约1000美元左右。发展是执政的第一要务，是解决当前社会各种突出矛盾的基本前提。在科学发展观的指导下，各地虽然对环境资源问题给予了较多的关注，但是在中国处于制造业与原料业国际分工的背景下，在中国资金与技术还相对紧缺的条件下，在广大人民群众就业还很困难的形势下，在区域产业结构与经济增长方式还未能实现战略性转移的前提下，未来发展面临着巨大的生态环境压力。

第二节　产业结构对生态文明的生成与发展的影响

一、泛珠三角经济区的产业结构

产业结构是一个国家或一个地区在一定时期内各产业之间的比例关系，它决定着一个国家或地区的经济发展水平以及国民经济的效率和效益。产业结构的变化趋势与经济成长阶段的演化趋势有方向上的一致性。区域经济无论处于哪个发展阶段，无论达到什么样的发展水平，都会形成一定的产业结构。

泛珠三角经济区内部具有相当大的差异，既有东、中、西部三个不同区域的经济特征，又有“一国两制”的社会特点；既有“世界工厂”制造业基地，又有辽阔贫穷的内陆农村，这些特点也在具体的产业结构和经济发展水平方面有所体现。由于中国香港和澳门的经济发展水平相对内地而言较高，在产业结构方面其第三产业的比重明显高于内地省份，而内地各省份之间的经济发展水平和产业结构也不尽相同，因此，泛珠三角经济区在产业结构和经济发展水平上表现出相对比较复杂的特点。

综合经济发展程度及产业结构来分析，可将泛珠三角经济区分为四层结构。第一层为香港、澳门，人均 GDP 达到 20 万元/人，三次产业主要以第三产业为主。香港和澳门是国际性的金融、贸易、商贸服务、航运和旅游中心，经济发展水平高，服务业和资讯发达，法制比较完善，拥有国际性的商业网络和充足的国际资本，但发展空间有限，需要拓展经济腹地。第二层为广东省，自成一类。广东省属于沿海经济比较发达的地区，人均 GDP 达到 2.5 万元/人，工业化特别是制造业水平比较高，经济的市场化程度高，拥有市场、管理、技术和资金的优势。但是资源缺乏对经济发展的约束日益明显，高速的工业化和经济发展需要从内地其他省份输入大量劳动力。第三层，除海南省外的其他 7 个省（区）分为一类，人均 GDP 在万元左右，三产结构各产业比例均不突出。第四层是海南省，人均 GDP 达到万元以上，但是三产结构表现出两头重、中间轻的特征，这与海南省农业、旅游发达有关。其他省区则在农业、矿业、能源、旅游资源等产业具有很强的优势，劳动力资源丰富，市场发展潜力大，但是工业化和经济发展水平不高。经济发展水平和产业的这种梯次发展的特点，有利于各省（区）发挥各自的比较优势，推进区域合作与发展，建立合理的区域经济和产业分工体系。

香港是国际性的金融、物流、信息和旅游中心，聚集了大量的资本、技术和人才，服务业占有明显优势；澳门与欧盟等国家关系极为密切，是引进发达国家先进技术的重要桥梁，并以其独特的旅游资源，与区域内其他省（区）相得益彰。广东省有资金、信息、技术、人才、市场等方面的优势；周边省（区）有丰富的自然资源和劳动力资源，土地、水、电等成本低于广东省，可承接产业转移。粤港澳地区由于产业结构调整的要求与高成本的压力，具有向其他省（区）转移和扩散劳动密集型以及部分技术、资本密集型加工业的要求，这形成产业转移的强大推力；而其他省（区）在工资、水、电成本方面具有一定的优势，具有对加工工业的吸引力。广东省凭借改革开放先行一步的制度创新优势、毗邻港澳的地缘优势和社会文化相通的人文优势，开启了与港澳的合作，形成的在制造业领域以优势互补为基础的“前店后厂”合作模式，正是合理利用这种差异性而形成的产业合作的成功典范①。

二、产业结构调整过程中的生态文明状况

改革开放30多年来，整个珠三角以超常规的工业化和城镇化速度成长为制造业基地，成为中国经济发展最重要引擎之一。但在创造经济奇迹的同时，也付出了较为沉重的资源环境代价。20世纪90年代初以来，广东省水污染事件层出不穷就很说明问题。

广东省水污染事件一度见诸报端。如“北江镉污染”事件、“三叉江水污染”事件、“珠江水污染”事件等等。其中，“北江镉污染”事件的罪魁祸首是韶关冶炼厂超标排放的有毒重金属镉水，环保部门检测镉超标量高达10倍。韶关冶炼厂是广东省一家大型国有铅锌冶炼企业，它对当地经济增长的贡献巨大，对当地及下游的环境污染也是很大。

据2001年4月27日《人民日报》报道，广东省水环境监测中心对分布在全省江河水库的61个代表站的水质进行了监测，监测结果表明，水质继续下降，污染严重的河段为珠江广州市河段、佛山汾江河、北江韶关河段、榕江揭阳河段、枫江、小东江等。其中，重金属污染北江水系，北江水系的浈江、武江、翁江和北江韶关段都受到有毒重金属的污染，水质下降到四类。北江水系韶关河段经常受到有毒重金属汞、砷的污染，这与韶关地区有大量的金属矿产和众多的冶炼企业有关。粤东的榕江、枫江、练江的3个断面分别为四类、五类和超五类，水质污染已十分严重；鉴江中下游河段水质趋恶化，为四类；小东江污染也很严重，为超五类。按照地面水环境质量标准进行衡量，在61个代表站中，水质达到一至二类的仅10个、三类25个、四类14个、五类4个、超五类8个，超过三类的超标站共有26个，约占总站点的43%。超标站点的主要

① 陈广汉等著：《粤港澳经济关系走向研究》，广东人民出版社2006年版，第19页。

超标项目是有机污染项目，如溶解氧气、氨氮和总磷等，其中总磷是许多站点超标的主要污染项目。珠江三角洲河口区是广东省水污染最严重的地区。此外，广东省的各大江河的水质情况也很严峻，主要干流水质都在三类以上，其中粤东各江河水质劣于五类。最严重的是供水水源地水质下降，16个供水水源地中有3个超标。

2007年，广东省的GDP占全国的10%以上，同期化学需氧量（COD）和二氧化硫也分别占全国的10%和5%，在全国省级行政区中“名列前茅”。广东省单位GDP能耗是世界平均水平的1.9倍、美国的4倍、日本的5倍。“高投入、高消耗、高污染、低产出的粗放型增长方式没有根本性的改善”。随着泛珠三角区域合作的不断深入，互补性产业转移和产业承接日益成为区域内经济合作的热点和重点。但产业转移过程中不可避免地存在着一定程度的污染转移。如何将产业转移过程中的污染转移降低到最低程度，真正实现“既有金山银山，又有绿水青山”的珠三角是需要认真思考的课题。

近年来，发达国家对于环境保护的呼声日益高涨，使发达国家加快了污染产业的向外转移。从全球范围来看，污染性产业的跨国转移在20世纪后期也呈越来越多的趋势。珠三角地区承接的发达国家转移产业在国内最多，污染源也相对多。珠三角发展起源于“三来一补”产业，劳动密集、污染严重的电镀、印染、制鞋等行业就占了相当大比重。历史因素形成的产业结构，是珠三角地区环境形势严峻的主要原因。珠江三角洲发展成为大城市群后，综合竞争力成为下一步发展的目标，不仅要关注自身的生态文明，还要关注产业转移中承接方的生态利益。

伴随着泛珠三角地区产业结构的调整和经济发达地区的产业升级，珠江三角洲部分产业将逐步向周边山区转移。泛珠三角地区的广大山区生态环境比较脆弱，生态保护能力较差，而泛珠三角广大山区又是珠江流域的上游地带，是区域的生态安全屏障，其生态作用和环境功能极为重要，其水质状况的好坏直接影响到泛珠三角地区居民身体健康，影响社会经济的稳定发展。目前，化工、纺织印染、陶瓷、冶炼等部分具有污染性行业已开始向山区转移，并有不断加快转移的趋势，污染物的大量排放将导致这些地区的环境污染负荷明显增加，产业转移引起污染转移的潜在风险不容忽视。在广东省一些大中城市，国家明令停业的15类严重污染的小企业已逐渐绝迹，但不少厂商却把它们搬到了偏远山区①。珠江三角洲经济相对落后的东西两翼地区和粤北山区，不断承接来自珠三角地区的污染项目的生态恶化趋势开始受到越来越多的关注。

三、产业结构调整中的环境保护措施

《2007年中国区域经济发展报告》指出：成本不断上升，环境治理压力日益增大，令珠三角区域经济发展进入高成本时代。环保治理问题已成为困扰珠三角区域经济发展的极大障碍。随着泛珠三角“9+2”区域合作的推进，新一轮产业转移日益成为区域内经济合作的热点和重点，而其背景已从传统的“黑色发展”转向“绿色发展”，从追求单纯GDP转向追求绿色GDP。如何将产业转移过程中的污染转移降到最低程度，成为亟待解决的现实问题。

为预防泛珠三角产业转移中的环境污染转移，广东省采取了建设产业转移工业园的办法。这一措施的要点是，转移双方按照合作开发协议，由山区或东西两翼地区政府在本地经国务院、省政府批准设立的开发区、工业园区、高新技术产业开发区和土地利用总体规划确定的建设用地中，整体或部分划出一定面积的土地，设立产业转移工业园。按照总体规划的要求，在现有产业的基础上，突出比较优势，重点发展一到两个优势产业，不断延伸和完善产业链，凝聚产业发展力量和产业集聚效应。利用产业转移工业园的建设，尽可能将产业转移引起的环境污染降至最低。

① 邓国军、王树功、周永章：《泛珠三角区域合作中产业转移与污染转移的协调途径》，《珠江论坛》2006年第6期。

广东省环境保护局2006年下发了《关于加强我省山区及东西两翼与珠江三角洲联手推进产业转移中环境保护工作的若干意见（试行）》（粤府办［2006］14号）。该文件要求各地、各有关部门按照“预防为主、保护优先、优化结构、合理布局、防治结合”的原则，做好园区总体发展规划和环境保护规划工作，不得将园区选址定位在饮用水源保护区及饮用水源上游地区，不得在水质达不到功能区划要求、没有水环境容量的地区选址。

工业园区是承接产业转移、加速产业集聚、培育产业集群的主要载体。发展工业园区，有利于优化资源配置、共享基础设施、集中治理污染、集约利用土地。例如，惠州市正在推动污染企业产业园区的建设，将电镀、印染、化工等污染企业集中到一起监管，污染物集中处理。对于沿海石化产业区，则拿出1000多万元购置世界最先进的环境监测设备。实践证明，产业转移工业园是珠三角和山区及东西两翼地区发挥各自优势，实现优势互补、互利共赢、协调发展、联手推进产业转移的有效措施。

广东省现有的产业转移工业园达70余个，珠三角产业转移园主要集中在惠州和肇庆，共8个；粤西地区的产业转移园分布在茂名、湛江、阳江、云浮，共19个；粤东地区的产业转移园主要分布在汕头、揭阳、潮州、汕尾，共6个；粤北及山区的产业转移园主要集中在清远、韶关、梅州、河源，共37个。其中产业转移园最多的是梅州，共12个；其次是清远和韶关，共9个；最少的是汕头和潮州各1个。在这些产业转移工业园中，经广东省认定的有26家。据测算，目前经广东省认定的产业转移园如果按规划全部建成投产，年产值将达3000亿元之多，这接近于2005年广东省山区及东西两翼14个市规模以上工业产值的一半以上（见表3－1）[①]。

---

① 《广东产业转移工业园调查》，广东工业地产网，2008.12.24。

表3-1　　珠三角与粤东、西两翼及山区共建产业转移工业园基本情况一览表

序号	工业园名称	区域	规划承接的主要产业
1	深圳盐田（梅州）产业转移工业园	山区	电子信息、电气及自动化
2	东莞石碣（兴宁）产业转移工业园	山区	汽车、五金机械
3	中山（河源）产业转移工业园	山区	电子通讯及器材、机械模具
4	深圳福田（和平）产业转移工业园	山区	钟表制造、电子及通讯设备
5	东莞石龙（始兴）产业转移工业园	山区	电子、精密机械装备
6	中山大涌（怀集）产业转移工业园	山区	家具、金属制品
7	顺德龙江（德庆）产业转移工业园	山区	打火机（烟具）制造、家具
8	佛山顺德（云浮新兴新成）产业转移园	山区	轻工机械、电子通讯
9	佛山禅城（云城都杨）产业转移工业园	山区	机械制造、家具
10	东莞凤岗（惠东）产业转移工业园	山区	鞋业、家用电器
11	东莞桥头（龙门金山）产业转移工业园	山区	服装、家具
12	佛山（清远）产业转移工业园	山区	机械制造、医药
13	深圳南山（潮州）产业转移工业园	东翼	机械制造、新材料
14	东莞大朗（海丰）产业转移工业园	东翼	电子信息、生物技术
15	佛山顺德（廉江）产业转移工业园	西翼	小家电制造和加工
16	深圳龙岗（吴川）产业转移工业园	西翼	电子、玩具
17	东莞大朗（信宜）产业转移工业园	西翼	毛纺织业、农林产品深加工
18	广州白云江高（电白）产业转移工业园	西翼	电子电器、纺织服装
19	中山火炬（阳西）产业转移工业园	西翼	纺织服装、食品医药
20	中山石岐（阳江）产业转移工业园	西翼	电子信息、日用电器
21	佛山禅城（阳东万象）产业转移工业园	西翼	五金机械、家具
22	东莞长安（阳春）产业转移工业园	西翼	电子电器、服装

第三节　外来投资对生态文明的生成与发展的影响

一、珠三角外来投资总体状况

改革开放30多年来，珠江三角洲地区充分发挥改革“试验田”的作用，率先在全国推行以市场为取向的改革，较早地建立起社会主义市场经济体制框架，成为全国市场化程度最高、市场体系最完备的地区；依托毗邻港澳的区位优势，抓住国际产业转移和要素重组的历史机遇，率先建立开放型经济体系，成为中国外向度最高的经济区域和对外开放的重要窗口。

近年来，珠三角始终是深受外资青睐的地区。以广东省为例，2007年广东省实际利用外商直接投资171.26亿美元，占全国实际利用外资总额的22.9%，增长18.0%，增幅比全国高4.4个百分点；新签外商直接投资项目9506个，合同外资额339.38亿美元，分别增长12.5%和38.1%。其中粤北、粤东、粤西合同外资金额分别为19.67亿美元、10.49亿美元和9.81亿美元，实际吸收外资10.76亿美元、5.30亿美元和3.32亿美元。

从珠三角主要城市来看，2007年广州市实际使用外商直接投资32.86亿美元，同比增长12.4%；深圳市实际利用外资36.62亿美元，同比增长12%；东莞市实际利用外资21亿美元，增长16.1%。

从外资企业形式看，独资企业增长迅速。2007年全省中外合资企业合同外资额40.07亿美元，实际利用外资23.63亿美元，分别增长25.7%和6.0%；外商独资企业合同外资额282.18亿美元，增长40.2%，占全省合同外资总额的83.1%，比2006年提高1.2个百分点；

实际利用外资额140.52亿美元，增长24.4%，占全省实际利用外资总额的82.1%，比2006年提升4.3个百分点，独资企业的主体地位继续提升。

从外商投资结构看，其中第一产业实际利用外资1.83亿美元，增长58.5%。第二产业仍占主导地位，实际利用外资107.11亿美元，下降1.3%，占广东省实际利用外资总额的62.5%，其中高技术含量的医药、通用设备制造业、专用设备制造业、通信设备计算机及其他电子设备制造业分别增长42.0%、49.6%、25.2%和17.8%。第三产业增幅加快，实际利用外资62.32亿美元，增长76.0%，拉动全省实际利用外资增长18.5个百分点。

综观广州市引进外资总体走势和变化可以发现，支撑广州市实际利用外资持续两位数增长的是外资服务业的大幅增长。根据统计显示，2007年广州市服务业新批外商投资企业571家，占全市新批外商投资企业数的59.54%；新批合同外资39.50亿美元，占56.15%；实际使用外资20.74亿美元，占63.12%，三项指标均创新高并全面超过制造业。在深圳市，第三产业吸收的合同外资和实际外资比重分别为70.8%和48.5%，其中科学研究技术服务和地质勘察业、租赁和商务服务业的合同外资增幅分别达到201.74%和165.65%；科学研究技术服务和地质勘察业、批发和零售业的实际外资增幅分别为77.89%和336.47%①。

外资大项目带动效应明显。作为中心城市的广州，2007年新增外资项目还凸显出外资大项目的明显带动效应。2007年批准投资总额1000万美元以上大项目246个，比2006年增加34个。246个大项目合同外资总计61.32亿美元，占全市新批合同外资总额的87.16%；246个项目平均每个项目的合同外资金额为2492.49万美元，比2006年的1546.24万美元有明显的上升。

广州市这一现象在整个珠三角具有共性。数据显示，全省外商投资

---

① 丰亚辉、曾乐琛：《珠三角仍是吸收外资的主体——1997—2007年广东省外商投资结构变化趋势》，《大经贸》2009年第2期。

项目平均规模在继续扩大，2007 年外商投资企业项目平均规模突破 300 万美元，达 357.02 万美元，比 2006 年增加 66.34 万美元；合同外资额千万美元以上新批和增资项目 1176 个，比 2006 年增加 169 个；合同外资额 251.3 亿美元，增长 63.7%，占全省合同外资金额的 70.7%；其中投资总额 1 亿美元以上的项目 50 个，合同外资额 45.9 亿美元。

二、外来投资对生态文明的影响

珠三角的崛起，在很大程度上得益于经济全球化背景下的国际产业转移。30 多年前，珠三角作为亚洲“四小龙”产业转移的承接地，实现了飞速的发展。从制造业（主要是低端制造业和一部分高端制造业）到港口物流、工业服务和金融服务等领域都实现了高速发展。但这种以资源消耗为代价的经济发展模式，对整个珠三角经济发展的推动力渐呈乏力态势。

1. 珠三角土壤污染令人担忧。2002 年起，国家环保总局开展题为《典型区域土壤环境质量状况探查研究》的调查，对珠三角、长三角等经济发达地区的土壤受污染程度进行评估。调查结果显示：珠三角部分城市采样点中有近 40% 的农田菜地土壤重金属污染超标，其中 10% 属严重超标。珠三角调查区域中重金属超标元素主要为：镉、汞、砷、铜、镍。其中，土壤中汞含量明显增高，增加幅度多在 70%—150%。除此之外，还有农药残留物污染、硝酸盐、亚硝酸盐、有机物污染等污染因素。珠三角工业发展迅速，但是环境治理没有跟上。比如，在一些地方小型电镀厂、造纸厂、火力发电厂的“三废”没有经过规范的处理就直接排放，污染了当地的土壤。土地污染、农作物农药残留已严重威胁到人类的身体健康。目前人类癌症的 80%—90% 与环境污染物有关，其中因化学污染诱发的癌症达 90% 以上。虽然工业污染源已逐渐得到有效控制，但土壤重金属污染具有不可逆性，对土壤重金属污染目前国际上还没有成熟的治理办法，只能通过调整种植品种来加以回避。

2. 珠三角水污染非常严重。绿色和平项目组的《解“毒”珠江——珠三角工业水污染调查》报告揭露了珠江三角洲地区工业企业排放的有毒、有害物质对水体的污染问题。通过对8个城市、53个乡镇的走访和对超过60家工厂的抽样调查后，该项目组对5家位于珠三角的外资企业工业设施排放的污染物进行了检测及分析。抽样调查结果显示：5家工厂设施排放的重金属和有害的有机化学物正对珠江流域的水环境造成污染危害，是主要的污染源头。工业污水是水污染的一个主要成因。而在工厂排放的众多化学物中，包含了大量令人担忧的有毒有害物质，当中包括重金属和有机污染物。珠江污染已造成沿江地区水质性严重缺水，生态环境严重恶化。珠江口已成为华南第一大、国内第二大污染型口岸。广东省海洋与渔业局发布的2007年广东省海洋环境质量公报显示，在25个工业废水入海排污口中，有七个排放入海的废水水质超过《污水综合排放标准》的相应标准，超标率为28%，超标污染物主要为CODcr、氨氮①。

3. 大气污染困扰珠江三角洲。珠江三角洲是典型的城市群区域。区域性大气复合污染特征日益突出，表现为某些时段二氧化硫浓度严重超标、酸雨频率居高不下、臭氧的浓度高值时有出现。较高浓度的NOx、二氧化硫及颗粒物不仅使空气质量下降，且引发光化学烟雾及酸化大气环境。珠江三角洲地区已呈现区域性、复合型、压缩型空气污染现象，它会对人体健康和生态系统产生不良影响。大量污染源集中在城市群和城乡复合带，污染物通过大气转化和在城市间输送而形成了典型的大气复合污染。珠江三角洲地区以二氧化硫、氮氧化物、可吸入颗粒物为特征的传统煤烟型污染依然严重，臭氧和颗粒物细粒子等二次污染问题又接踵而至，且污染态势更加严峻、危害更大。后者已经成为珠江三角洲

① 用重铬酸钾作为氧化剂测定出的化学耗氧量表示为CODcr。COD是Chemical Oxygen Demand，化学耗氧量。化学耗氧量（chemical oxygen demand）亦称“化学需氧量”，简称“耗氧量”。用化学氧化剂（如高锰酸钾、重铬酸钾）氧化水中需氧污染物质时所消耗的氧气量，常以符号COD表示。计量单位为mg/L，是评定水质污染程度的重要综合指标之一。COD的数值越大，则水体污染越严重。一般洁净饮用水的COD值为几至十几mg/L。

地区面临的主要环境问题，成为制约中国城市群区域社会经济可持续发展、构建和谐社会的瓶颈问题。

2007 年广东省环境质量状况公报显示，珠三角地区属于重酸雨区；珠三角灰霾问题日益严重，近年来珠三角地区灰霾年日数均超过 100 天。美丽的深圳，据数字显示，在 2002 年，深圳市灰霾天气只有 82 天，然而在 2007 年，却几乎翻了一倍——159 个灰霾天。大气灰霾现象已经成为珠三角城市群主要的气候灾害和气象灾害之一，具体表现在，天空经常被一层灰蒙蒙的主要由气溶胶组成的云所覆盖（气象学上称“灰霾天气”）。水平垂直能见度差，大气混浊度高，地表接收到的太阳辐射减少，而且区域性特征十分明显。国际组织称这种现象为“亚洲棕色云”，用老百姓的语言描述则是“夜晚难见到星星，白天难看到太阳”。灰霾天气的本质就是气溶胶细粒子污染，灰霾的组成成分非常复杂，包括数百种大气颗粒物，其中有害人类健康的主要是直径小于 1 微米的气溶胶粒子，它能直接进入并粘附在人体上下呼吸道和肺叶中。数据显示，同肺癌高度相关的吸烟率逐年下降，但肺癌死亡率却逐年增加，所以专家推断空气质量恶化同肺癌死亡率之间有一定的关系。钟南山院士表示，医院住院率跟二氧化硫和降尘的浓度水平、有雾的天数成正比，可见灰霾天气对人体的影响很大。紫外线是自然界杀灭细菌、病毒等的主要武器，而灰霾天气会导致近地层紫外线的减弱，易使空气中的传染性病菌的活性增强。灰霾天气也会使日照减少，从而影响植物的光合作用，导致农作物产量下降。另外，灰霾还会沉降到植物叶面，直接阻滞植物的呼吸和光合作用，对生态系统影响很大。外资企业的大量进入，带来了珠三角的经济繁荣，但高能耗的污染企业也造成了严重的环境污染。为了经济的可持续增长，为了保护碧水蓝天，珠三角必须坚决淘汰高耗低能的产业，实现从招商引资向招商选资的转变，形成资本市场的良性循环。

第四节　城市建设对生态文明的生成与发展的影响

一、珠三角城市建设的巨大发展

珠江三角洲城市群的形成，是中国改革开放以来最突出的城镇化进展。香港对珠江三角洲地区的经济发展与城市演进起到了很强的带动作用。香港经济开放程度高，市场经济运作机制相对完善。利用香港经济较强的聚集与扩散功能，珠江三角洲抓住香港产业转移的机遇，大力引进外资，发展乡镇企业，带动区域内农村劳动力的“产业转移”，进而推进工业化与城市化的共同发展。乘改革东风，香港企业界近水楼台，率先把制造业北迁，结合内地的资源优势，迅速扩大了生产规模；进而根据海外市场需求，到珠江三角洲一带组织生产和采购，配合提供融资和生产服务。与港商投资与产业转移相结合的，是大批来自广大农村地区的劳动力，从四方八面汇聚到珠三角来，掀起滚滚民工潮。改革开放前，珠江三角洲的人口增长率低于全国水平。近30年来由于外资的大量投入，珠三角急速城镇化，外来人口迅猛增长。2003年，外来务工人员已占到珠三角总人口的45%左右。2005年，珠三角城市化水平达60%左右。外来人口劳动力的进入成为珠江三角洲城市化进程中的一支生力军。由于珠江三角洲的收入和就业机会均高于内地许多省份，因此，出现了全国性的劳动力向东南沿海大流动。外来劳动力的大量流入为工业化的发展提供了充足的劳动力，由于珠江三角洲承接的产业转移多是以劳动密集型为主，技术含量不高，因此，劳动力的大量流入为珠三角制造业的繁荣奠定了基础。随着工业化水平的不断提升，第二产业尤其是制造业对于劳动力的吸纳能力逐步减弱，第三产业成为经济增长的主要支柱，同时第三产业的就业吸纳能力较强，巨大的劳动力存量和流量也为珠江三角洲的工业化升级提供了有力保障。在中国拥有大量劳动力供给的背景下，外来劳动力的流入给珠江三角洲城市化注入了新鲜的活力。城市拓展和乡村城市化的双向作用，推动了城乡一体化发展格局的形成。在"自上而下"和"自下而上"的城市化共同作用下，珠江三角洲产品、资本和劳动力在城乡之间快速流动，城市建成区迅速向外扩张，乡村地区广泛城市化，城市的规模和数量不断增加，形成了大中小城镇相结合、多层次的城镇体系，总体上呈现出集聚性、区域性的趋势。进入20世纪90年代中期以来，随着产业结构的调整和经济增长方式的转变，珠江三角洲地区各大城市作为社会发展的"龙头"和支柱，产业不断升级和重组，区域发展重心逐步向大中城市集中，大中城市在国民经济中的地位日益提高。与此同时，小城镇亦成为新的人口和产业集聚点。

不论是人口超百万的历史名城广州，还是珠江三角洲迅速成长起来的中小城市；不论是分布在东西两翼和山区的各类区域中心城市，还是近些年刚刚崛起的新兴特区城市，经济发展和城市建设的面貌都发生了深刻的变化。作为特大城市的广州，经过2000多年的发展，已经进入城市发展的高级阶段。它在广东省以致华南地区所处的城市中心地位，是其他城市难以代替的。广州与珠江三角洲城市群连成一体，发挥其作为广东省以及华南地区的经济中心作用。遍布珠江三角洲的中小城市，在工业化和城市化浪潮的推动下迅速兴起。深圳、珠海等特区城市从近乎一张白纸开始起步，迅速崛起为现代化的新兴城市；东莞、中山、番禺、顺德、南海、新会等一批中小城市发展也非常快，与佛山、江门、惠州等区域性中心城市一起，构成了珠江三角洲密集的城市群。地处东西两翼的沿海城市，经济发展和城市建设成就斐然，工业已打下良好基础，能源、交通、通信等基础设施状况也有了较大改善，发展潜力很大。

总体说来，珠江三角洲地区的区域性基础设施正在逐步完备，区内公路、铁路、航空、水运等交通方式有机结合，全面发展。区域性交通、电信等基础设施已跻身国内先进水平，成为珠江三角洲经济快速发展的重要支撑。目前，珠江三角洲公路通车里程、高速公路总长和公路密度均居国内先进水平；已建成广州、深圳、珠海等国际机场，旅客运输量、吞吐量、飞行起降架次等均居国内前列；海运及航空运输能力、电信能力也有很大提高，各地光纤通信网络建设普遍展开。在各城市内部，道路、供电、供水、污水处理、垃圾处理等市政建设投入逐年增多，城市生活质量和投资环境也明显提高。

二、城市建设对环境的影响

大量对珠三角城市群的案例研究表明，经济高速发展、外来人口大量涌入，使得珠三角呈现出环境污染加剧的趋势，部分城市和地区的环境质量大幅下降，整体环境污染继续恶化。从对广州和佛山的城市环境分析表明，随着城市扩容，大中城市区域性的生态危机也日趋严重。生态问题在相当大程度上制约着城市和区域可持续发展。

（一）城市自净能力缺乏

环境的自净作用，是环境的一种重要机能。城市的扩张，工业企业的增加，带来的不仅是更多的污染源，同时也使城市的自净能力减弱。城市周边的土壤、庄稼、树木对大气污染都具有一定的净化功能。过去珠三角周边有大量耕地，种有蔬菜、瓜果、庄稼，但现在，耕地几乎全被钢筋水泥的大楼和柏油马路所占领，这一切都大大削弱了城市的自净能力；同时，城市的急剧扩张将环境基础设施建设远远抛在了后面；二次扬尘和汽车尾气等其他污染也随着城市扩张与人口增加不断加剧。由于城市日间地面增热高于乡间，城市建筑热容量大，加上城市水面少，耗能量大，人为热源增温强等因素的作用，会形成城市地面高温，形成“热岛”现象，随之发生相应的局地热岛环流，这种现象称为城市热岛效应。热岛效应可引起城市空气上升和周围郊区空气向市区辐合，影响污染物的输送扩散，不利于空气质量的改善。由于城市群的发展，珠江三角洲地区城市气温逐步升高，城市热岛效应已相当明显[①]。随着城市工业、交通运输和文化娱乐事业的快速发展，噪声扰民的现象也愈发突出。近年来广州等大中城市在收到有关环境污染的投诉中，噪声扰民的已占到60%以上。而由于机动车辆的增加，使道路交通噪声成为污染程度最大的噪声源头，其次是建筑施工工地，由于大都是中高层建筑，整个施工基本实行机械化作业，无不发出强烈的噪声。

（二）绿色少，阳光少，生活品质提升有限

由于城市土地珍贵，所以惜土如金，见缝插房，舍不得拿出土地搞环境绿化和公用设施建设，这种情况在城市中心区的黄金地带表现尤为突出。一方面，城市绿地少，“绿意”不浓，缺乏现代气息；另一方面，公用设施少，配套建设跟不上，生态环境差，服务功能不完善。一些城市盲目扩张、盲目争取项目，经济总量上去了，居民的生活质量却提升有限。《中国城市“十二五”核心问题研究报告》说，未来5年将是中国城市发展关键时期，也是空气糟糕、交通堵塞、人群拥挤等“城市病”的爆发期。

（三）城市灰霾阴影不散

珠三角经济建设规模不断扩大，有害气体排放也不断扩大，工厂大量排放二氧化硫等废气和粉尘、汽车尾气排放、家庭对能源的消耗、加油站、汽油泄露后蒸发形成的碳氢化合物、各种喷雾剂（如空气清新剂、杀虫剂），对城市大气环境造成了巨大的压力。而珠三角城市群所独有的“组团式”结构特征，使得这一地区的灰霾天气发生频率和严重程度大大高于国内另外两个重要城市群体——长三角和京津冀。由于城市群迅速膨胀，城区高层建筑群越来越多，建筑的高度越来越高。如此密集和高度的建筑，严重阻碍了风的水平流动，使污染物的横向稀释能力越来越差，空气质量逐渐下降。

同时，城市化进程的加快也使得珠三角地表状况发生重大变化，珠

① 王晓云、汪光焘、陈鲜艳等：《珠江三角洲城镇群发展规划与大气环境研究》，《城市规划》2005年第12期。

三角地区的上空长期存在一个逆温层，垂直方向的逆温现象又导致了人类活动直接排放的大量粒子、污染气体等滞留在低空无法排放出去，最终结果是城市长期笼罩在灰霾之中，能见度日渐恶化①。灰霾的空气污染源主要是车辆等交通源，加油站、油库的油气挥发，一些行业中大量使用的挥发性有机溶剂等。

2009 年 11 月 26 日至 28 日，广东省遭遇强雾霾天气袭击，高峰时全省 15 个县市出现雾霾天气，珠三角多个县市发布灰霾预警信号。灰霾同时困扰着人和城市。在广州市，即使高达数百米的电视塔也难以用肉眼看清；污浊的空气让不少人感到呼吸困难。

三、珠三角城市建设中的生态提升努力

（一）珠三角环保规划纲要的环境统筹

《珠江三角洲环境保护规划纲要（2004—2020 年）》已经于 2004 年 9 月正式颁布实施，这是中国首部区域环境保护规划。该规划指出，珠江三角洲经济发展与环境综合决策机制有待加强，部分地区仍存在重经济轻环保的现象。县、镇级环保管理能力较薄弱，环境监管模式和能力适应不了新形势的要求。环保投入尤其是直接用于污水、垃圾治理和生态建设的投入不足，环境保护基础设施建设长期滞后、欠账严重，形成“先污染，后治理”的局面，环境与社会经济发展之间的差异和不平衡性逐渐出现，资源与环境已经成为可持续发展的“短板”，制约了未来珠江三角洲城市群总体竞争力的提升和区域的可持续发展。

该规划要求严格执行《广东省工业产业结构调整实施方案》，严格限制、淘汰、禁止 10 大类 161 个产品的生产。逐步淘汰污染严重的水泥厂、冶金厂、铸造厂、小火电厂等，或通过以大代小的办法，实现污染集中控制。要求关停 50 兆瓦燃煤（油）小火电；全面整顿和复绿采石

① 闻泽：《灰霾：珠三角城市公害》，《环境》2006 年第 3 期。

场；基本清除土窑烧砖厂。2010年前，关、停、并、转、迁位于中心区高能耗、重污染的工厂企业；限制未进行烟气脱硫火电厂的生产。不再规划新建燃煤燃油电厂；已规划的新建电厂要配套烟气脱硫装置；鼓励进行烟气脱硝，并采用清洁能源和洁净燃料发电技术。同时，要降低发电能耗、新鲜水消耗和废水排放。石油化工行业采用热电联供和工业气体联产组合的公用工程，推广加氢、干式蒸馏等清洁生产工艺，采用硫回收系统、瓦斯回收气柜系统、乙烯火炬回收系统、加氢尾气处理装置、废气催化燃烧装置、双膜法污水净化回用装置、加热炉废气余热回收装置和含油污泥掺泥焦化技术以及其他先进的资源回收技术，使石化工业达到清洁生产先进水平。钢铁工业重点发展熔融还原、连铸、新一代钢铁材料开发等前沿技术。优化钢铁制造流程，发展节能成本低的烧结炼焦新技术、高炉富氧喷煤等综合节能及环保技术。发展降低烧结机废气排放量与废气循环技术、新型炼焦技术、干炼焦技术、高炉节能降低二氧化碳技术、高炉渣和炼钢炉渣的资源化技术、粉尘回收技术、废钢加工处理技术，降低能耗，减少二氧化硫和烟尘等污染物排放，使各类炉渣的综合利用率达到100%。禁止无石灰石资源地区、城市市区、城镇镇区和近郊区及风景名胜区域内投资新建扩建水泥厂。控制制浆造纸工业的总体规模，关闭设备落后、环境污染大的小纸厂，防止小纸厂向区外转移。对蒸煮废液进行碱回收和木质素提取，采用无氯或少氯漂白纸浆新技术，发展机械浆或化机浆、回收废纸制浆、生化法制浆，采用高分子絮凝剂与生物法结合治理污水。

按照该规划，到2010年，环境污染和生态破坏要得到有效控制，主要污染物排放量被大幅度削减，珠江三角洲水系主干、支流水质维持良好水平，酸雨频率明显下降，所有城市达到国家环境保护模范城市要求，建成国家环境保护模范城市群；到2020年，生态环境安全格局基本形成，循环经济体系逐步完善，生态环境良性循环，所有城市达到生态市要求，建成生态城市群。

（二）珠三角路网建设打造一小时生活圈

国务院发布的《珠江三角洲地区改革发展规划纲要（2008—2020

年)》(以下简称《纲要》),把珠三角一体化发展提升到了国家发展战略范畴。在《纲要》中,总长度接近2000公里的20条覆盖珠三角地区主要城市的轨道交通网络,将珠三角9个城市一“轨”网尽。至2020年,以广州市为中心的城际轨道快线,将珠三角9个城市连接起来,实现轨道“一小时生活圈”,任何两个地级以上城市之间的交通往来,都缩短在一个小时以内。这将大大改变珠三角地区就业居住状况,会逐渐形成在中心城市工作,到副中心城市居住的“城市群居住”模式。

珠三角城际轨道建成之后,以广州市为中心,将实现主要城市间一小时互通;以广州、深圳、珠海为主要枢纽,实现珠江三角洲中部、东部和西部三大都市区内部一小时互通。而珠三角地域界限的打破,将极大地提高人们的生活质量,扩展人们的活动范围。人们在广州工作、佛山生活,在中山居住、佛山工作,或是珠海生活、佛山工作,都成为可能。

广州人到佛山“饮早茶”、购物,然后到碧桂园看楼盘;佛山人轻轻松松地到中山买灯饰、逛景点;广深两地的朋友相约同行,到珠海吹海风……城市在变大,时空在变小。“一小时生活圈”将使珠三角的二、三线城市凭借其独特的地理环境与生态优势,为广州市民乃至其他城市居民置业安居提供优质选择,不仅满足人们对舒适生活的追求,也大大降低了置业成本。“一小时生活圈”势必会使一部分居民从广州、深圳分流出去,至少会有一部分人选择周末在异地的大房子里度过,而在工作城市的小公寓,纯粹只是个安身之所。

2007年4月18日,广深铁路随着全国铁路大提速的步伐开始执行新运行图。从这天起,广深间客运列车运行时间全面缩短到一小时,相隔147公里的广州、深圳两地由此步入“一小时生活圈”。2008年,以广州为中心、广东全省21个地级以上市全部开通高速公路。根据最新的规划方案,到2012年,珠三角地区城际轨道交通运营里程约达580公里,基本形成以广州为中心,连通区内9个地级以上市,以及延伸至清远市区的城际轨道交通网络构架;到2020年,城际轨道交通运营里程约达1480公里,区内主要城市间联系进一步加强,“三环八射”构架基本形成。

（三）广州市努力创建生态城

广州市已经率先启动生态城市的规划与建设。广州市建设生态城市的目标是：在立足现实、借鉴经验、开拓创新的基础上，用20年左右的时间，分三期逐步建立起城市间结构优化、城乡及产业布局科学、人居环境优美的生态格局，在全国大城市中率先实现生产力发达、经济实力雄厚、文化底蕴深厚、人与自然高度和谐、生态环境优美、兼备岭南自然景观及山水特色的生态城市。广州市建设生态城市的重点集中在以下几个方面：

1. 创建有序的社会秩序和文明的人文环境系统，这是建设生态城市的基础条件之一。生态城市应具有良好的社会风气、安全的社会环境和井然有序的社会秩序，有着丰富多彩的精神生活、良好的医疗条件与祥和的社区环境。成年人也享有受教育的机会，人们有着高度自觉的生态环境意识，能够自觉地维护公共道德，并以此来规范各自的行为。

2. 形成较为合理的产业结构并构筑具有高效益的转换系统。坚持传统产业、高新技术产业和现代服务业协调发展，建立起合理的产业结构。在此基础上，加强资源高置换化、产业高效益化工作，形成自然资源投入少、经济物质产出多、废弃物排放少的转换系统。

3. 形成快速高效的流转系统。加快现代化的城市基础设施建设，科学合理地拉开城市布局，以快捷的交通网络为支撑骨架，为物流、信息流、能源流、价值流和人流等的运动创造必要的条件，从而在加速物流、信息流等的有序运动过程中，减少经济损耗和对城市生态环境的污染。

4. 构建多功能、立体化的绿化系统。根据联合国相关组织的规定，生态城市的绿地覆盖率应达到50%，居民人均绿地面积90平方米，居住区内人均绿地面积28平方米。城市绿化应当形成网络，即优先保护天然植被，广泛开展植树造林活动，重视自然修复，着力加强森林公园和自然保护区为主体的城市森林生态体系建设，积极推进城区和庭院的绿化，构成点线面结合、高低错落有致的绿化系统，在更大程度上发挥调节城市空气、温度、美化城市景观和提供休闲场所的功效。

5. 建立高质量的环境保护系统。高质量的城市环境保护系统主要由工业“三废”治理系统、城市垃圾处置、处理系统、城市废弃资源再生系统、城市废水处理系统所构成。它们对城市生产和生活造成的大气污染、水污染、噪音污染以及各种废弃物，都能按照各自的特点予以防治和及时处理、处置。

6. 创建高效率的城市管理系统。完备的法规体系、科学的决策机制、透明的信息制度、合理的职能分工、严格的监督系统等是高效率城市管理系统的主要构成要素。生态城市正是以这些要素为平台对人口控制、资源利用、社会服务、劳动就业、治安防灾、城市建设、环境整治等实施有效管理，以保证资源的合理开发利用，城市人口规模、用地规模的适度扩大，最大限度地促进人与自然、人与城市生态环境的和谐。

第五节　居民消费对生态文明的生成与发展的影响

一、珠三角居民消费现状

从消费方面看，广东省是珠三角的代表性省份，中国人民银行货币政策分析小组撰写的《中国区域金融运行报告》指出，2005 年东部地区依然是中国最大的消费品市场，实现社会消费品零售总额 3.7 万亿元，占比达到 54%，仅广东省就占全国的 11.7%。2007 年，广东省城镇居民人均可支配收入为每年 17699 元，远高于全国城镇人均可支配收入每年 13786 元；而省会城市广州的城镇居民人均可支配收入更是以每年 22469 元位居前列，高于北京市略低于上海市，广东省居民的生活水平在全国处于前列。

2009 年上半年，广东省社会消费品零售市场平稳增长，1—6 月累计实现社会消费品零售总额7057.22亿元，同比增长15%；仅汽车类就实现零售额570.04亿元，增长22.9%。为落实国家扩大内需、鼓励消费政策，从2009年2月1日开始，广东省启动“家电下乡”工作，下乡商品包括冰箱、洗衣机、彩电、空调、手机、计算机、热水器等。到5月底为止，全省已备案的“家电下乡”销售网点达6702个，覆盖全省所有市、县和90%的乡镇。到5月中旬，全省“家电下乡”商品销售42286台（件），实现商品销售额7403.87万元，农民领取的财政补贴额235.8万元。6月份，全省农村消费品市场实现社会消费品零售额304.24亿元，增长17.1%；2009年上半年累计实现社会消费品零售额1745.88亿元，同比增长16.0%，增幅比城市高1.3个百分点。1—6月全省限额以上批发零售企业农机类商品销售额3.48亿元，比2008年同期增长了124.3%（见表3－2）①。

表3－2　　2009年1—6月城市社会消费品零售额

月份	绝对额（万元）	增长（%）
1月	9202923	16.5
2月	8668857	10.3
3月	8469368	13.8
4月	8515251	14.8
5月	9071446	15.9
6月	9185511	16.6

（一）广东省整体消费状态与结构

受岭南文化与港澳文化的双重影响，广东省的消费状态呈现出多样化的特点，存在极低端消费层、低端消费层、中端消费层、高端消费层、极高端消费层，各个消费层次的人群都大量存在。不同素质的外来人口构成了广东省千差万别的消费群体，收入水平的悬殊也导致广东省市场

① 夏少武：《2009年上半年广东消费品市场情况分析》，广东统计信息网，2009.11.13。

出现了多元化的消费层次。总体上说，广东省的经济发展水平很高，多数的广东人收入比较高，购买力较强。广东省消费者强大的购买力，使各档次消费品都能很容易地在广东省找到可观的目标消费者。在广东省的各大城市里，购物中心、超市、步行街通常都是人流不断，节假日更是人满为患。

消费结构上，广东省居民生活消费支出实现由衣、食、住等基本消费向娱乐、服务和交通通讯等享受型消费的转变。2007 年城镇居民消费支出中教育文化娱乐服务所占比重为 13.9%。在广州市，有 63.8% 的居民表示自己愿意花较多的钱在休闲娱乐上，而在对品牌的关注与追求上，广东人也显示了较高的热情，有六成居民表示喜欢购买名牌产品。务实的广东人对于流行与时尚的追求也毫不逊色，这也正是岭南文化特有的革新及包容性的体现。

（二）广东省消费的品类特征

1. 凉茶消费。广州市民间有云："烧鹅、荔枝、凉茶铺"，在广州市，无论新旧城区，大街小巷都能看见卖凉茶的店子，蔚为一景，凉茶以其清凉散热、解暑去湿及保健止渴的功能特点能够满足现代人的消费需求。2006 年在中国公布的首批世界非物质文化遗产中，凉茶是其中唯一的食品类代表，获得了"非物质文化遗产"的称号，凉茶从最初偏居一隅的区域性饮料，迅速成长为行业富有影响力的商业新势力，发展势头令业界瞩目，广州市拥有王老吉、春和堂、白云山、邓老凉、黄振龙等众多凉茶品牌。以王老吉为例，其销量突飞猛进，每年都翻一倍以上。2005 年，王老吉饮料年销量超过 25 亿元；2009 年 3 月 21 日，由国家统计局中国行业企业信息发布中心主办的第十三届全国市场销量领先品牌信息发布会宣布，凭借 2008 年优异的市场表现，罐装王老吉获得"2008 年度全国罐装饮料市场销量第一名"的称号，以无可争议的实力续写了"中国饮料第一罐"的销量奇迹。据预测，到 2010 年，中国凉茶产销量可达 6000 万吨，真正成为世界饮料新巨头。

2. 酒类消费。广东省是中国最大的酒饮消费市场，2007 年广东省市场酒类总销售额约为200亿—300亿元，占到全国的1/10以上。高档白酒占销售额的主流，中档贴牌占有很大的销售量；葡萄酒代购代销转向贴牌销售；进口烈酒上升势强；地产酒不断崛起。酒类的消费群体稳定，消费群体中中产阶级每年激增，财富膨胀，品牌意识增强，消费集中度越来越高；市场潜力空间巨大，酒类市场年销售额在55亿元以上，且白酒、葡萄酒、洋酒（烈酒）等整体态势上依然处于上升的周期。以深圳市酒类市场为例，在购买酒考虑的因素中分别为：质量28.57%，品牌23.81%，价格14.29%，产地4.76%，口味28.57%。在消费酒水中，啤酒和白酒各占39%，葡萄酒占10%。消费者买酒场所为酒店、夜总会、卡拉OK厅、迪厅和酒吧，以及超市、购物中心和连锁便利店等，其中餐饮及夜店内酒的消费量占总消费量的70%以上①。

3. 服装消费。广东省及其辐射的珠江三角洲地区是中国最大的服装生产基地，集中了全国1/3的服装生产企业，产量超过全国服装总产量的2/3。而“中国女装名镇”——虎门，就位于广州、深圳、珠海经济走廊的中心点。

4. 家庭耐用消费品消费。广东省居民的生活消费水平在其家庭耐用消费品的保有量上有充分的体现。数据显示：2007年年底，广州市居民每一百户中有232.7台空调器，相当于平均每户人家至少有两台空调器；冰箱、彩电、洗衣机、家用电脑成为必备用品，而手机更是一家至少有两部。

5. 汽车消费。随着生活水平的提高，汽车消费已经从高不可及的贵族消费逐步成为普通消费者的消费。近年来，私人汽车在广东省市场的需求更是以前所未有的速度在增长，2007年全国私人汽车保有量是3534万辆，而广东省私人汽车保有量是372.53万辆，占全国汽车保有量的1/10强；而广州市私人汽车增长率更是高于北京市和上海市；广东省汽车潜在消费者购车目的，除了上下班使用之外，更有六成以上是为了旅

① 北京丰美天合市场研究报告：《广东消费文化形态素描》，《广告大观（综合版）》2008年第10期。

游休闲使用。

二、消费的环境影响及措施

（一）恼人的堵车困扰

只要提起塞车，几乎所有广州人都会马上想起广州大桥和洛溪大桥。无论是大清早，还是晚上，只要经过广州大桥和洛溪大桥，就能看到塞车现象。有人说“广州公交车司机的开车技术是全球最好的”，如果你亲眼看见公交车司机将一辆辆庞大的公交车指挥得像泥鳅般灵活见缝插针停车而后突出重围后，就明白这话说得真一点也不夸张。在鹤洞大桥由西往东方向车道，随时可见茫茫的“长蛇阵”。晚间车流高峰期往往是数十分钟之久整条长达上千米的“车队”也挪动不了。

汽车也加剧了空气污染。大城市的大气污染类型由煤烟型转变为汽车尾气、建筑工地扬尘和城市垃圾焚烧炉的混合污染。汽车和其他燃油交通工具的尾气排放，使污染物的类型更加复杂化和多元化。“深圳从一个小县城发展成为特大城市，随着城市建设的加快，深圳灰霾天数也增加迅速。进入21世纪，该市空气质量明显变差，灰霾天数明显增加。这与城市建设和机动车拥有量有关。”①

（二）难处理的城市污水

在珠三角，城市的生活污水未经处理或处理不当直接排入水域的现象屡见不鲜，造成水质恶化，使淡水资源供给和水生态系统受到威胁。为了解决水污染问题，广东省政府2002年推出了一个大规模的珠江水环境综合整治方案，计划用八年时间投入相当于50多亿美元的资金在珠三角地区的城市城镇兴建污水处理系统。世界银行批准给中国的珠江三角洲城市环境项目二期提供9600万美元贷款，通过加强污水处理和污泥处置、工业污水控制和水质监测、航道清淤、防洪和堤坝加固等一揽子关

① 李亚南：《浅析珠江三角洲尘污染与灰霾天气》，《广东科技》2008年第4期。

键措施，帮助广东省开展对珠江流域水环境的污染整治。该项目将在佛山市扩建一个污水处理厂，新建一个污泥集中处理和处置设施，加固防洪堤坝，建立水环境管理信息系统和水质监测设施，组织人员培训，开展一个关于 GDP 增长的环境成本和绿色经济计划的研究课题；还将在江门市扩建一个污水处理厂，建设污水截留管、二级污水管和泵站、污水处理和处置设施等，改善水质监测系统，提供技术援助加强江门市新组建的江门市碧源污水治理有限公司的运营和商业管理能力。通过实施该项目，可以减少这两个城市排入珠江的居民生活污水，从而扩大广东省政府整治珠江的效果。

（三）日益增多的城市垃圾

城市垃圾无害化处理滞后，形成垃圾围城的现象。对垃圾的分类管理滞后，使危险垃圾混入普通垃圾，一方面大大增加了垃圾对于人们的危害，也大大增加了城市处理垃圾的成本。2002 年起投入使用的广州兴丰垃圾填埋场每天要“吃入”生活垃圾 9000 吨，照此速度，这个设计寿命为 20 年的填埋场将在 2012 年左右“寿终正寝”。这意味着，广州市快速增长的垃圾将面临无处可埋的困局。每天 9000 吨的垃圾量相当于在两天内就能堆出一座 24 层高的垃圾大楼。2009 年 4 月垃圾分类推广会议时，广州市长张广宁听取有关汇报后曾感叹，“垃圾的增量比 GDP 还快!”2003 年时，兴丰填埋场每天进场的生活垃圾是将近 3200 吨；2006 年时，数字是 6000 吨/每天；2008 年年底时，攀升至 7900 吨/每天；进入 2009 年，数字再次被刷新，达到 9000 吨/每天。从 2004 年起广州市垃圾日产量每年约递增 5%，增幅过快导致兴丰填埋场使用寿命较设计年限提早 8 年结束。

广州市正在规划建立番禺大石垃圾焚烧发电厂。这个生活垃圾焚烧发电厂在原大石的简易垃圾焚烧填埋处理场上改建，位于 105 国道大石段旁，占地约 300 亩，日处理生活垃圾 2000 吨。到 2009 年 3 月，已完成项目建议书报批、规划选址、可研报告及环评大纲编制、场地详查、设计招标等工作。项目计划 2009 年动工，两年内建成投产。面对这样一个“既成熟又环保”的处理垃圾工程，番禺逾30万居民却不太欢迎。在对该项目的宣传报道中，有关部门表示“这一项目将采用欧洲成熟的垃圾焚烧发电技术，不会对周围市民的生活环境造成影响”。但在番禺洛溪、华南板块、钟村等楼盘业主论坛上，很多业主发帖列举了大量因焚烧垃圾可能导致一系列污染的证据，其中最令人担心的是可能将产生一级致癌物二恶英。二恶英是毒性最大的化合物之一，其毒性是氰化物的130倍、砒霜的900倍，有“世纪之毒”之称，国际癌症研究中心已将其列为一级致癌物。除了剧毒之外，二恶英之所以可怕还因为它溶于脂肪，难以降解，半衰期时间长，属于持久性污染物，一旦进入人体，10年都难排出，而一旦累计到一定程度，就会致人于死地。大多数业主明确表示，“将对这一项目抵制到底”。另外，为更好地建设该项目，广州市政府发出《关于番禺区生活垃圾焚烧发电厂项目工程建设的通告》，要求工程建设范围内的单位和个人，不得阻挠建设工程的测量、钻探、施工以及征地拆迁工作。除了将在番禺建大型的垃圾焚烧发电厂之外，广州市还将陆续在萝岗、花都等地建垃圾焚烧发电厂，到2010年，广州市计划将七成的垃圾用于焚烧发电。

第六节　现行政策对生态文明的生成与发展的影响

一、政府不可替代的环保责任

市场并非万能，它在环境保护方面存在着明显的缺陷。按理想的市场机制理论，市场主体之间的交易都要通过市场来进行，但事实上却有许多相互作用发生于市场之外，没有被内部化，这就造成了外部性问题。外部性有好有坏，好的作用称为正外部性，坏的作用称为负外部性。根据外部性的特征，环境问题应属于一种负外部性，因为产生污染的主体在其生产和消费活动中没有支付造成污染的成本。例如，汽车尾气有负外部性，因为它产生了其他人不得不吸入的烟雾。负外部性对其主体来说福利增加了，但却危害环境，危害他人的环境权，同时还降低了外部性“承受者”的福利，降低了整个社会的福利。这类外部负效果一般不可能通过市场价格体现出来，当然也难以通过市场机制的自发作用得到补偿和纠正。我们知道：“环境要素不同于一般的私人物品，它在消费上不具有排他性。”[①] 环境资源的这种特性，会引起需求与供给无法自动通过市场机制的调适实现相互适应。简单说，这是由人们好“搭便车、占便宜”的行为特征引起的。因为既然有人支付了环境保护的费用，别人就顺便可以享受洁净的环境。其结果便可能是谁也不去支付保护环境的费用，环境质量越来越差。环境资源的公共性特征，使得在环境保护问题上需要有集体行动。目前最经济也最通行的办法，还是由政府来组织环境保护行动，管理环境保护的费用，而“付费者”则应是使用环境要素的企业和个人。事实上，无论是发达国家还是发展中国家，政府都已承担起了这一角色，并且日见成效。在倡导建设和谐社会的今天，政府作为一个特殊的权力机构，担负着生态环境的保护和建设职能。由于政府的权威性、不可更移性和强制性等特点，使政府在指导、协调、服务、保障和提供基础设施方面，承担着重要职能；在不可替代资源的管理方面，发挥着重要作用。正如《斯德哥尔摩宣言》所宣告的：“各国政府对保护和改善现代人和后代人的环境具有庄严的责任。各国政府应加强现有环境管理机构的能力和作用。”[②]

珠三角区域各级政府已经认识到自身的环保责任，正在为推进环境保护与合作而积极努力。下面以广州市、小珠三角、泛珠三角三个层次为例说明。

---

① ［美］莱斯特·R. 布朗、克里斯托弗·弗莱文，佟亮、李双瑞译：《世界现状2000》，科学技术文献出版社2000年版，第10页。

② 世界环境与发展委员会：《我们共同的未来》，吉林人民出版社1997年版，第417页。

二、珠三角制定实施环境规划

珠江三角洲地区（即小珠三角）社会经济发展取得了举世瞩目的成就，但是整体环境形势依然严峻。如果将珠三角比喻为一个木桶，那么珠三角可持续发展的潜力如何，也即这个木桶能够容纳多少水，是决定于环境这个短板的制约。为了解决这个短板的制约问题，由广东省人民政府与国家环保总局共同编制的《珠江三角洲环境保护规划纲要(2004—2020 年)》正式实施了，这是中国首部形成省人大决议的区域环境保护规划。

该规划在分析珠三角环境现状和未来经济发展趋势的基础上，确定了分两步走的环境保护目标，即到 2010 年为重点攻坚阶段，解决突出的环境问题，把珠三角建成环境保护模范城市群；到 2020 年为巩固完善阶段，逐步改善环境质量，把珠三角建成生态城市群。希望通过实施“红线调控，优化区域空间布局”、“绿线提升，引导经济持续发展”、“蓝线建设，保障环境安全”三大战略，从区域整体的角度解决环境问题，实现区域的协调发展。

（一）红线调控，优化区域空间布局

1. 构筑区域生态安全体系。

（1）生态功能区划。根据区域生态环境敏感性、生态服务功能重要性、区域社会经济发展方向的差异性等，将珠江三角洲划分为环型山地森林生态安全屏障区、三角洲平原农业都市经济区、南部沿海生态防护区等 3 个一级生态功能区，西部生态防护和生物多样性保护区等 7 个二级生态功能区，大沙河水库水源涵养区等 75 个陆域三级功能区和 5 个沿海三级功能区。

（2）构建区域生态结构体系。对大型自然斑块进行保护、抚育及自然恢复，保护相对孤立的区域自然生态系统保留地，建设为区域生态体系中的结构性生态控制区；对连绵山脉、河流干道进行维护，沿交通干道和经济走廊建立完善的防护体系，形成连通区域内各结构性生态控制区的生态通道；加强对城市群之间的孤立山体绿地的保护和恢复，形成城市群绿核；维护各生态通道的交叉点、脆弱点，保护好区域生态结构体系的关键节点；保护大片城镇景观中残遗的小片自然斑块，强化城镇建设的生态调控。建成十八节点、十六通道、六区六核的点线面相结合的区域生态结构体系。

（3）保护重要与敏感生态区，保护水源涵养区。调整和优化水源涵养区的产业结构和布局，严格控制水污染源，加强生态培育和建设；建设自然保护区。自然保护区占陆地面积的比例稳定增加，到2010年，全区自然保护区达93个，总面积约40.1万公顷，占陆地面积的比例达到6.3%；保护河口及近岸海域生态环境。到2010年，近岸海域水质基本达到环境功能区要求，重点加强大亚湾—大鹏湾、广州—万山群岛、珠海—台山赤溪半岛东部和川山群岛河口海洋生态环境保护；治理水土流失。到2010年，自然水土流失治理率达80%以上，坡度大于25度的陡耕地全部还林还草，人为水土流失得到控制。

（4）实施生态保护分级控制。按照对生态保护要求的严格程度，将珠江三角洲划分为严格保护区、控制性保护利用区、引导性开发建设区，以此作为区域生态保护和管理的基础。严格保护区包括自然保护区的核心区、重点水源涵养区、海岸带、水土流失极敏感区、原生生态系统、国家级生态公益林等重要和敏感生态功能区，面积约5058平方公里，占区域总面积的12.13%，政府实行严格保护。控制性保护利用区包括重要生态功能控制区、生态保育区、生态缓冲区等，总面积约为17483平方公里，占区域总面积的41.93%。控制性保护利用区可以进行适度开发利用，但必须保证开发利用不会导致环境质量的下降和生态功能的损害，同时应采取积极措施促进区域生态功能的改善和提高。引导性开发建设区主要包括以农业利用为主的引导性资源开发利用区和城市建设开发区，总面积约为19157平方公里，占土地面积的45.94%。引导性资源开发利用区应降低单位土地面积化肥农药施用量，推广生态农业，控制面源污染；城市建设开发区应注意城市绿地系统建设，提高城市绿化率。

2. 优化水环境安全格局。调整取水排水格局，调整和优化各河段水功能，实现高、低用水功能之间的有序协调，确立水环境总量控制目标，确保区域持续性供水安全。

结合区域取水排水河系分离、容量利用以及发展需求，调整和优化珠江三角洲地表水环境功能区划。协调饮用水源地主河道上下段水质功能，限制向具有饮用水功能的河段直接排水。规定自然汇入主河道的水质达到III类水，处理后废水先排入城市内河涌，同时采取措施确保各水体功能区目标的实现。对入河排污口进行系统规划与管理。

严格保护饮用水源。禁止在水源保护区布设排放污水项目，严格限制在重要集水区布局排放污水的项目，主要有以下区域：广州珠江西航道沙贝以上整个流溪河、增江增城以上集水区域，以及划为水源地河道及水库，深圳所有饮用水源地、水库及其集水区域；佛山白坭河集水区、高明怆江河明城以上集水区、北江集水区、北江水系（东平、顺德等）供水河道以及区内纳入饮用水源的水库及其集水区等；东莞东江万江、中堂以上集水区（排水人工导入东莞运河排水体系的区域除外），同沙、松木山水库及其集水区等；惠州西枝江星河断面以上集水区、所有列入Ⅱ类水的水库集水区、东江供水河道集水区；肇庆绥江东乡以上断面、新兴河莲塘以上集水区、水库集水区、西江供水河道等；中山长江水库集水区、列为Ⅱ类水的东海、小榄、鸡鸦水道等供水河道；珠海供水河道及作为饮用水的水库及其集水区；江门潭江水口以上流域（开平、恩平、台山等建成区除外）、西江供水河道、沙田河水口以上集水区以及作为饮用水源的水库及其集水区。

3. 确立大气环境敏感区。到2010年，二氧化硫（SO_2）、氮氧化物（NOx）和可吸入颗粒物（PM10）排放总量控制目标为40万吨/年、42万吨/年、30万吨/年以内。

各城市城区和近郊区原则上不安排对大气环境影响大的项目。珠江三角洲中部，特别是广州、佛山及东莞的大气环境容量已饱和，原则上不再新建大气污染物排放量大的项目。花都—三水—高明—鹤山—新会—斗门—珠海—番禺—广州市区—东莞—深圳的大气污染源对整个区域大气环境影响较大，需加大治理力度，提高产业技术水平，严格控制大气污染物排放量大的项目。

（二）绿线提升，引导经济持续发展

调整优化产业结构，以产业的生态转型为核心，改变高投入、高消耗、高污染的经济增长方式，建立可持续的发展模式。到 2010 年、2020 年将单位 GDP 物耗能耗指标降低到现状的 1/2、1/4，单位 GDP 污染物排放指标降低到现状的 1/3 和 1/6。

1. 推广生态农业。在西部生态保护与生物多样性保护区、东北部生态防护与水土流失控制区，采用丘陵山区立体农业、庭院立体经营等模式，以沿河流两岸和沿海岸生态农业带建设、绿色和有机食品基地建设、户用沼气池建设为重点，开展以生态防护为主的生态农业建设。

在广佛中部都市区、深莞惠东部都市区、珠（澳）中西岸都市区，采用生态屏障（缓冲）区建设、生态农庄观光等模式，以沿道路生态农业隔离带建设、城市之间和城乡之间生态农业缓冲区建设、生态农业观光园区建设为重点，开展以生态屏障功能为主的生态农业建设。

在依山环城平原生态农业区采用稻田立体种养、基塘结合、生态农庄观光等模式，以农田保护区和绿色食品生产基地建设、观光农业区建设为重点，开展以生态种植为主的生态农业建设。

到 2010 年，以生态农业示范区、生态农业带、生态农业圈建设为重点，发展都市型农业、观光休闲型农业，建成可持续的生态农业体系。

2. 发展生态工业。调整工业结构和布局，建设生态工业园区，以九大支柱产业为重点，提升工艺技术水平，推行清洁生产，发展循环经济，逐步实现产业生态转型。

加快电镀、化学制浆、化工、制革、纺织印染、冶炼、发酵、工业固体废物加工等重污染行业“统一规划、统一定点”工作。制定园区环境规划，规范工业园区建设项目环境管理，并制定园区污染物排放总量控制目标和相应的管理措施，实现污染集中控制集中治理。推动园区ISO14000环境管理体系认证，提高环境管理水平。

根据国家和广东省有关产业政策，严格执行《广东省工业产业结构调整实施方案》，严格限制、淘汰、禁止10大类161个产品的生产。逐步淘汰污染严重的水泥厂、冶金厂、铸造厂、小火电厂等，或通过以大代小的办法，实现污染集中控制。

3. 合理引导重大产业的布局及开发。随着惠州大亚湾、珠海临港工业区和广州南沙的开发，依托港口，以重化工为主的资本密集型产业迅速扩张，对珠江三角洲环境影响深远。必须合理引导，促进三大开发区产业生态化和清洁化，构造产业发展优势：

一是大亚湾石化区的污水处理达标后经22公里的海底污水管道排向桑洲岛附近，这一位置处于惠东港口半岛的屏障区，污染物扩散条件可能受到较大的限制，应兼顾区域其他项目污水后将管线延伸。而珠海西区进行填海造陆，将高栏岛与大陆连接在一起，生态环境影响较大。

二是三大开发区排放的污染物对臭氧浓度有较大的影响，对氮氧化物和挥发性有机化合物（VOC）的排放实施严格控制，进一步全面分析和量化对光化学烟雾的贡献程度。

三是开展三大开发区整体开发的区域环境影响分析，确定区域的环境容量及产业准入条件，按照生态工业园区模式进行建设。

四是南沙属于重要的踏脚石节点，濒临海岸带保护区生态位置重要，为生态脆弱区，开发时充分体现“生态体先、协调发展”的原则，需建设毗邻珠江口的湿地保护区，避免建设污染物排放量大的项目。

4. 推进生态旅游。建设生态旅游景区。加强生态旅游景区的开发、建设和保护，依托区域优势，积极发展特色旅游和跨市生态组合旅游。鼓励开展ISO14001体系认证，加强旅游景区和旅游企业的环境管理体系建设。制定生态旅游景区的控制性规划，严格控制旅游接待人数，加强环境保护教育，提高游客的生态环境意识，实现生态旅游的快速健康发展。

5. 促进可持续消费。以发展清洁能源、绿色交通和建设生态文明为重点，引导可持续消费。发展太阳能、风能、潮汐能、沼气等清洁能源和可再生能源，着手开发氢能源。调整电源结构，加大西电引入。加快LNG电厂建设，积极建设广东珠江（2×350兆瓦）、深圳东部（3×350兆瓦）、深圳前湾（3×350兆瓦）和惠州大亚湾（3×350兆瓦）4个LNG电厂。推广"绿色"机动车。严格控制摩托车的增长。推行公交优先，鼓励发展电车、燃气车等绿色公共交通。严格执行《轻型汽车和重型柴油机（发动机）达标车型目录》，制定高排放车型目录。发展快速轨道交通。建设以广州为核心，以广深、广珠经济带为主轴，以广州至惠州、广州至恩平、广州至肇庆、广州至从化为发展轴，向整个区域辐射的网络状城际快速轨道交通系统，加速珠江三角洲地区"半小时生活圈"的形成。加快以信息技术为中心的智能交通系统建设，科学合理设计城市交通网络，2010年前初步建成珠江三角洲地区各城市智能交通系统，保持道路畅通，提高运输效率。加强交通建设中的生态环境保护。交通网络路线应避免通过生态环境脆弱地带，道路建设过程要加大生态环境保护投入。严格控制交通噪声。

6. 培育生态文明。

（1）提高全民环境意识。开展多种形式的环境宣传教育活动；实施企业环境行为公开；对建设项目环境保护审批等实行公示或听证制度；建立健全群众参与环境监督的激励机制。

（2）倡导绿色学校建设。制定"创绿"工作的计划和目标；宣传生态理念；开展带动社会生态建设的实践活动；通过校园绿化、卫生保洁、垃圾分类收集等活动美化校园环境。到2010年，珠江三角洲地区有60%以上中小学建设成绿色学校。

（3）推行生态示范区建设。建设新建居民区应在建筑设计、建筑过程中考虑环保要求，配置污水回用、生活垃圾分类收集等环保设施，老居民区逐步实施垃圾分类。到2010年，50%已建小区和80%新建小区建成生态社区。大力推行生态示范村、镇建设，改善农村生态环境质量。

(4) 倡导绿色生活消费方式。加快实施居民生活用水阶梯式计量水价和非居民生活用水水价的步伐，完善峰谷电价政策，节约能源，提高生产生活能源使用效率；鼓励绿色采购，使用对环境友好的产品；拒食野生动物，珍爱自然，爱护环境，不破坏生态，形成良好的环境道德和生活习惯。

(三) 蓝线建设，保障环境安全

1. 重点解决水污染问题。

(1) 结合珠江综合整治和治污保洁工程的实施，全面推进水环境保护工作。到 2010 年，工业废水排放总量控制在 28 亿吨/年，工业用水重复率达到 50%，万元 GDP 的 COD 排放量下降到 3.5 千克/万元，基本实现工业“增产不增污”；城市污水处理率达 70% 以上，工业生活 COD 排放总量控制在 87.4 万吨/年；实现区域性取水、排水的协调，集中饮用水源水质达标率 95% 以上；珠江三角洲水系主干、支流水质维持良好水平，主要地表水和近岸海域水体环境质量达到功能目标要求，国控、省控断面以及跨市河流交界断面水质达标率达 80%，流经城市河段有机污染明显改善。

到 2020 年，工业废水排放总量控制在 38 亿吨/年，工业用水重复率达到 70%，万元 GDP 的 COD 排放量下降到 1.4 千克/万元；城市污水处理率达 85% 以上，工业生活 COD 排放总量控制在 69.6 万吨/年；流经城市河段和城镇内河涌水质明显改善，集中饮用水源水质达标率 100%，国控、省控江段以及跨市河流交界断面水质达标率达 100%，珠江三角洲水系主干、支流水质维持优良水平，各自然水系基本恢复水体生态功能。

(2) 加快城镇污水处理厂建设。推行二级强化处理工艺，提高除磷脱氮效果，鼓励打破行政区域限制联合建设规模化、集约型污水处理厂，水环境容量赤字的片区工业污水经预处理后必须进入城镇污水处理厂进一步处理、削减负荷。

(3) 综合整治河道。到 2010 年，消除黑臭河道，基本达到水体水质目标；到2020年，水质实现持续改善，各自然水系基本恢复水体生态功能。

（4）控制面源污染。首先是防治农业面源污染。一是加大农药使用的监督管理力度，加强农药残留量的监测，制定并实施逐步减少高毒农药生产、销售、使用的计划，开发高效、低毒、低残留化学农药和生物农药，控制农药污染。到2010年，蔬菜、水果、药材、茶叶等生产区和60%的农田生产区使用高效、低毒、低残留化学农药和生物农药。二是推广配方施肥，控制氮肥施用量，平衡氮、磷、钾比例，提高肥料利用效率，控制化肥污染。大力推广有机肥和秸杆还田。到2010年，平均化肥用量（折纯量）控制在280公斤/公顷以下，60%的蔬菜、水果、粮食作物生产区实施平衡施肥。其次是防治畜禽养殖污染。搬迁或关闭位于水源保护区、城市和城镇中居民区等人口集中地区的畜禽养殖场；严格限制珠江三角洲河网区的畜禽养殖规模，原则上在珠江三角洲河网区停止审批新建、扩建规模化畜禽养殖企业；引导畜禽养殖业向消纳土地相对充足的山区转移，走生态养殖道路，减少畜禽废水直接向环境水体排放。从环境保护规划、环境影响评价、“三同时”、排污申报、排污收费、排污许可证和污染限期治理等方面把畜禽养殖污染防治管理工作纳入法制化、规范化、程序化轨道。

2. 改善区域大气环境质量。

（1）削减二氧化硫排放量。安装在线自动监测装置。关停污染严重的小火电，发展大容量、低能耗机组，改造低效率机组，逐步淘汰高能耗、重污染的工艺和设备。实施节能技改，提高火电厂能源利用率，在2010年把发电煤耗下降到320克标煤/千瓦时以下。逐步淘汰燃煤小锅炉。到2010年淘汰所有4吨/小时以下（含4吨/小时）和使用8年以上的10吨/小时以下的燃煤锅炉，实施集中供热或改用油、气、电。限制燃料含硫量。加强流通渠道控制，燃煤及燃油含硫量控制在0.8%以内。

（2）控制可吸入颗粒物。原则上不再规划扩建、新建水泥厂。淘汰高能耗、重污染的生产工艺，逐步淘汰立窑。现有水泥厂、电厂和工业锅炉必须安装高效除尘设备，达标排放。加强对建筑、拆迁和市政等施工管理、道路和运输扬尘污染的控制。饮食服务业必须安装油烟净化器，严格控制饮食业油烟无组织排放。

（3）防治氮氧化物污染。实施严格的机动车排放标准，提高油品质量，降低机动车燃油硫和烯烃含量。严格执行机动车强制报废制度，加强在用机动车排气的检测，强化在用车监督管理。火电厂采用低氮燃烧技术，研究开发和推广清洁燃烧技术和烟气脱硝技术。

3. 防治固体废物环境污染。

（1）建设工业危险废物处置中心。集中布局，到2010年，在广州市、深圳市、惠州市和江门市建设4个危险废物安全处置中心，新增规模51万吨/年。

（2）强化源头控制。加强建设项目审批管理，鼓励企业开展清洁生产，建立示范，促进各类废物在企业内部的循环使用和综合利用，减少废弃物的产生。构建区域综合利用系统。区域联合，在建材、冶金和环保产业三大行业构建工业固体废物综合利用系统。建设区域性汽车拆解中心，综合利用各类冶金废物。

（3）加强生活垃圾管理处置。建立分类收集与回收网络体系。以广州市和深圳市为试点，逐步推广垃圾分类收集，到2010年珠江三角洲地区城镇生活垃圾分类收集率达到80%。扶持规模化生活垃圾再利用企业，建立完善的垃圾回收利用体系，提高生活垃圾回收利用率。

（4）建设无害化处理系统。焚烧与填埋相结合，区域联合，集中处理，建设33个生活垃圾处理设施，新增生活垃圾处理能力3.43万吨/日。加强对处理处置设施的监管，逐步淘汰规模偏小、难以达标排放的生活垃圾处理设施。扩建、改造11个现有生活垃圾处理设施，实现无害化安全处置。

（5）资源化利用电子废物。组建废旧电子电器收集网络。由计划部门牵头，组织制造业、商品流通领域、街区等有关方面，珠江三角洲每镇至少设置1个收集点，共同组建成废旧电子电器及废旧电池的规模化收集网络，2010 年废旧电子电器收集率达到 80% 以上。建设废旧电子电器及电池回收处理技术研究与推广中心、废旧电子电器及电池综合处理中心，大型企业集团联合组建示范中心和各大企业自建回收处理中心，2010 年废旧电子电器资源化率达到 70% 以上。

三、泛珠三角的环境保护合作

区域经济的合作与发展，离不开污染防治和生态保护。开展与区域经济合作相适应的区域环境保护合作，整合区域环境资源，促进区域社会经济与生态环境的良性互动与协调发展，是泛珠三角区域合作的重要内容。

泛珠三角区域陆地面积为 200.68 万平方公里，占全国陆地面积的 1/5以上，海域面积 268.56 万平方公里，占全国海域总面积的 2/3 以上。2003 年整个泛珠三角区域的 GDP 为 40274.98 亿元（约为 4864 亿美元），约占全国 GDP 的 35%，预计 2010 年将超过 1 万亿美元；到 2020 年将达到 2 万亿美元，超过英国目前的生产水平，由此可见，泛珠三角区域在中国的经济发展中有着举足轻重的地位。

建立泛珠三角区域环境保护合作机制，共同研究处理区域环境问题，联手加强区域污染防治和生态保护，有利于推动区域产业结构的调整和经济增长方式的转变；有利于提高区域环境保护的整体水平，进一步改善区域生态环境状况，实现人与自然和谐发展；有利于构建优势互补、资源共享的互利共赢格局，提高区域经济整体竞争力，实现区域环境与经济社会全面、协调和可持续发展。泛珠三角区域环境保护合作的目标是，在现有的经济条件和工作基础上，结合目前区域内存在的环境问题和经济社会发展的客观压力，针对现阶段区域环境管理机制不合理、手段方法跟不上经济发展要求的现状，提出解决泛珠三角区域整体协调、共同发展的污染防治思路和对策措施，促进泛珠三角区域的共同繁荣。相关的合作有：

（一）生态保护合作

1. 开展生态功能区划合作。在各省（区）已有的生态功能区划方案基础上，合作开展区域生态功能区划调研，综合提出区域生态功能区划方案。

对拟建跨省（自治区）的国家级生态功能保护区，相关省（自治区）共同组织编制生态功能保护区建设规划，并联合向国务院申报，争取纳入国家级生态功能保护区建设规划。

2. 开展生物物种资源保护、管理和互惠利用合作。合作开展区域生物物种资源调查。根据国务院关于加强生物物种资源保护和管理的部署，开展生物物种资源调查，逐步实现生物物种资源信息交流与共享；加强生物物种资源保护利用技术的科学研究、技术开发以及人才交流和培训方面的合作；加强生物多样性及生物物种资源保护利用宣传教育。

建立外来入侵物种联合防范工作机制，开展外来入侵物种防治技术合作研究与交流，建立外来入侵物种监控网络和预警机制。建立治理、控制外来有害生物的互动机制。当入侵区域内的外来生物物种在局部地区造成生态危害时，发生灾害的省（区）在本辖区内组织开展遏制灾害的同时，要主动与区域内其他省（区）的相关部门协调组织开展控制有害生物传播、扩散的工作，及时互通情报信息，联合采取防控行动。

3. 开展生态省建设的交流与合作。加强生态省建设的信息沟通和交流合作，共同创新生态省建设的理论、模式与方法，丰富生态省建设的内涵；加强生态保护、生态产业、生态文化、生态人居等方面试点工作的交流。

（二）共同促进循环经济发展

推进循环经济发展立法、规划、信息、技术和咨询服务方面的合作与交流。借鉴广西壮族自治区贵港等生态工业示范园区建设经验，共同推进区域循环经济示范工业园区建设。对强制审核企业公布制度、清洁生产审核技术单位管理制度、审核后的后续监督管理制度等强制性清洁生产工作，以及清洁生产试点工作，开展交流合作，共同推进循环经济发展。

（三）水环境保护合作

1. 制定《珠江流域水污染防治“十一五”规划》。通过区域环境要素和污染源的现状调查与评价，结合各省（区）社会经济发展水平等，确定珠江流域“十一五”水污染防治目标。根据水环境容量以及水污染防治的实际需要，制定合理的水污染物总量控制方案。编制区域性供水与排纳水河系规划，确保区域水源安全。制定区域性水污染综合防治方案，包括工程方案、监督管理方案、重点优先项目安排以及资金投入预算等。

2. 实施《珠江流域水污染防治“十一五”规划》。建立完善《珠江流域水污染防治“十一五”规划》实施跟踪信息通报制度；不定期组织对《珠江流域水污染防治“十一五”规划》实施情况进行评估，及时提出改进措施。

3. 建立跨省级行政区河流跨界污染联防联治机制。成立泛珠三角区域跨省级行政区河流水污染防治协调机构。加强区域内各省（区）水环境功能区划协调，在国家环境保护部的领导下，共同确定跨省级行政区重要河流交界的水质控制断面和标准，建立跨行政区交界断面水质达标交接管理机制；制定跨省级行政区河流突发性水污染事故应急预案。逐步建立水环境安全保障和预警机制。

4. 开展南海海洋环境保护合作。成立南中国海海洋污染防治协调机构，建立联防联治机制。开展南海近岸海域污染防治、生态保护和环境管理技术政策交流合作。相关省（区）开展海洋环境保护地方立法、陆源控制规划及管理控制措施等方面的交流与合作。合作建立近岸海上污染事故、赤潮灾害等情况通报制度。建立海洋环境质量状况通报制度，及时通报本省（区）所辖海域发生的溢油、赤潮灾害及其他海上污染事件等信息。

5. 探索建立流域生态环境利益共享机制。成立专题研究组开展流域生态环境利益共享机制调研，提出以流域生态环境利益共享为基础的生态补偿机制的初步方案。

（四）大气污染防治合作

1. 开展泛珠三角区域削减二氧化硫等大气污染物排放量协调合作。联合开展污染源普查工作，得出二氧化硫排放的源解析清单；开展大气污染物容量计算，确定大气环境保护目标。

根据大气环境容量、大气输送机理和大气环境保护目标，合理确定各省（区）二氧化硫等污染物排放量。

开展主要大气污染物长距离输送和转化规律研究，在此基础上制定区域污染控制的对策措施，改善区域整体环境质量。

2. 开展脱硫脱氮技术交流和设备的研究开发。组织电厂脱硫脱氮技术、工业锅炉和窑炉脱硫技术的交流；组织力量共同研究开发脱硫技术和脱硫设备；推动脱硫示范项目的实施。

3. 开展机动车尾气污染防治管理、技术和设备开发研究方面的交流合作。合作出台跨区域机动车排气污染控制管理政策，研究制定外地车辆排气检测的属地管理制度。研究制定区域车用油品标准同步实施方案。开展排气检测技术及设备开发研究方面的交流合作。

（五）环境保护监测合作

1. 建立和完善经常化、制度化的区域环境监测合作机制。完善泛珠三角区域水环境监测网络工作制度；建立泛珠三角区域环境监测工作交流和情况通报制度，定期通报和交流各省（区）环境监测合作工作情况；定期组织各种形式的环境监测交流；制定泛珠三角区域水环境监测信息报告制度；开展泛珠三角区域环境监测技术合作研究。

2. 合作完善珠江流域水环境监测网，发挥其监控流域水质状况的作用。制定“珠江流域水环境监测网”工作制度和网络章程，完善珠江流域水环境监测网；建立珠江流域水环境监测信息报送制度，建立自2003年以来各类监测数据、报告和环境质量报告数据库，定期编写珠江流域水环境各类监测报告和环境质量报告；建立珠江流域水环境监测网信息平台，并以此为基础拓展到整个泛珠三角区域，建立水环境监测信息管理、发布和通报机制。

3. 开展《泛珠三角区域水环境监测网络规划》研究，建立泛珠三角区域水环境监测网络。合作开展泛珠三角区域自然环境、水环境状况和监测断面布设系统调查；在各省（区）原有国控、省控断面的基础上，合作研究泛珠三角区域水环境质量的演变规律、区域作用情况和存在的重点问题，编制《泛珠三角区域水环境监测网络规划》（以下简称《监测网络规划》），制订泛珠三角区域水环境监测规划方案；建立《监测网络规划》实施跟踪信息通报机制，建立泛珠三角区域水环境监测网络。

4. 开展泛珠三角区域大气环境监测合作。在粤港珠江三角洲空气监控系统通过鉴定验收的基础上，建立启用粤港珠三角区域空气自动监测质量保证试验室、自动监测数据中心和监控中心，实现珠三角地区三个区域中心、九个城市和香港空气监测联网和投入运行。

合作编制泛珠三角区域大气环境监测网络与酸雨监测网规划。合作编制泛珠三角区域大气环境与酸雨监测规划方案、能力建设要求和运行机制方案；推动各省（区）政府批准实施建立泛珠三角区域大气和酸雨监测网。

建立泛珠三角区域大气监测网信息管理和发布平台，完善信息通报机制，定期报送各类大气监测信息、报告，逐步实现泛珠三角区域环境空气监测信息联合发布。

5. 开展有害有毒物质监测合作。合作编制泛珠三角区域有害有毒物质监测能力建设方案；编制泛珠三角区域有害有毒物质“十一五”监测规划；开展专题研究，对泛珠三角区域有害有毒物质污染提出防治对策。

6. 开展近海洋环境（包括河口水质）监测合作。制定近海环境监测合作工作计划；开展近海环境和入海河流河口水质监测；建立入海河流河口水质监测网和近海洋环境监测信息发布机制；逐步建立海洋环境自动监测网络。

7. 建立环境监测信息管理平台，实现各类环境监测信息共享。以编制和实施《珠江流域“十一五”水污染防治规划》为契机，在开发珠江流域水环境监测信息系统的基础上，编制泛珠三角区域环境监测信息共享平台方案，全面实现省（区）以及地级站监测数据处理的信息化、数据传递的网络化，建立包括常规监测环境信息网络和水质自动监测信息系统组成的区域性环境信息网络。

建立以实现污染源监测信息的连接能力、信息多功能的管理中心、实现直接远程监控和获取实时的现场数据等为目标的污染源信息系统。建立具有综合功能的环境信息社会发布系统。以粤港空气监测网为基础，建立区域城市空气和酸雨环境监测信息共享平台。

逐步开展生态环境监测等其他环境监测信息的共享。

（六）环境宣传教育合作

1. 建立环境宣教合作交流机制。成立由各省（区）环境保护部门主管宣教工作的领导和宣教中心（处）负责人组成的泛珠三角区域环境宣教合作领导小组，加强联系与沟通，合作开展环境宣教工作。定期举行泛珠三角区域环境宣教合作会议，总结上一年度合作工作情况，研究部署当年合作工作。

2. 联合开展环境专题宣传活动。在泛珠三角区域内，每年联合组织开展 1 到 2 项宣传活动，在区域内统一时间、统一主题、统一步骤，形成规模，扩大影响，提高效果。从 2006 年起，组织开展泛珠三角区域环境保护征文比赛、摄影比赛、演讲比赛、书画比赛、歌咏比赛等活动。

3. 联合开展新闻宣传。在泛珠三角区域内，不定期组织各省（区）新闻媒体联合采访，及时报道区域环境保护合作工作进展情况、跨省（区）共同关注的环境问题，以加强区域环境保护新闻宣传和舆论监督，从 2006 年起，组织开展珠江、长江上游、闽江和海南环境保护采访活动，以及“西电东送”、酸雨污染防治、跨界污染防治等新闻采访工作。围绕每年泛珠三角区域环境保护合作的重大活动，联合各省（区）媒体，开辟泛珠三角区域环境保护合作专栏，组织专题采访报道。

4. 联合开展环境教育。开展“绿色学校”创建及环境教育工作的交流和合作。在各省（区）间组织进行“绿色学校”考察交流工作，在 2010 年前，召开一次泛珠三角区域“绿色学校”创建暨环境教育工作经验交流会议。每年至少组织一次泛珠三角区域环境保护夏令营活动，各省（区）之间也可积极组织开展环境保护夏令营活动。积极指导和促进各省（区）环境保护民间组织以及环境保护志愿者的交流，提高公众环境意识。

5. 加强环境宣教合作阵地建设。加强各省（区）环境保护刊物交流，互赠环境保护报刊，互设工作站。介绍各省（区）环境保护经验。在各省（区）现有网站基础上建立泛珠三角区域环境保护合作网页，宣传各地环境保护工作和泛珠三角区域环境保护合作情况。编印泛珠三角区域环境保护合作等环境宣教资料，提高质量，扩大影响。

（七）环境保护科技与产业合作

1. 联合开展重大科技攻关。合作筛选并确定关系泛珠三角区域环境质量的重大科研项目方向，对区域酸沉降、水体污染、POPs 污染等重大区域性环境问题联合开展研究。

2. 定期举办合作展览会和项目洽谈会。定期举办泛珠三角区域环境保护合作展览会、泛珠三角区域环境保护技术及产品项目洽谈会。

3. 定期召开泛珠三角区域环境保护产业合作专题会议。定期召开泛珠三角区域环境保护产业合作委员会会议、泛珠三角区域环境保护产业技术产品交流会、泛珠三角区域环境保护产业合作展览会，以“三会套开”的形式，每年由轮值主席方在轮值主席所在省（区）举办一次；建立泛珠三角区域环境保护产业合作网站。

4. 加强环境保护技术推广和交流的合作。合作研发与推广针对海水养殖、生活污水、规模化畜禽养殖和生活垃圾渗滤液等的高效低耗的除磷脱氮技术，并形成区域性规模化产业。加强区域内各省（区）中小城镇污水、垃圾处理设施建设方面的信息、技术交流与合作，促进环境保护产业的合作与发展。每年联合推荐一批环境保护产业优秀技术、产品、示范工程。

规划提出了生态保护，促进循环经济发展，水环境保护，大气污染防治，环境监测，环境宣教，环境保护科技与产业等七个方面的合作任务。在规划这些任务时，既考虑了改善区域可持续发展能力，维护环境质量与保证人群健康所必须采取的共同行动，也考虑到了未来五六年内可以开展并有可能取得成效的工作。特别注重从区域协调发展的角度，建立健全区域环境保护合作需要的相关机制，如跨省级行政区河流跨界污染联防联治机制、外来入侵物种联合防范机制、流域生态环境利益共享机制，以及建立泛珠三角区域环境监测网络、环保产业合作网络等。这些任务的逐步实施，将有利于不断提升区域环境保护合作水平。

第四章 长三角区域生态文明与发展

长三角是中国经济社会最发达、人口和产业最密集、发展最具活力的地区之一。长三角走在中国经济发展的前列，是中国经济的发动机和增长极，是国家综合竞争力的重要体现。伴随着中国物质文明、精神文明和政治文明的发展，生态文明建设成为时代主题。如何适时转变发展方式，打通工业文明走向生态文明的“绿色通道”，建设具有长三角地域特色的生态文明社会形态，既受到世人瞩目，也可以成为其他区域发展经济的参考。目前，虽然对长三角区域范围的界定仍有歧义，但大致上就是以太湖流域为中心的江南地区。从形成来看，是滚滚长江与滔滔东海共同顶托，积沙扩延而成；从文化传承来看，是勾吴先祖泰伯南奔，带来中原文化和江南文化的互补交融，生生不息；从自然风光来看，是细雨柳烟、山如眉峰、水若波横……总之，山水秀丽人物风流文章鼎盛。因此，综合长三角地区的自然历史人文风貌，诗意栖居、和谐守望“新江南”①，是生态文明的长三角最理想的图景，也最能体现长三角人对诗性水乡的梦想和情怀。

① 杨建：《和谐守望新江南——展望生态文明下的长三角地区》，《江南论坛》2008 年第 5 期。

第一节　产业结构对生态文明的生成与发展的影响

一、长三角区域产业结构

（一）长三角区域产业发展的区域环境

长江三角洲（以下简称“长三角”）区域位于中国沿海中部，具有雄厚的经济基础和较高的开放程度。全区包括上海市、江苏省的南京、苏州、无锡、常州、镇江、扬州、南通、泰州8个省辖市和浙江省的杭州、嘉兴、湖州、宁波、绍兴、舟山6个省辖市。长江三角洲是中国经济社会发展的核心区域，土地占全国的1%，GDP占19.5%，财政收入占15.3%，人口占10.9%，是中国经济社会发展水平最高、经济实力最雄厚、潜力最大的区域；同时，长三角区域位于中国“T”型发展战略的沿海经济带与沿江经济带的交叉点上，在推动中国经济发展，促进中国走向世界，加快中国工业化和现代化进程中，具有不可替代的龙头地位和核心作用。

1. 长江三角洲区域特征。

(1) 江海交汇的区位优势。长江三角洲处于太平洋西岸、中国沿海中部，扼长江入东海的出海口，集“黄金海岸”与“黄金水道”于一身。在实行全方位对外开放战略的形势下，中国东部沿海地带和横贯东西的长江流域形成了紧密结合的倒“T”形态势，是21世纪初以及今后相当长时期内进行重点开发建设的地区，而长江三角洲正处于这一关节点的核心地位。因此，无论从地理位置还是从中国对外开放战略的高度和国际经济格局的演变趋势来看，作为沟通长江流域腹地与海外国际市场桥梁的长江三角洲都具有良好的区位，这成为该区域产业发展的一种空间优势。

（2）雄厚的经济实力。以中国最大的经济中心城市和最大的工商港口城市上海为依托，长三角区域形成了雄厚的产业带。区域内工业技术基础雄厚，产业门类配套齐全，资源转换能力强，人员素质、技术水平、管理水平和综合经济效益均处于全国领先水平，且多数具有一定的主导产业和优势产品。2007 年长三角两省一市 GDP 总量达 56710.44 亿元，同比增长 19.40%，超过全国平均水平 1.63 个百分点，持续保持高速增长，占全国 GDP 总量的 23%。长三角区域社会消费品零售总额为 17899.93 亿元，增长 16.93%，超过全国平均增速 0.18 个百分点，占全国社会消费品零售总额 20.06%[①]。

（3）领先于全国的要素市场建设。进入 20 世纪 90 年代，上海市以经济建设为中心，坚定不移地推进改革开放，促进各种生产要素从量的积聚转为生产力质的提高，使上海市的发展进入了一个新的阶段。这不仅表现为上海市 GNP 的增长速度自 1992 年以来一直保持在较高的水平以及新兴支柱产业的形成，更重要的是上海市在要素生产的培育和发展方面走在了全国的前列。上海市已拥有中国外汇交易中心、上海证券交易所和上海商品交易所等全国性或区域性大市场，上海市还是大陆城市中拥有外国金融机构最多的城市。由此，上海市已初步奠定世界城市形成的若干必备条件。上海市在要素市场方面的发展不仅是上海市城市功能转型的需要，也是向长江流域辐射其经济影响的需要。

（4）蓬勃发展的外向型经济。因其优越的区位条件、丰富的劳动力资源和具有一定基础的设施网络，长三角区域成为外商投资的热点地区。区内城市紧紧抓住这一历史机遇，实行全方位高度开放的政策。在外贸进出口方面，2007 年，长三角对外进出口持续、高速、超预期增长，实现外贸进出口总额 8094.99 亿元，同比增长 24.42%，高于全国平均增速 0.95 个百分点，占全国进出口总额的 37.24%。其中，实现出口总额

① 长三角联合研究中心：《长三角年鉴 2008》，河海大学出版社 2008 年版，第 21—22 页。

4759.31亿元，同比增长26.95%，超过全国增速1.27个百分点，占全国出口总额的39.07%；实现进口总额3335.68亿元，同比增长20.97%，高于全国增速0.23个百分点，占全国进口总额的34.90%。在利用外资方面，2007年长三角实际利用外资总额403.01亿美元，同比增长20.56%，超过全国增速12.89个百分点，占全国实际利用外资总额的53.88%[①]。

（5）产业结构渐趋优化，并不断向高度化转化。长三角是中国产业结构调整与优化升级的先行区域。2007年长三角三次产业的产值构成为3.4:54.4:42.2，与全国同期的11.7:49.2:39.1相比，第一产业比重低于全国8.3个百分点，第二产业、第三产业比重分别高出全国5.2和3.1个百分点，呈现出第二、第三产业共同推进区域经济发展的鲜明特征。主要表现在：①产业结构高度化，部分发达城市从以原材料为重点的工业化早期阶段向以机械—电子一体化工业为重点的工业化后期阶段转化，最大的中心城市上海则向高技术产业和高附加值工业方向转化，而且开始向国际性经济、金融、贸易中心发展，其金融业的国际化、市场化已经起步。目前大量集中在上海城市中的劳动密集型传统产业正在向郊县和周围省市转移。②第三产业的规模和比重有所提高，上海、苏锡常等城市第三产业发展速度快于第一、第二产业。③一批高新技术园区的建设带动高新技术产业的发展，高新技术园区在长江三角洲呈带状分布。④在中心城市工业职能向外扩散的同时，乡镇企业迅速发展，促进城乡一体化。长江三角洲乡、镇、村及村以下工业产值占全国的38.8%。苏锡常一带乡镇企业向大型集团化、国际化方向发展，与外商合作及利用外资进行技术改造已达到相当规模。农村工业化引发城市化，乡镇按城市规划建设改造，并赋予其现代城市功能，相当一部分农村劳动力亦工亦农或亦商亦农，形成区域性城市化趋势。

（6）现代化基础设施初具规模。长三角区域的公路建设发展较快，

① 长三角联合研究中心：《长三角年鉴2008》，河海大学出版社2008年版，第22页。

其增长速度超过全国平均水平。2007年，该区域公路里程24.9万公里，占全国公路总里程的6.95%；铁路建设不断取得进展，2000年，该区域铁路营业里程为1807.3公里，占全国铁路营业里程的3.08%，到2007年，已分别增至3200公里和4.1%，“十一五”期间，京沪高速铁路、沪杭甬客运专线等相继开工，新一轮铁路建设高潮正在蓬勃兴起。长三角区域（又称“地区”）素有“黄金水道”之称，内河航道里程占全国总量的1/3，2007年为3.66万公里，占全国的29.8%[①]；该地区有国内第三大机场上海浦东机场，此外还有南京、杭州、宁波、常州、无锡、苏州、南通等机场。经过多年的快速发展，长三角区域的基础设施为经济的快速发展提供了坚实的后盾。

2. 存在的问题。长江三角洲地区已成为中国经济最发达的地区之一，但是其发展也遇到如下问题。

（1）水土资源供给不足。长江三角洲地区人口众多，虽然土地占全国的1%，但人口却占全国的10.9%。另外，长三角地区产业发达，对能源、水资源、土地资源需求量巨大。能源、水资源短缺已成为困扰经济较发达地区尤其是大城市集中分布区的一个重要的问题。水资源相对丰富的苏锡常地区，有些城市也已出现不同程度的水资源短缺问题，如地下水超采，造成地面沉降；有些城市则由于水资源污染而出现水质性缺水的现象。该地区人多地少，目前人均耕地仅0.68亩，因而土地承载量大，土地资源十分宝贵。近年来，由于开发区的竞相建设，征用了大量的土地，造成土地资源的流失，使得农业用地大为减少。乡镇企业的发展亦对农业生产产生了一些负面影响，使得区内耕地质量下降，土地后备资源短缺，粮食生产滞后于城市发展，人粮矛盾突出，将越来越多地依赖从区外调入粮食。

（2）行政区分割矛盾日益尖锐。长江三角洲地区虽是中国经济最发达的地区之一，但在全球经济一体化的今天，经济合作还停留在低水平

① 长三角联合研究中心：《长三角年鉴2008》，河海大学出版社2008年版，第533页。

之上。主要表现在两个方面：一是缺乏跨区域的政府组织协调长江三角洲地区经济环境的发展；二是缺乏跨区域的大型企业合并，通过资产重组形成大企业参与国际国内市场竞争，并进而通过对内投资带动长江三角洲地区的经济发展。要争取在不太长的时间内形成一批大型公司，其中若干个可进入世界500强（按国际可比价格计算的销售额）。长江三角洲地区在空间上是一个连续分布的整体，但是行政体制的地域分割使各个城市的发展各自为政，地域上相连的城市各自发展自己的基础设施建设，造成重复建设和投资浪费。

（3）区域内产业结构发展方向趋同。由于长江三角洲地区缺乏矿产资源，区内自然条件相似，各城市在经济发展过程中皆以加工工业为主，由此导致产业结构趋同现象。特别是北翼与南翼产业结构趋同现象更为明显。上海市通过近年来的产业结构调整，纺织工业的地位日益低下，而金属冶炼及压延工业即冶金工业成为第一大工业行业，其产值占工业总产值的1/5以上。其次由于轿车工业的发展，使交通运输设备制造业成为第二大行业。与此相比，苏南、浙北的纺织工业仍居第一位，其余如机械、电气设备、交通运输设备、电子行业等占的比重也十分相似，由此导致各城市之间竞争激烈。从原材料如蚕丝、棉花的争夺战到产品市场的相互竞争，都极大地浪费了财力、物力和人力。再从各城市的三次产业结构来看，各城市均以第二产业为主，第三产业居中，诸如杭州市、苏州市的旅游业均未得到充分发展。上海市的金融、贸易中心功能与发展目标尚有较大的差距。由于城市的个性不突出，势必在一定程度上重复投资和相互竞争。

（4）港口建设缺乏协调配合。该地区是全国港口资源最为丰富的地区，深水岸线长，建港投资省，且拥有上海这一世界知名的大港。因此，该地区最适合建设成为中国最大的综合性枢纽港群——以上海为中心的国际枢纽港群。但是由于这一建设涉及上海和邻近省份港口之间的关系，行政区划上的分割导致了各地竞相发展集装箱港口，不少港口打出了“东方大港”的口号，争做国际主枢纽港。由于集装箱港的投资大，具有巨大的规模效应，布局过于分散将难以达到降低成本的目的。

(5) 区域环境污染日益严重。随着人类高强度活动和经济快速增长，该地区的经济发展已经导致较为严重的环境污染。一方面，乡镇企业在带动农村发展的同时，由于缺乏合理布局等原因，人口在城镇集中的同时也产生了生活污水急剧增加且集中排放的问题，使本来水资源十分丰富的太湖流域出现了普遍的“水质性缺水”。由于事实上实行“先污染，后治理”的措施，再加上区内都是水网交错的往复水流区，省际、市际边界的水污染必然会相互扩散，引起省市间的经济纠纷。据初步估计，长江三角洲地区污染物排放量占全国的1/5，环境质量呈急剧恶化趋势。近年来，该区水质下降加速，土地退化加剧，大气污染加重，酸雨频发，生物多样性减少，生态破坏，洪涝成灾，加之人口剧增，人地矛盾突出，已成为中国人为的生态环境脆弱带，给本区人类生存与经济社会可持续发展构成严重威胁。改善和优化本区环境，已成为刻不容缓、必须解决的国家任务。

(二) 长江三角洲地区的发展环境与新挑战

1. 长江三角洲地区的发展环境。

(1) 环太平洋和远东地区的经济大都会区。以上海这一大都市为中心的长三角地区，具有优越的环太平洋区位和交通、科技、文化的优势，正在以蒸蒸日上之势崛起为环太平洋和远东地区的大都会区，成为中国国家大城市的首选地区。浦东新区和苏州新加坡工业园的建立，吸引了世界级跨国公司的大批进入。因此，就全球经济和世界经济格局而言，环太平洋地区是21世纪发展的重点，是国际资本转移的重要场所。

(2) 有坚实的基础设施做后盾。因位于经济发达的沿海中部，处于中国主交通流——南北流的重要通道（与焦柳、京广线通道比较），并与长江的国家主要水运通道相结合，长三角地区成为全国水陆中转、水水中转的交通枢纽，承担着全国经济正常运转的重要任务，因而是国家进一步加大基础设施建设的重点地区，如沪宁高速铁路、南京—西安、南京—启东、南京—杭州、新沂—长兴等铁路；已建成、正在建设或即将建设的江阴长江大桥、南京长江二桥、三桥、崇海大桥、南通隧道、润扬大桥，以及多条高速公路和深水港口等等，将为长江三角洲地区的进一步腾飞创造坚实的物质基础。

（3）国家发展生产力的重心。长江三角洲地区具有优越的基础设施及人才资源、水资源优势，成为国家发展基础产业和新兴产业的重点，是国家高新技术开发区及密集分布区，是未来国家新技术发展的基地和源地。

2. 长江三角洲地区发展面临的新挑战。

（1）区域竞争加剧。香港回归并和珠江三角洲地区结合，将成为长江三角洲地区的强大对手；京九铁路、芜湖华东二通道建设，九江、芜湖崛起，使南北逐渐变通途，将减弱长江三角洲地区的通道和中转地位；占有相当比重的城市国有企业的困难和乡镇企业分散化及“三高一低”（高投入、高速度、高负债、低效益）的巨大困境，迫使长三角地区不得不转变经济增长方式和调整产业结构；长江三角洲地区各城市间的无序竞争、小城镇规模小和分散化、基础设施的重复建设以及环境恶化均使长江三角洲地区的发展受到极大的制约。

（2）传统产业发展矛盾凸显。长江三角洲地区工业以制造业为主，自20世纪80年代中期以来有了一定的变化，原来是以机械、纺织、化工、冶金、食品、建材6大行业为主导产业。90年代中期以后，电子、汽车业等已逐步成为长三角部分地区（上海、江苏）的主导产业，同时纺织、食品业地位不断降低，重工业（机械、冶金）在制造业中的相对比重不断降低，一些新兴的产业如信息、通信、生物医药、光机电一体化、新材料产业等逐渐成为长三角地区的先导性产业，制造业结构已经在向技术、知识密集型转变。

（3）巨大的就业压力。长江三角洲地区是中国人口最稠密的地区，就业问题成为该地区在产业结构转换过程中遇到的最大的社会问题。在产业结构转型过程中，劳动力资源结构性短缺和劳动力绝对剩余共存。一方面，新的产业结构，无论是装备型加工业还是第三产业中那部分技术、知识含量高的信息、服务咨询等行业，需要的都是高素质、高技术水平的劳动力，生物工程、新材料、信息等高科技产业更需要高级人才，造成结构性短缺。另一方面，在吸收劳动力就业方面，20世纪80年代以来起绝对作用的是乡镇企业，传统第三产业的吸收力有限；而乡镇企业因为种种原因在20世纪90年代中期就已经出现非农化过程中断和劳动力回流现象。面对乡镇工业的升级换代，资本和技术构成提高，吸纳新劳动力数量将非常有限。此外，近年来，长江三角洲地区是吸收流动人口最多的地区之一，农村流动人口的进一步流入将使该地区未来社会就业矛盾更加突出①。

（三）长江三角洲地区产业结构分析

1. “两省一市”三次产业在长三角地区的变化趋势。“两省一市”三次产业结构不同，影响着长三角地区总体经济结构的变化。

（1）上海市三次产业在长三角地区产业自身占比的变化趋势。上海市第一产业产值是三次产业在长三角地区产业自身占比中最低的，2001—2007年，上海市第一产业产值在长三角地区第一产业中的比重逐渐降低，分别为4.66%、4.80%、4.83%、4.34%、3.86%、3.66%、3.51%，2007年较之2006年降低了0.15个百分点。上海市注重产业结构的调整，加强郊区农业基础，优化三次产业。

2001—2007年，上海市第二产业产值在长三角地区第二产业中的比重为21.91%、21.11%、21.07%、20.36%、20.27%、19.62%和18.84%，比重逐年降低。上海市是长三角地区制造业最发达地区之一，因此，其工业发展速度较快，水平高，是带动就业的主要产业。

2001—2007年，上海市第三产业产值在长三角地区第三产业中的比重有较小的波动，分别为29.10%、27.98%、26.74%、26.66%、28.05%、27.16%和27.07%。上海市服务业发展较快，金融业、邮政业以及房地产业成为推动上海市第三产业发展的主要动力。

① 司桂霞：《长江三角洲产业结构问题研究》，华东师范大学出版社2005年版，第26—27页。

（2）江苏省三次产业在长三角地区产业自身占比的变化趋势。2001—2007年，江苏省第一产业产值在长三角地区第一产业中的比重整体呈现稳步上升趋势，这一期间，第一产业产值占长三角地区第一产业的比重分别为58.98%、61.11%、57.45%、59.04%、59.31%、60.31%、62.54%。近年来，江苏省大力发展现代农业，加快形成产加销、贸工农一体化经营格局。同时，坚持统筹城乡发展，以生产发展为中心、农民增收为核心，走以工业化致富农民、城市化带动农村、产业化提升农业的道路，大力实行创业富民、就业富民、培训富民和保障富民，推进农业现代化进程、持续增加农民收入和改善农民生活。优质、高效、安全和生态农业持续保持较快发展水平。数据说明，江苏省第一产业产值在整个长三角地区具有举足轻重的地位。

2001—2007年，江苏省第二产业产值在长三角地区第二产业中的比重保持稳定。这一期间，第二产业产值占长三角地区第二产业的比重分别为45.65%、45.65%、45.64%、47.14%、47.09%、47.56%、47.84%。2007年江苏省继续深化经济结构调整，坚持走新型工业化道路，大力发展高新技术产业，促进经济增长方式的集约型转变，电子信息、装备制造、石油化工等支柱产业支撑带动作用增强。但工业生产也存在逐季回落现象，企业生产成本不断增加，效益提升的难度加大。由于土地政策的严格实行，给招商引资带来一定的难度。

2001—2007年，江苏省第三产业产值在长三角地区第三产业中的比重趋于稳定。这一期间，第三产业的产值占长三角地区第三产业产值的比重分别为40.83%、40.28%、40.30%、40.58%、39.70%、40.48%、40.63%，比2006年略有上升。说明江苏省第三产业的经济发展速度与整个长三角地区保持一致。2007年现代服务业以及软件产业的加快发展，为整个第三产业的发展提供了强大的推动力。

（3）浙江省三次产业在长三角地区产业自身占比的变化趋势。浙江省第一产业产值在长三角地区第一产业所占比重相对较高，2003年达到最高点37.79%，2007年最低点也占到了33.95%。浙江省的海港资源比较丰富，渔业为第一产业产值的增长提供了坚实的基础。同时，浙江省逐步推进产业化农业和高效生态农业，使第一产业的产值提高很快。

从浙江省第二产业产值在长三角地区第二产业所占比重来看，2001—2006 年增长幅度较小，从 2001 年的 32.44% 增长到 2006 年的 32.93%，而 2007 年增长幅度较大，达到了 33.68%。浙江省第二产业如此高的产值，中小民营企业的贡献很大。众多的中小企业形成了产业集群，为浙江成为工业大省奠定了坚实的基础。

2001—2007 年浙江省第三产业产值在长三角地区第三产业的比重不如第一、第二产业各自在长三角地区所占的绝对值高，但是增长很快，从 2001 年的 30.07% 上升到了 2006 年年底的 32.30%。浙江省的旅游业高速发展，配置以优质的服务体系，推动了浙江省第三产业的发展。

改革开放 30 多年来，长江三角洲地区经济取得了稳定、高速的增长，三次产业在长三角地区所占比重，上海市、江苏省、浙江省的三次产业比重没有下降趋势，即处于上升或平稳状态。

上海市的三次产业结构变动与江苏省、浙江省有明显差别，第一产业所占份额远远小于其他两省。上海市的产业结构自 2001 年起 7 年中，始终是第三产业 > 第二产业 > 第一产业，总的趋势是第二产业比例一直在持续下降，第三产业比例一直在持续上升；江苏省第一产业呈现波浪式上升，第二产业比重增大，第三产业比重相对降低；浙江省第一产业比重降低较大幅度，第二和第三产业比重均上升。

2. 农业内部结构。长江三角洲地区地处亚热带季风区，海陆兼备，陆地淡水面积很广，区域海陆之间，平原与丘陵之间在水热条件上具有多层次的特点，其反映在农业生产上具有多样性、多宜性和多熟制的特点，为建立立体农业和发展多种经营提供了良好的自然条件。该地区土地条件十分优越，土壤类型多样，质地优良，以发育在长江冲积物上的水稻土为主，通透性较好，养分充足，区内水、热、光条件优越，是中国著名的高产稳产区。近几年来，长三角地区耕地改果园、畜牧养殖场或养鱼塘等现象普遍，耕地快速向林、牧和渔业用地转化，从而大力推进了农业结构调整，实现农业增效，农民增收，促进了土地流转。种植业比例逐渐降低，畜牧业、渔业迅速发展，加快了农业产业化步伐。

由图4－1至图4－6可见，上海市农业内部结构有着明显的变化，即畜牧业的比重降低，种植业比重明显增大，这是上海市注重城郊种植业的发展、创立新城郊型农业经营模式的有效表现；江苏省农业内部结构没有明显的变化；浙江省总体上没有较大变化，但畜牧业比重有所增长，渔业比重相对降低。

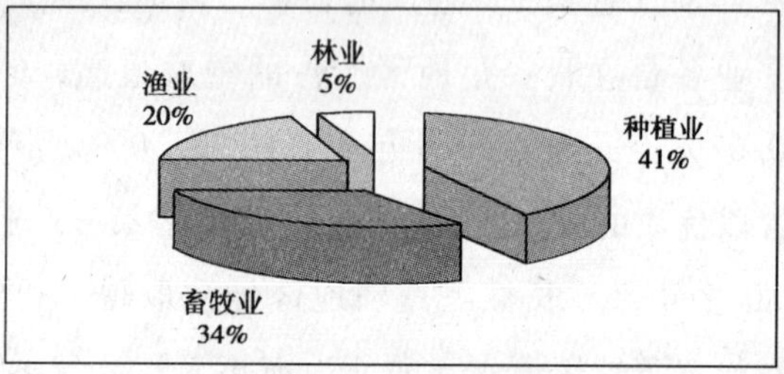

图4－1　上海市2003年农业内部结构

资料来源：《长三角年鉴2004》。

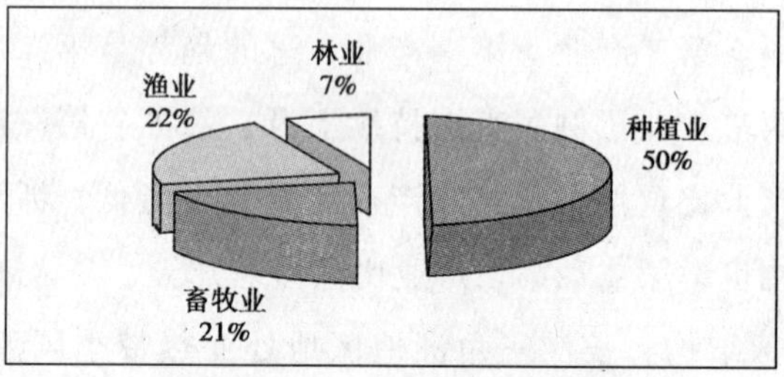

图4－2　上海市2007年农业内部结构

资料来源：《长三角年鉴2008》。

从农业内部各部分的结构分析，上海市畜牧业占主导地位，而江苏省和浙江省的种植业占主导地位。这主要与上海市各郊县的农业受中心城市影响较大有关系，该地区的农业主要是满足城市较高的物质生活水平的需要。虽然各省市的农业各部门之间比重有所改变，但绝对值上几

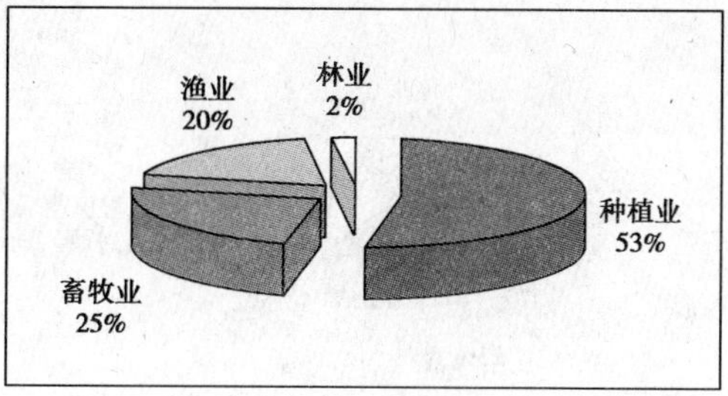

图 4－3　江苏省 2003 年农业内部结构

资料来源：《长三角年鉴 2004》。

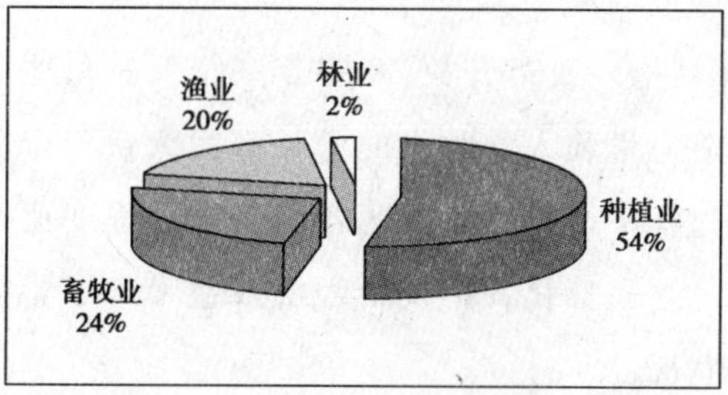

图 4－4　江苏省 2007 年农业内部结构

资料来源：江苏省统计局等：《江苏统计年鉴 2008》，中国统计出版社 2008 年版。

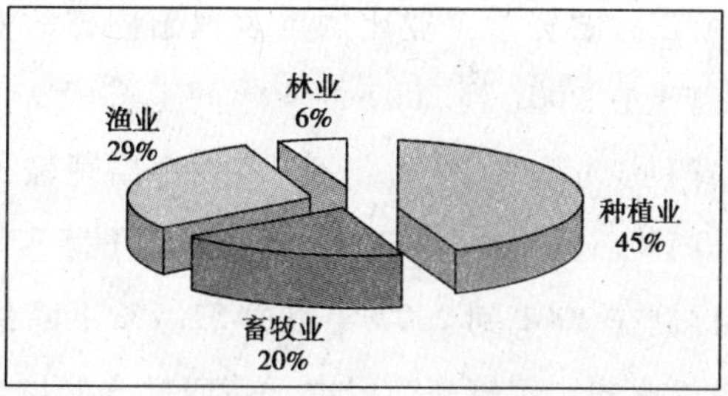

图 4－5　浙江省 2003 年农业内部结构

资料来源：《长三角年鉴 2004》。

乎都有不同程度的增长。浙江省的渔业增长速度相当快，使得渔业超过畜牧业成为农业中的第二部门，这主要和浙江省宁波市、舟山市的沿海

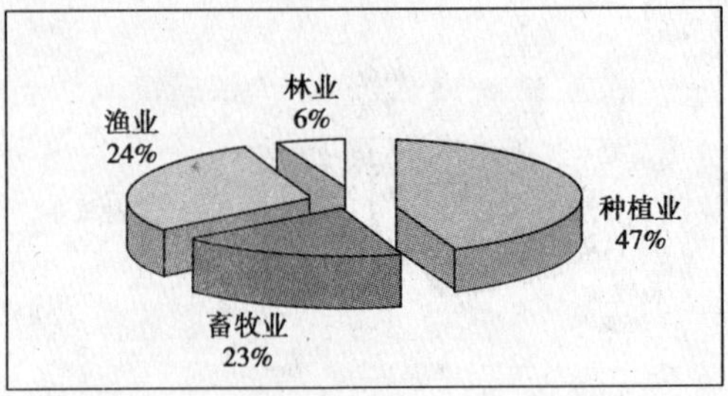

图 4－6　浙江省 2007 年农业内部结构

资料来源：浙江省统计局等：《浙江统计年鉴 2008》，中国统计出版社 2008 年版。

优势有关。

3. 工业内部结构。改革开放 30 多年来，长三角地区一直是经济发展的急先锋，经济总量和人均收入的增长都大大快于全国平均水平。在经济迅猛发展的过程中，长三角地区各城市不同程度地出现了轻重工业所占比重的变化。这一变化，不仅给经济效益带来了影响，也影响了长三角地区的生态状况。

工业内部结构首先可以从轻重工业的比重来分析，由图 4－7 可知，上海市多年来一直是重工业化程度持续上升，重工业的比例从 2003 年的 69.7% 提高到 77.0%，重工业已超过轻工业的比例。由图 4－8 和图4－9 可知，江苏省和浙江省的轻重工业比例也表现出同样的变化趋势，江苏省的重工业比例甚至在 2001 到 2007 的 4 年间上升了 9 个百分点。从历年数据看，浙江省和江苏省在 20 世纪 90 年代都出现轻工业所占比例下降的趋势，江苏省轻工业的比重在 2003 年 36.3% 下降到 2007 年 27.3%，浙江省的轻工业比例在 2001 到 2007 年也由 51.7% 下降到 43.0%。虽然在 90 年代后，重工业的比例较高，但由于前期投入的惯性作用，江苏省和浙江省的工业轻型化的特点仍较为明显。

长三角地区的工业结构，有其独具的特点：

第一，改革开放以来，长江三角洲地区进入了迅猛的增长时期，整体发展水平高。

第二，长江三角洲地区内部发展结构不平衡，呈阶梯状态势。上海

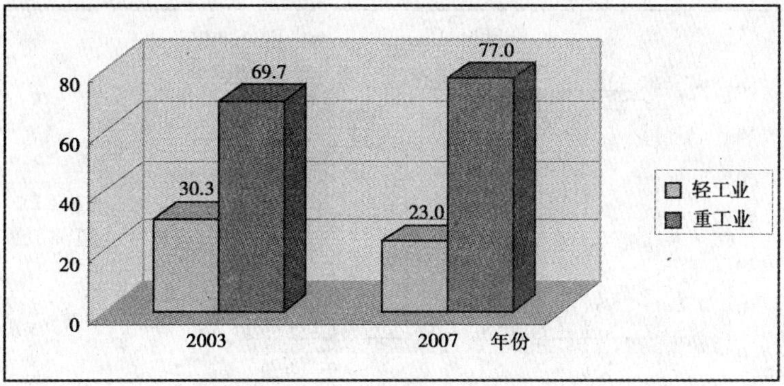

图 4－7　上海市轻重工业比较（%）

资料来源：上海市统计局：《上海统计年鉴 2008》，中国统计出版社 2008 年版。

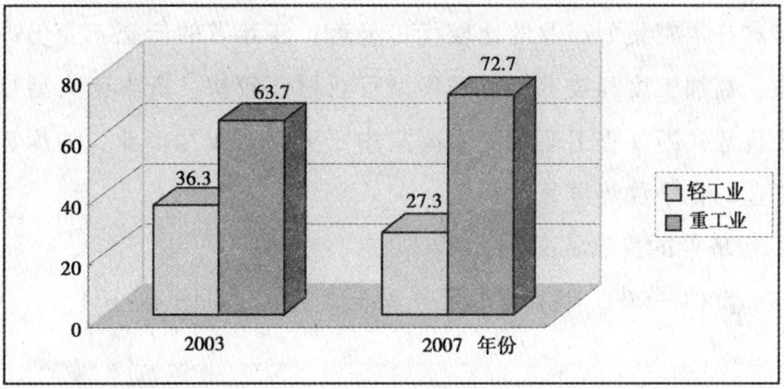

图 4－8　江苏省轻重工业比较（%）

资料来源：《江苏统计年鉴 2008》。

市处于最高的发展层次，江苏省与浙江省处于阶梯的底部，发展水平相对整齐，处于工业化的中后期水平。

第三，在第二产业中，长江三角洲地区的制造业仍然具有比较优势，三个省、市的工业在不同程度上出现了集中的趋势，而这集中又显现了极高的相似性，表现在各省、市中比重大、增长快的行业部门基本相同。

第四，各省、市在工业行业内存在着比较优势的差异，专业化分工的趋势正在加强。上海市的工业结构倾向于重化工业和装备工业，资本

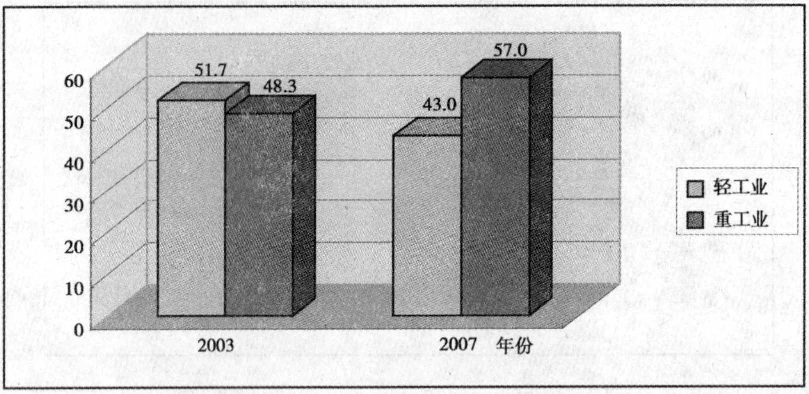

图 4－9　浙江省轻重工业比较（%）

资料来源：《浙江统计年鉴 2008》。

密集型和技术密集型产业的比较优势显著；江苏省的传统工业仍占有主导地位，高加工度和技术知识密集型行业增长较快，资本密集型行业具有比较优势；浙江省工业优势主要集中于劳动密集型产业，纺织、服装等轻工业的竞争优势显著。

4. 服务业的发展状况。

（1）2001—2007 年上海市服务业产值变化（见图 4－10）。

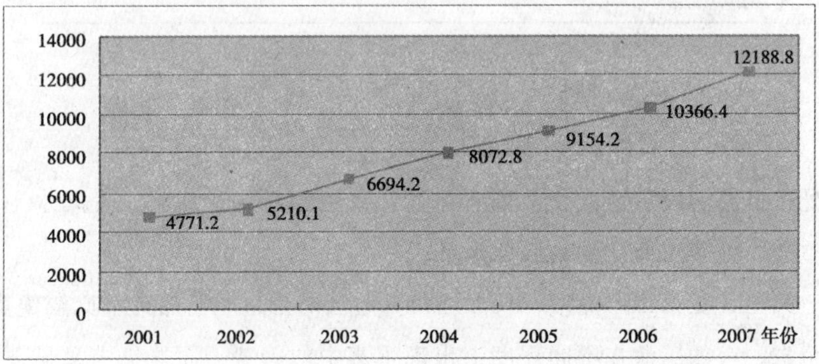

图 4－10　2001—2007 年上海市服务业产值（亿元）

资料来源：《上海统计年鉴 2008》。

（2）2001—2007 年江苏省服务业产值变化（见图 4－11）。

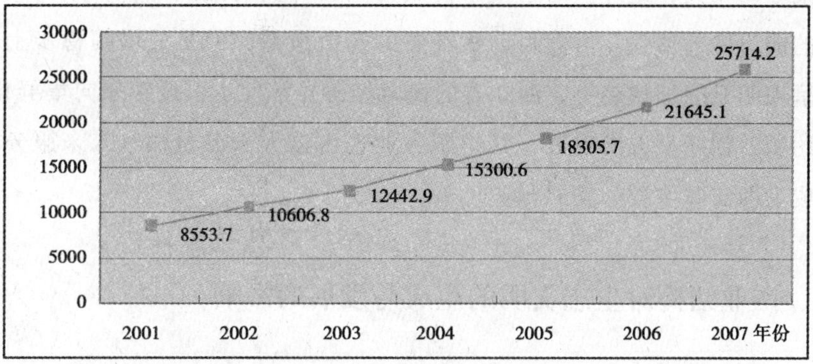

图 4－11　2001—2007 年江苏省服务业产值（亿元）

资料来源：《江苏统计年鉴 2008》。

（3）2001—2007 年浙江省服务业产值变化（见图 4－12）。

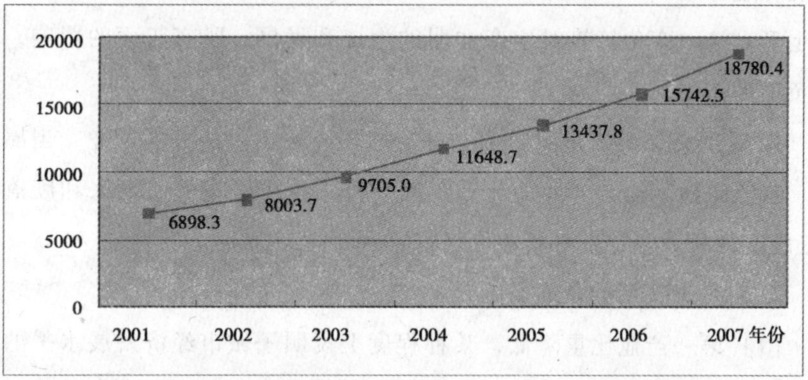

图 4－12　2001—2007 年浙江省服务业产值（亿元）

资料来源：《浙江统计年鉴 2008》。

综合上述三省、市的服务业发展状况可知，2007 年三省、市的服务业产值都呈现增长趋势，而且增长幅度也基本持平。其中江苏省服务业的产值最高，达到 25714.2 万亿元，并呈现较高的增长率；上海市增幅较小，但其龙头作用明显，形成了整体能级稳定，层级分明的发展体系。从图 4－11、图 4－12 中数据可以分析，江浙两省的服务业正在蓬勃发展，并逐渐赶超了上海市的水平，这可能与江浙两省大力发展旅游业的政策导向相关，此外，南京城市群成为吸引外资的热点区域，其吸引外资的能力持续增强。虽然目前浙江省的产值最低，但是其增幅稳步上升并呈现明显的加快趋势，浙江省的民营经济异常发达，近年来向集群化、集约型、创新型方向发展，其中服务业也占据大部分份额，未来服务业将成为浙江省主要的发展行业。

二、产业结构对生态文明的生成与发展的影响

（一）三次产业在长三角地区的变化趋势对生态文明的生成与发展的影响

综合三次产业结构的比例分析可以看出，长江三角洲地区产业结构的变化趋势是：第一产业和第二产业比重将不断下降，第三产业比重不断上升。这一变化趋势对生态文明的生成和发展，既有正面的影响，又有负面的作用。

1. 对生态文明的正面影响。对生态环境破坏力最大的产业，当属工业。长三角地区第二产业的比重不断下降，减少了废气、废水和废渣这“三废”的排放量，使环境逐渐转好，利于生态循环。

2. 对生态文明的负面影响。

（1）第一产业比重降低，某种程度上说明了城市经济发展水平的提高和人们的生活条件的改善，然而也说明了农业用地逐渐减少，工业用地、开发区用地等有所上升，这对于自然环境的改善不利。比如，由于植物的大量存在，可以进行充分的光合作用，空气中增加了大量氧气，利于净化空气，但农业用地的减少使农作物数量减少。

（2）第三产业比重上升。由于利益的驱使，再加上第三产业收益大的特点，近年来，各大城市争相发展第三产业，出现了很多风景旅游区、名胜古迹游览区。然而，在巨大的收益背后，存在的是对自然环境的破坏。旅游区的开发，使人类的足迹慢慢深入到了自然环境中。比如，游

客随手制造的垃圾，游区管理部门为了拓展景点而损坏环境等等，在人们欣赏大自然美好风光的同时，也进行着对生态环境的破坏。

在三次产业结构变化的新趋势下，为了促进生态文明良好地发展，达到生态环境与人类发展的和谐，需要加强人类自身的修养，这是解决这一问题的关键。比如，在开发旅游区时要适可而止，不要任意妄为，要请专业人士对某一块地域进行充分的考察，不要破坏当地的自然保护圈；还要注意对自然环境的保护，不要制造不必要的垃圾。

（二）农业内部结构特点对生态文明的生成与发展的影响

1. 水土资源对生态文明的生成与发展的影响。长江三角洲地区素有“水乡泽国、鱼米之乡”的美称，但是近20年来特别是20世纪90年代以后，水土环境迅速恶化。主要变现为：

一是河道淤浅。由于农村劳动力大量向非农业产业转移，农田管理水平下降，农田不再使用河泥作为肥料，使该区内河多年未浚，河底普遍淤高0.8—1米；河道自净、泄洪及船舶通行能力大为降低，河道污染增加，内河航行受阻，洪涝灾害频繁，而盲目填河造地又加剧了这种恶性循环。

二是水网严重污染。黄浦江每年黑臭期超过300天，苏州河终年黑臭。长江沿岸钢厂、电厂、炼油和石油化工厂等大型项目方兴未艾，各种形式的取水口风起云涌，使长江水量减少而污染物荷载不断增加，长江水体自净能力大为降低，尤其是枯水期更加突出。目前南京至长江口沿岸污染已经连片，油污和大肠杆菌含量明显超标，由长江排入东海的氯和磷的含量已经影响海水的水质。

三是湖泊富营养化。“蓝藻污染”是湖泊富营养化的重要表现。作为一种水生生物，蓝藻在正常的湖水环境下并不会影响环境，但是如果湖水遭到严重有机污染，氮、磷含量超标即呈重富营养化状态下，再遇上适宜的温度（气温在18摄氏度左右）等条件，蓝藻就可能爆发疯长。大量浮藻覆盖在水面上，像一层粘糊糊的“绿油漆”，专家们为它取了个靓丽的名称——蓝藻水华。水华爆发时，水中的溶解氧被蓝藻大量消耗，鱼类等其他水生生物因缺氧而死亡，水体不仅变了颜色，还有臭味。

长期如此，湖泊失去了功能，成为死湖。

长三角地区水质污染较为严重，导致湖水水质富营养化程度加剧，而这却恰恰促使了蓝藻大量繁殖。再加上长三角地区的高温天气和阳光的暴晒导致蓝藻在岸边死亡、腐烂，发出刺鼻的臭味，污染了湖水，进而污染了周边的生活用水。

四是地下水过度开采，地下水位下降，形成大面积漏斗，致使地面沉降。上海市自1921年以来，400多平方公里的城区总沉降量达1.957米，近25年由于地面水回灌，沉降速度明显减少，但4个沉降中心的年沉降量仍在1厘米以上。苏、锡、常地面沉降平均40—50厘米左右，嘉兴平均沉降73厘米，加重了暴雨积水和洪涝灾情。

迅速恶化的水土环境不仅不利于生态文明的发展，更加使现存的生态文明成果受到损害。水土是一个区域发展的基础，生态文明的根本也是人与自然的和谐相处。目前长三角地区水土资源的情况，已经对生态文明的生成和发展造成了威胁。

面对长三角地区水土环境的特点，可以从以下几个方面进行城乡建设及生态保护，以达到促进生态文明生成与发展的目的。

(1) 保持长江三角洲地区合理的人口容量，以避免人口和城市规模的过度膨胀。

(2) 明确长江三角洲地区各城市的分工与合作。每个城市，可以根据自己的特色和能力来进行专业化的分工，比如，杭州市应该突出其作为日内瓦型国际旅游城市的功能，控制重工业的发展。可以减少不必要的环境污染和资源浪费，使所有的资源能够最有效地得到利用。

(3) 集约利用土地。贯彻基本农田保护政策，调整城市及乡镇企业布局以缩减工业用地，加强全社会珍惜土地、依法用地的意识，还要合理有序地开发城市土地的地下空间。

(4) 采取果断措施治理环境污染。严格控制污水排放总量和排放标准。各工厂要做到废水达标及冷却水循环使用，城市要完善污水处理装置并保证常年正常运行。

疏浚河道，清除污泥。推广有些地区分区包干、谁疏浚谁得益的经验，疏浚河流。

加强环境保护投入，建立环境保护经济补偿及造血机制。

完善环境保护法，提高全民环境保护意识，把环境保护作为考核政绩的重要内容。

2. 长三角地区在农业生产上具有多样性、多宜性和多熟制的特点，这对生态环境的发展有着较大的影响。生态环境的发展，需要一个平衡的自然环境。长三角地区农业生产上的特点，为建立立体农业和发展多种经营提供了良好的自然条件，而立体农业利于生态文明的生成和发展；多样性、多宜性和多熟制使整个生态圈处于不断的更新之中，利于生态的稳定。

3. 农业内部集中程度相对缩小，利于建立全方位的格局。由农业内部比例的变化分析可知，各省市都出现集中程度缩小的趋势，原来占大比例的种植业和畜牧业比例呈下降趋势，渔业的比例上升，这说明农业内部结构单一的局面得到改善，农业生产适应人民生活水平提高的需求而产生的多元化较为明显，达到了一个稳定而均衡的格局，利于农业的发展，进而促进了生态文明的生成和发展。

（三）工业内部结构特点对生态文明的生成与发展的影响

由于工业内部复杂的特点，使整个工业结构对生态文明的生成与发展具有错综的影响。

1. 长三角地区内部结构不平衡，不利于生态文明的生成与发展。长江三角洲地区内部发展结构不平衡，呈阶梯状态势。上海市处于最高的发展层次，江苏省与浙江省处于阶梯的底部，处于工业化的中后期水平。这很可能导致处在阶梯下面的省份加快赶超处在阶梯上端的省份，比如，没有进行充分的考证而盲目进行工业生产，带来了一系列的环境和人文的破坏；而在阶梯上端的省份为了避免被追赶，也加快了工业发展的步伐，其中不免出现不合理的因素。

2. 制造业的比较优势，对生态文明的生成与发展有一定的负面影响。制造业所产生的废气、废水、废渣对生态环境的破坏是很大的，但是，面对经济增长的需求，逼迫人们采取“先发展，后治理”的方法。由于长三角地区制造业的优势，更加导致了这一区域加大发展制造业的动力，进而对生态环境的破坏更加严重。

3. 行业内部的专业化分工，利于生态文明的发展。各地区在工业行业内存在着比较优势的差异，专业化分工的趋势正在加强。上海市的工业结构倾向于重化工业和装备工业，资本密集型和技术密集型产业的比较优势显著；江苏省的传统工业仍占有主导地位，高加工度和技术知识密集型行业增长较快，资本密集型行业具有比较优势；浙江省工业优势主要集中于劳动密集型产业，纺织、服装等轻工业的竞争优势显著。分工使不同省份可以专心进行优势产品的开发和生产，有效利用资源，降低了生态环境的破坏。

（四）服务业内部结构特点对生态文明的生成与发展的影响

1. 从城市或区域的角度看长三角地区的服务业，其处于以上海市为核心的“极化”阶段，形成以上海市为核心遵循空间距离衰减原理对外辐射，尤其在消费性服务业部门；南京市和杭州市，尤其是南京市在长三角地区服务业的次中心地位相对下降，主要是吸引范围或腹地由于被上海市更强的吸引而削弱。

2. 从服务业内部四个主要部门的动态变化看，消费性服务业是长三角地区服务业的主要增长部分之一，但增长势头趋缓，属于平稳增长的部门，属于“成熟行业”；生产性服务业是长三角地区服务业的主要增长部分，而且增长势头旺盛，未来有望进一步加速增长，属于“成长行业”；公共物品性服务业和准公共物品性服务业是长三角地区服务业增长相对缓慢的行业，属于相对“衰退行业”。也就是说，长三角地区在交通运输、餐饮业等领域发展迅速，而在社会福利事业、文化、社会团体等领域相对发展较慢，即相对于经济的发展水平、人口素质还有待于提高。这对于整个生态文明的生成与发展，起到了提纲挈领的作用。长三角地区经济发展迅速，需要一个较高的人口素质和良好的第三产业内部结构来支撑整个区域生态文明的发展。第三产业的发展状况与生态文明的发展是互相促进的。因此，我们要协调三种服务业的比例和结构，争取使第三产业的发展走向合理化，为生态文明的发展建立良好的环境。

总体来看，服务产业已成为长三角地区服务业内部的主要增长部门，而且还呈加速发展的趋势，说明长三角地区城市内服务业的活动和功能不再局限于政府管理和公共服务，而且正成为区域和城市经济增长的主要动力之一。

农业、工业以及第三产业的发展，对于生态文明的发展有着至关重要的作用，我们要结合各个产业内部的结构特点，根据实际情况调节各个省市以及区域内的比例，以便形成良性产业结构，利于生态文明的生成与发展。

第二节　外来投资对生态文明的生成与发展的影响

长江三角洲地区作为中国最大的核心经济区，拥有优越的自然条件和区位优势、良好的经济基础，科技和文化教育事业发达，对外资有较大的吸引力。近几年来，虽然长三角地区的外来投资仍在增加，但是增幅较之前几年有所降低。外来投资在数量和规模上的变化，给生态文明带来了一定的影响。

一、长三角地区外来投资

（一）外来投资的动力

外来投资由于各国情况、企业性质以及产业类型的不同而不同，投资的策略也不同。在长三角地区，外来投资的主要动因有以下几点：

1. 以开发市场为目的。这主要体现在跨国公司的发展上。一方面，为了突破贸易障碍，一般贸易国实行了贸易限制，阻碍了企业的正常进口，因而很多企业进行了对外直接投资，在当地设厂生产；另一方面，为了稳定和扩大市场而进行的投资，占据了外来投资的较大部分。企业在对出口市场的开发达到一定程度之后，在出口国当地直接投资进行生产和销售更为有利，从而导致很多企业的对外投资。最后，还有一部分是为了开拓新市场而进行的投资，多数情况下，技术上的优势和规模经济都会带来直接投资。中国成为全球重要的市场，已经是不争的事实，而长江三角洲地区人口密度大，各方面条件吸引着外来投资。再加上中国已经加入了 WTO，减少了外来投资的障碍，利于跨国公司开拓、扩大中国市场。

2. 以降低生产成本为目的。本国的投资之所以有流向他国的倾向，某些情况下是因为他国可以降低生产成本，较之于本国的生产，成本较低。直接利用低成本的投入，可以提高企业的经营效果，这一动机不仅限于发达国家的对外直接投资，且在发展中国家和地区的对外直接投资中也存在。长三角地区之所以吸引投资额，直接原因是该地区目前劳动力价格尚有一定优势，土地资源、资金成本、技术价格也相对比较低廉。

3. 以减少风险为目的。正如“一篮子货币”政策，不能“把鸡蛋都放在一个篮子里”。企业仅在一国经营，无法回避一国经济周期波动以及政治经济突发事件的不利影响；把资本用在多个国家里，因为各国情况不同，可以分散风险。中国政局稳定，经济处于高速发展时期，是外来投资公认的投资热土。长江三角洲地区具有独特的区位优势，对外来投资更加具有吸引力。

4. 以转嫁环境污染为目的。环境污染是世界性话题，发达国家环境污染问题日益严重，为了整个国家长远的发展，许多发达国家严令禁止在国内从事易造成污染的产品生产，从而促使企业将投资转向国外，尤其是发展中国家。中国目前处于粗放型向集约型转变的过程中，因此在一定情况下，环境保护往往让位于吸引外资。在长江三角洲地区的外商投资结构中，投资制造业的比例占 70% 以上，给本来就严重的环境污染带来更沉重的压力。

5. 以推进全球发展战略为目的。推进对外投资，是实行全球发展战略的具体步骤；对外投资，是进行全球扩张的一种经营战略。因为特有的资源优势和市场优势，中国成为了外来投资的重要战略基地，而长江三角洲地区更具有成为全球“投资圣地”的有利条件。这主要是因为劳动力成本低、良好的工业基础设施和工业本身配套能力较强。另外，长三角地区还有国内广阔市场作为后盾，利于规模经济的形成。

（二）外来投资分析

1. 投资总量情况。长三角地区的外来投资吸引力是很大的，尤其是东南亚金融危机之后，投资总量达到了迅速增长的势头：2003 年，全年跨国公司直接投资项目的个数比 1998 年增长了 3.5 倍，实际投资金额增长了 2.3 倍；长江三角洲地区占全国跨国公司的比重从 25% 上升到了 51%，已经和珠江三角洲地区共同成为中国经济的两大“发动机”。

但是，2004 年以来，长江三角洲地区投资的增幅开始出现下滑：2004 年 1—9 月，合同、实际 FDI 分别增长 22.5%、2.76%，增幅同比下降 1%、34.2%。其中，江苏省合同、实际 FDI 为 287.33 亿美元、99.51 亿美元，同比增长 30.3%、12.7%，增幅下降 23%、85%；浙江省为 99.63 亿美元、42.33 亿美元，增长 22.7%、27.8%，增幅分别下降 44%、34%（见表 4-1）。

表 4-1　　长江三角洲地区外商投资趋势

协议项目：个；金额：万美元

项目	1998 年	1999 年	2000 年	2001 年	2002 年	2003 年
协议项目	4273	4510	6662	9127	12137	16064
协议金额	1524996	1322911	2118207	3070319	3733764	5392457
实际吸引外资金额	1160803	1097977	1342727	1674363	1855617	2710150

资料来源：根据上海市、江苏省、浙江省历年统计年鉴整理。

2. 资金渠道。长江三角洲地区的投资主要来源于中国港、澳、台地区。其原因一方面是由于中国港、澳、台与中国大陆血浓于水的关系，有着相同的文化背景和深厚的血缘渊源；另一方面是因为，大多数劳动密集型产业已经在中国港、澳、台当地丧失了投资成本低的优势，迫使投资者向外扩展投资空间。目前，中国港、台的投资比重仍然超过外来投资总量的三分之一。近年来，由于长三角地区人才资源丰富，知识存量较高，因此带动了很多发达国家也把资本投向这里，使得长三角地区投资格局有所变化（见图 4－13）。

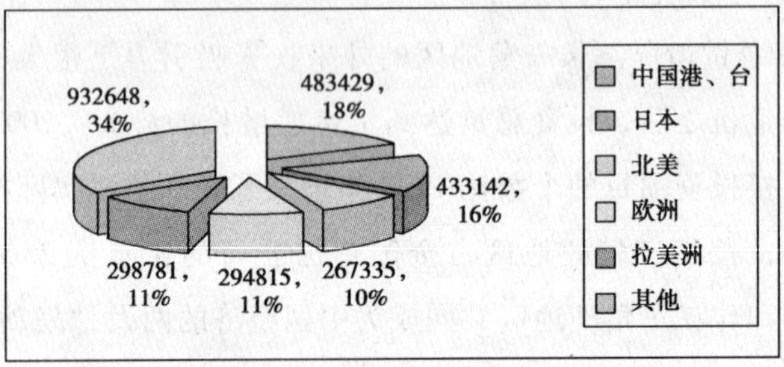

图 4－13　长江三角洲投资来源分布

（2003 年各地区实际投资金额　　单位：万美元）

资料来源：根据上海市、江苏省、浙江省历年统计年鉴整理。

3. 投资产业结构。外来投资在长江三角洲地区的分布上，有着自己的特点。从该区域的产业分布上看，由于农业开发投资大、回收周期长、利润率、风险较大等，与外商直接投资企业追求的短期盈利目标不太符合，导致外商投资的比重很低。第二产业吸引了很多外来投资，原因在于其中主导的制造业在较长时期拥有巨大的本土市场以及劳动力供给和低成本等比较优势，吸引了绝大部分的外来投资。第三产业有着自己全新的特点。由于服务业投资回收容易，而且容易形成固定客户，增长较快。第三产业比重占据了跨国公司总投资额的 21%，其中房地产、金融和保险占了绝大部分，其他服务业的发展相对落后。

4. 投资方式的转变。投资方在“东道国”的投资风险逐渐降低，是因为中国投资环境和法律制度不断完善，外来投资为了保证全球化目标和自身利益最大化，已从合作、合资的次优选择逐步过渡到独资或控股的最优选择上。投资方式从1998年的合资和独资齐头并进到2003年独资的一枝独秀保持到现在，充分体现了外来投资形式的转变。随着中国市场限制的逐步放宽，外来投资的独资比重必将进一步上升（见表4-2）。

表4-2　长江三角洲投资方式发展趋势　单位：万美元

	1998年	1999年	2000年	2001年	2002年	2003年
合　资	519331	523220	424228	496054	503075	731473
合　作	131147	107141	85064	86960	90756	83665
独　资	463898	459700	610044	788210	1229579	1889006

资料来源：根据上海市、江苏省、浙江省历年统计年鉴整理。

（三）外来投资对长三角地区的经济效应

投资在长三角地区，一方面，可以通过要素投入数量的集聚形成产业集聚，比如国际资本持续流入，可以促进经济增长；另一方面，提高要素质量、提高要素使用的效率，也可以促进经济的增长。产业的集聚促进资本进一步集聚，对长三角地区产生技术外溢、结构升级以及开发人力资源的效应，使长三角地区具有更强的竞争力。

1. 外来资本。一个地区发展最直接、最迅速的方法，就是直接对其进行投资，长三角地区也不例外。外来投资增加了长三角地区资本的来源，有利于弥补现存的储蓄缺口，外来资本直接可以形成生产能力，较大程度上解决了中国经济发展的资金短缺问题，促进了中国经济的稳定。但是，外来资本也很可能产生负的效应，即在当地进行融资，把本地企业挤兑出去，这也是在引进外来资本的同时需要防范之处。

2. 技术外溢。外来投资的流入，在长三角地区开发了很多企业，这对于本地的企业是一种示范作用，一方面，带动本地企业加大开发力度，积极向外企“持平”；另一方面，长三角地区的企业不仅可以实现技术进步，还可以激发本地企业积极学习先进技术，提高自身的创新能力，扩大长三角地区的市场竞争力。

3. 开发人力资源。外来资本很多采用跨国公司的形式，跨国公司很注重员工的培训工作，把提高员工的素质视为增强企业竞争力的关键。通过人才培养，跨国公司在给自身带来收益的同时，也带动了长江三角洲地区人力资源的开发，提高了科技、管理人才的素质。此外，跨国公司建立了相当规模的培训中心，通过培训，使长三角地区的管理人员能够掌握先进的技术和管理经验。外资企业里的员工，可以通过与国内企业的交流，将掌握的技能和知识传播开来，为长三角地区的发展提供了技术支持。

二、外来投资对生态文明的生成与发展的影响

（一）外来投资加大了长三角地区环境所能承受的压力

外来投资对近几年长江三角洲地区的发展起了不可磨灭的作用，使长三角地区在全国的经济地位和作用日益凸显。然而，外来投资很多是以转嫁环境污染为目的。随着外商投资不断地加大力度以及投资形式的转变，对于长江三角洲地区的生态影响也日益严重，外来直接投资加大了环境所能承受的压力。

1. 外商投资污染较严重的行业分析（以浙江省为例）。仅就浙江省2003年的数据显示，外商投资污染密集型和严重污染密集型行业企业的数量占该行业企业总数的比重分别为11.4%和13.5%，其工业总产值分别占各自行业的19.3%和18.3%，工业增加值分别占19.1%和18.7%，产品销售收入分别占15.4%和18.1%，利税总额分别为17.2%和16.4%[①]。

外来投资对于不同行业的污染结构，可以通过以下指标来考察（见表4－3）。

---

① 莫建备等：《大整合 大突破 长江三角洲区域协调发展研究》，上海人民出版社2005年版，第438页。

表 4-3　　2003 年主要外商投资主要污染行业占该行业总量　　单位:%

行业/按行业分类	企业数	工业总产值	工业增加值	产品销售收入	利税总额
污染密集型行业					
非金属矿采行业	3.28	1.99	1.43	2.14	0.39
农副产品加工业	12.62	33.69	33.18	34.88	26.52
食品制造业	23.33	37.72	39.57	41.23	43.77
饮料制造业	10.53	16.83	22.70	16.48	17.77
印刷业和记录媒介的复制	7.58	21.13	22.40	22.03	28.63
医药制造业	12.84	12.91	18.50	12.03	20.02
橡胶制品业	11.11	54.49	57.23	55.47	54.81
塑料制品业	12.97	16.18	19.91	16.16	20.43
黑色金属冶炼及压延加工业	6.12	16.63	10.30	15.01	14.69
有色金属冶炼及压延加工业	4.14	5.64	4.46	5.66	2.68
电力、热力的生产和供应业	13.31	17.85	14.09	4.96	9.04
严重污染密集型行业					
纺织业	15.12	17.51	18.61	17.71	17.94
皮革、毛皮、羽毛（绒）以及制品业	20.44	28.23	26.74	28.00	22.70
造纸及纸制品业	4.96	17.66	18.97	18.72	19.22
石油加工、炼焦及核燃料加工业	29.63	6.95	3.55	6.13	1.57
化学原料及化工制品制造业	12.36	20.82	22.04	19.57	22.36
化学纤维制造业	15.63	21.73	24.58	21.50	23.67
非金属矿物制品业	6.79	10.15	10.38	10.27	7.70

资料来源：《浙江统计年鉴 2004》。

由表 4-3 可知，在污染密集型行业中，外来投资主要的污染行业是农副产品加工业、食品制造业、印刷业等等，其工业总产值占该行业的比重均超过 20%。在严重污染密集型行业中，皮革、毛皮、羽毛（绒）及其制品业是重点污染行业。在这些污染密集型的行业和严重污染密集型行业中，外来投资占该行业的构成程度比较高，也就是说，外来投资的行业逐渐向污染密集型和严重污染密集型行业扩张。

2. 外来投资倾向污染行业的原因分析。目前，中国环境标准相对于外商本国较低，这就导致了在中国进行某些行业的生产成本要低于在外商本国，这样，使得外来投资在长三角地区设立了很多污染密集型行业；大多数发达国家在污染密集型行业的生产上，在本国内已经达到了成熟的阶段。这就迫使他们将开发空间逐渐深入到国外，尤其是成本相对较低的发展中国家；另外，为了享受合资企业有税收等一系列的政策优惠，很多企业通过“合资企业”这一模式在经营，而实质上与已有的内资行业没什么差异。

（二）外商直接投资独资化趋势加强对生态的影响

1. 独资化趋势。改革开放以来，尤其是20世纪90年代以来，外商直接投资（以下简称“外资”）推动了长三角地区制造业的结构调整和升级。合资经营越来越少，独资经营越来越多（见表4－4）。

表4－4　长江三角洲地区外商直接投资的独资化趋势　单位：%

年份	合资经营	合作经营	独资经营
1990	77.0	19.4	3.6
1991	81.2	6.4	12.6
1992	64.5	6.3	7.8
1993	67.5	10.8	19.1
1994	61.6	20.6	16.3
1995	64.0	15.7	19.8
1996	56.9	13.8	27.2
1997	48.3	11.1	40.5
1998	44.7	11.3	40.0
1999	47.7	9.8	41.9
2000	37.9	7.6	54.5
2001	36.2	6.3	57.4
2002	27.1	4.9	66.3

资料来源：上海市、江苏省、浙江省历年统计年鉴。

由表4－4可以看出，外资在中国的独资化趋势越来越强烈。虽然外来投资对长三角地区的发展起了一定作用，但是其中也有着较大的不确定性和风险。改革开放初期，在对待外来投资方面也有很多政策性限制，但是为了发展社会主义商品经济，同时中国在引进外来投资上给与了很多的优惠政策，这也加大了外资流入的可能性。

随着中国对外开放进程加快，很多行业的政策限制在逐渐放宽。而且外来资本对中国的市场有了充分的了解，这样也促使了外来投资倾向于独资化。

2. 独资化对生态文明的影响。外来投资者看重长三角地区的廉价劳动力和转嫁污染。其在投资过程中，为了追求利益最大化，外资企业又倾向于投资污染行业。在合资经营或合作经营的环境下，中国国内的资本可以对这些破坏生态环境的倾向加以克制。如果外商处于独资状态下，则可以轻易避开对盲目排污行为的制约。在独资化趋势日益增强的形势下，外商投资在一定程度上不仅破坏了长三角地区已形成的生态文明圈，还阻碍了生态文明的进一步发展。

（三）投资产业结构对生态的影响

长三角地区的第二产业吸引了很多外来投资。第二产业中，制造业是外来投资中较大的部分。然而制造业是现今对自然和社会生态环境扰乱最大的一个行业。制造业对长三角地区产生了一系列的环境污染，如"温室效应"、酸雨、臭氧层破坏等。这也是全球十分关注的生态环境问题。它们破坏了生态圈，使生态链极易断裂，不利于人们健康。

外来投资集中其力量于制造业，并逐渐走向独资化，长时间累积了对长三角地区的生态环境产生的影响。在解决这一问题上，要全方位地考虑各方面的因素，既要发挥外来资本有利的一面，又要对其进行适当的约束，以达到不阻碍生态文明的生成与发展的目的。面对提高经济水平与发展生态文明在引进外来资本上的矛盾冲突，我们需要从长远出发，寻求适宜的解决对策。问题的关键在于，我们要注重利用外资的质量，提高利用外资的水平和效率，减轻外来资本对长三角地区的污染。

1. 在引进外资时，不要采用直接引进的方法，这样会促使外资以收益最大化为目的，进而不在乎环境成本。我们可以由资金流量的引进方式转为向技术创新与制度移植为重点。政府可以对引进技术和制度的外资给予优惠。

2. 调整引进资本的结构导向。长三角地区的发展已经具有一定的规模，因此该地区的发展应该以结构优化为基本的导向。通过产业导向等途径把外商直接投资项目更多地引向需求增长快、生产污染少的领域。

3. 政策标准上要调整。在参考国际环境标准的前提下，要制定严于中国现存环境标准的新标准以有效地规范和约束外来投资。作为最发达的长三角地区，其环境标准不能只停留在全国统一标准上。只有更加严格的标准才能给予外资以政策导向，不断降低外资利用的社会成本。

第三节　城市建设对生态文明的生成与发展的影响

一、长三角地区城市建设的现状及特点

（一）长三角地区城市建设总体概况

长三角地区各城市地域相连，文化相近，经济相融，人缘相亲，相互联系十分密切，从而形成具有一定影响力的城市群。近年来，长三角地区城市群在区域一体化发展的基础上，区域内基础设施特别是交通设施网络化逐渐形成全面联通、经济社会信息化极大发展、城市绿化建设也不断发展和完善。

目前区域内有京沪铁路、宁启铁路、沪杭铁路、新长铁路、陇海铁路等众多主要铁路干线穿越其中，还有许多城际高速铁路，如京沪高速铁路；有沪宁高速公路、宁杭高速公路、苏嘉杭高速公路、沪杭高速公

路、杭甬高速公路、苏州绕城高速公路，杭州绕城高速公路、锡澄高速公路、江苏沿江高速公路等密如蛛网的高速公路体系；有上海浦东机场、虹桥机场、浙江杭州萧山机场、宁波栎社机场等一系列的国际机场，还有温州永强机场、台州黄岩路桥机场、南京禄口国际机场、常州奔牛机场、无锡苏南国际机场、南通机场、徐州观音机场、连云港白塔埠机场、盐城南洋机场等各城市机场；有上海港、洋山深水港、南京港、苏州港、乍浦港、北仑港、舟山港、台州港、南通港等港口；有南京长江大桥、南京第二长江大桥、江阴长江大桥、润扬长江大桥、苏通长江大桥、南京第三长江大桥、东海大桥、杭州湾跨海大桥等众多承载重要交通功能的桥梁。

此外，2010 年上海世博会的举办将拉动上海及周边地区交通网络的建设，促成长三角交通网络的全面对接。第一，以建设国际航运中心为抓手，联合江浙两省的港口，尽快形成以上海港为中心，服务于整个长三角地区乃至全国其他区域的长三角组合港；第二，以城际快速交通网络为重点，推进轨道交通的跨区域对接；第三，加快陆上公路、内河航运的网络建设；第四，进一步完善提高交通管理水平，并为智能化交通的实施创造条件。

（二）上海市城市建设概况

近年来上海城市建设不断取得新进展，枢纽型、功能性、网络化的城市基础设施体系建设加快推进。2003—2007 年，全市用于城市基础设施建设的投资累计达到 4754.81 亿元，占同期全社会固定资产投资的比重为 27.2%。城市基础设施网络不断完善，为进一步改善上海市投资环境、扩大对外开放、增强城市综合功能创造了有利条件。

上海市紧紧围绕城市现代化发展战略目标，科学统筹，加快推进，相继建成了一批跨黄浦江的大桥、隧道、高架路、高速公路、轨道交通、国际机场、洋山深水港等标志性重大城市建设工程。2007 年，上海市重大工程建设完成投资 869.92 亿元。2010 年配合中国 2010 年上海世界博览会的召开，地铁 6 号线、8 号线、9 号线、4 号线和 1 号线北延伸段及

7号线等轨道交通项目、罗泾港区二期、浦东机场扩建、虹桥交通枢纽工程等重大城市基础设施项目建成并投入运营。

上海市的公交交通，其线路、车辆、载客量均居全国第一。目前上海市已形成由铁路、水路、公路、航空、管道等5种运输方式组成的具有相当规模的综合交通运输网络。上海港是中国大陆最大的枢纽港，共有47个客运站，长途班线1611条，可抵达全国14个省市的660个地方。全市已形成了由地面道路、高架道路、越江隧道和大桥以及地铁、高架式轨道交通组成的立体型市内交通网络。

上海市十分注意绿化建设，至2007年末，上海城市园林绿地面积3.18万公顷，其中，公共绿地面积1.39万公顷。城市人均公共绿地面积达到12.01平方米。绿化覆盖率从2002年的30%提高到37.6%。近年来，上海市相继建成的延安中路绿地、太平桥绿地、黄兴公园、大宁绿地、徐家汇公园、延虹绿地、世博林绿地、滨江森林公园（一期）、广中绿地等一批大型开放式生态景观绿地，使城市生态环境得到显著改善。

（三）江苏省城市建设概况

近年来，江苏省大力加强重大基础设施和重大产业项目建设，完成全社会固定资产投资3.8万亿元，其中2006年完成10064亿元。相继开工建设并建成淮河入海水道、沪宁高速公路扩建、沿海高速公路、宁通铁路、新长铁路、南京地铁一号线、南京新火车站、田湾核电站、南京奥体中心等一批交通、通信、电力方面的重大项目，尤其是公铁水空管综合交通运输体系更趋完备。到2006年底，高速公路通车总里程达3355公里，实现了联网畅通，是全国高速公路密度最高的省份；内河航道总里程2.48万公里，占全国的1/5，总里程和密度均居全国第一；港口和航道建设投资分别比上年增长83%和66%，港口运输量达8.5亿吨，集装箱运输量达424万标箱，7个省辖市建有航空港。已建和在建过江大桥有6座，其中苏通大桥是世界第一斜拉桥，创造最大主跨径、最深桩基、最高桥塔、最长斜拉索四个世界第一；润扬大桥是中国第一、世界第三特大跨径悬索桥。发电装机容量超过5300万千瓦，比2000年增加

3400万千瓦，全社会发电量、用电量均居全国第二。局用电话交换机总容量4579万门，列全国第三。

江苏省在生态城市建设方面也取得了很大的成效，以苏南为例，苏南四市通过政府引导、市场运作，探索出了一条多元化的环境保护和生态建设的投入机制，为生态市建设提供了强有力的资金保障。几年来，苏南四市的环保投入指数均超过GDP的2%。以常熟市为例，2002年以来，5年间完成总投资80.3亿元，建成42项环境保护和生态建设重点工程。同时，他们还按照市场运作的要求，在污水处理、垃圾焚烧、工业污泥处置等环境保护基础设施建设中，鼓励民间资本、外来资本进入环保领域。目前，各市的污水处理厂、垃圾焚烧发电厂等项目都是采用BOT、BOO、BOOT方式建成的。

苏南四市在加强污染治理的同时，都加大了生态环境建设的力度，逐步由被动型的污染控制转向主动型的生态建设，并且在实践中不断地探索生态建设的新方法、新模式，提高城市生态环境的总体水平。结合基础设施建设推进生态建设。苏南四市这几年道路、桥梁等基础设施建设较多，四市紧密结合各项工程的实施，垒山、引水、栽花、种草、建林、造园。例如，张家港市区的暨阳湖生态园，整个园区建设与张家港境内建设沿江高速公路是同步规划、同步实施的。市政府根据专家建议实施集中取土，并在取土之处建设生态园区。占地300多亩的生态湿地与野生岛、生态林、休闲广场融为一体，成为张家港又一片绿色海洋和“城市之肺”。江阴市在长江大桥建成通车后，依山沿江建设了大桥公园供市民参观游览，还在引桥的两旁种草植树，建起连绵的绿化带。发动全民参与，实施优化人居环境的“五大工程”。围绕“处处都有好环境，天天都有好心情，人人都有好身体”的目标，苏南四市都实施了清水工程、蓝天工程、家园工程、绿色工程、宁静工程“五大工程”。

按照“农村城市化、城市现代化”的总体规划，苏南四市全面调整市域城镇空间结构，加快实施了“工业向园区集中，居住向城镇集中，农民向社区集中”，腾出空间进行大规模的生态建设，同时结合旧城改造和乡镇合并，建设绿地景观，从而初步形成了产业布局合理、生态功能完善、生态环境优美的城乡布局。

（四）浙江省城市建设概况

伴随着经济社会的持续快速发展，浙江省城市规模呈现不断扩大的趋势。城市建设资金投入显著增加。随着城市规模扩大和城市基础设施更新改造步伐加快，城市发展建设投资数量总体上也呈现不断扩大的趋势。2001 年全省城市建设资金投入比 2000 年增长了 48%，2002 年又在前一年的基础上增长了 36.7%，2003 年再增长 47.3%，2004 年由于受国家宏观调控的影响，投资有所下降，但是只降低了 0.06 个百分点。“十一五”期间，浙江省还将着力建设“九大设施体系”。

浙江省水、电、路等基础设施建设与改造不断完善。近年来，浙江省城市内部道路的拓宽改造、城市功能区之间道路的大规模建设以及城市环城高速公路、轨道交通等建设如火如荼。根据《浙江省城市建设统计年鉴》，2001 年到 2004 年，浙江省人均道路面积从 9.87 平方米增加到了 13.95 平方米；路网密度从 0.56 公里/平方公里增加到 0.98 公里/平方公里；排水管道密度从 8.39 公里/平方公里增加到 10.79 公里/平方公里。

但是，浙江省的城市建设也存在不少问题，许多城市的园区道路与绿化用地严重失控，实际工业用地面积比重偏小，园区（开发区）得地率偏低。资料显示，全省 134 个园区中的工业用地面积平均只占已开发面积的 63.1% 左右。还有不少园区存在着供而不用的情况，闲置浪费了大量土地。此外，园区（开发区）投资强度与产出水平不高。在全省 134 家园区（开发区）中，截至 2004 年 6 月，基础设施投资强度低于每亩 10 万元以下的占全部园区数的 58.2%。企业投资强度平均每亩为 85 万元，每亩低于 40 万元的占全部园区数的 22.3%，每亩 40 万元到 80 万元的占全部园区数的 29.8%，每亩 80 万元到 120 万元的占全部园区数的 14.9%，70% 左右的园区（开发区）投资强度低于 120 万元。而在产出方面，每亩产出低于 40 万元的占全部园区数的 47%，40 万元到 100 万元的占全部园区数的29.8%，100万元以上的占全部园区数的8.4%[①]。

二、城市建设对生态文明的生成与发展的消极影响

（一）气候变化

在城市建设过程中，由于地面硬化改变近地面气流场，会强化城市的“热岛效应”，即在城市及其周围地区的气温水平分布图上表现为城市被气温高的空气覆盖的地区呈岛状，产生这种现象的原因之一是由于城市地面的开发活动，大面积的城市地面覆盖材料产生很强的热反应，热气流上升形成地面气流场。据测定，在太阳直射的情况下，沥青场表面温度最高，其次为混凝土，再次为干土，最低为草坪。在树荫下，上述各种材料的表面温度高出气温的热反应规律也符合上面的顺序，但比阳光直射下的表面温度要低很多。由此可以看出城市绿化对生态环境的影响作用不可小觑，长三角地区城市建设中有大规模的建筑工程项目和众多陆交通如高速公路和城市公路，都用到大量的沥青和混凝土，如果没有合理的绿化覆盖城市，“热岛现象”会进一步恶化城市的气候和环境质量，影响市民的户外活动。

此外，城市中心区的气温比其他地区高，地表的不透水面积率与地表径流的增大也会产生在水文方面的负面影响，同时土地开发密度过大还会造成城市中心区严重缺乏开阔自由空间和城市绿地，也会导致“城市荒漠”的出现。这主要是由于城市扩张以及不合理的土地利用，建筑用地的无限度征用，缩减了绿化面积造成的。“城市荒漠”会给城市的发展带来很多环境问题并最终引起环境质量的全面恶化。

生态文明强调环境的可持续发展，城市建设引起的气候改变显然违背了生态文明发展的要求，不利于生态文明的生成和发展。

（二）地质损害

① 《浙江城市建设：现状·特点及问题》，百度·浙江动态，http：//tieba. baidu. com/f? kz = 125136015。

城市建设中工程的施工对地质的影响很大。一方面包括重大市政工程如地铁、隧道、给排水工程、通信工程、电力工程、输气工程、道路改扩建工程等；另一方面高层建筑基础工程如基坑开挖、支护、降排水、沉桩等。这些需要利用开挖或盾构掘进，并铺设各种市政管线，这就不可避免地造成城市地面沉降问题。地面沉降所造成的破坏和影响是多方面的。其主要危害表现为地面标高损失，继而造成雨季地表积水，防泄洪能力下降；沿海城市低地面积扩大、海堤高度下降而引起海水倒灌；海港建筑物破坏，装卸能力降低；地面运输线和地下管线扭曲断裂；城市建筑物基础下沉脱空开裂；桥梁净空减小，影响通航；深井井管上升，井台破坏，城市供水及排水系统失效等。

城市建设造成的地面沉降是局部的，有时也是不可逆转的。以上海市为例，地面沉降已成为重要的城市地质灾害，严重影响社会经济的可持续发展。上海市城市基础设施建设迅猛发展，旧区改造、新居住区成片开发，大量高层、超高层建筑不断兴建，工程建设的地面沉降效应逐渐凸显。上海市的地面沉降主要因开采地下水引起，在集中开采区地下水位持续下降，引发第四纪松散地层的固结压缩，导致严重的地面沉降灾害。2003 年 7 月上海轨道交通四号线（以下称 M4 线）施工过程中突发的透水事故，继而出现沉陷和水淹就是一个催人警醒的例子。此外，上海市地处长江三角洲前缘，滨江临海，因开采地下水引发的地面沉降灾害也极大地增加了城市防汛排涝的严峻压力。

（三）建筑施工期对城市生态环境的影响

长三角地区轨道交通发达，由于轨道交通工程规模大、投资多、工期长，且多在人口稠密的市中心商业繁华区、居民住宅区以及车流量较大的交通干线施工，施工场地狭小，各项施工活动将对城市生态环境造成一定的影响：

1. 噪声和振动：施工过程中，产生噪声和振动的污染源主要是各种施工机械，如各种大型挖土机、空压机、钻孔机、打桩机等；各种施工运输车辆；拆迁工程和道路破碎作业等，施工噪声和振动会给地铁沿线的敏感建筑物以及市民的生活带来明显影响。

2. 扬尘污染：施工期间由于地表植被遭破坏，土层裸露，在风力的作用下粉尘扬起，同时各种施工车辆运输时将产生大量的二次扬尘，因此，施工过程中的扬尘不容忽视，它将加剧城市的大气污染，恶化城市的大气环境质量。另外粉尘飘落在建筑物、花圃、树木枝叶上，影响市容。

3. 占用城市道路：市政工程施工占用城市道路，给城市居民的生活带来不便。施工会大大减少原有道路车辆的通过能力，使原有城市车流变化，打乱了城市正常交通运输的布局，引起周围或邻近路段交通拥挤甚至堵塞现象。施工不可避免地将影响城市市政工程中地面和地下各种管线和管道，如给水排水管道、煤气管道、热力管道、通讯电力管线等，一定程度上影响市民的正常生活。

4. 水土流失：地下路段明挖法施工开挖断面大，会产生大量的弃土，在雨季时，开挖断面自然形成储水的场所，易引起边坡坍塌，影响施工进度和道路畅通。尤其是暴雨引发地面径流，冲刷着施工断面裸露着的土层和松散结构的施工地坪，这些被冲刷污染的大气降水，形成一般含有垃圾杂物、泥土、砂石、油污的混浊泥水，是一种不可忽视的污染源。

5. 影响市容施工中的工程排水、施工垃圾、施工运输车辆和施工人员宿营地产生的各种污染物都将给市政排水系统和城市的绿化树木、街头建筑小品、市容环境卫生、城市景观带来一定的影响和破坏。

6. 施工设备的安装、建筑盯料和工程废土的堆放常常会给周围城市环境带来污染，给居民、行人和交通造成不便和不良影响。工地流出的废土、泥水，运输废土、废料的撒落，使工地周围道路泥泞，又经车辆和行人带到市区道路上，雨天泥水满街，晴天形成灰尘，污染空气，严重影响城市卫生和环境。

（四）对人类健康的危害

长三角地区各个城市现代化程度较高，尤其是上海市这样国际化的大都市，有众多鳞次栉比的高楼大厦，有仍在不断建设的CBD商圈，这些建筑都采用了许多新型建筑材料，许多建筑采用玻璃墙为外立面，这些玻璃多为镀膜玻璃，具有镜面效果。在太阳照射下，玻璃幕墙会产生强烈的反射和折射，形成了大楼周围光和热的污染，玻璃幕墙反射系数极高，大大超过了人体所能承受范围，成为现代化城市环境的新污染源。一方面造成街道车辆的光污染，影响行车安全；另一方面大面积的光柱通过附近多层居民楼的玻璃窗射向室内，不仅引起室内的温升，而且光亮耀眼，影响室内正常生活。此外，城市建设密度过高往往会破坏房屋的系统独立性，例如，水的独立性问题、阳光系统独立性的问题、负压的问题等等，甚至给疾病流行带来传播途径。长三角地区城市建筑密度过大，会破坏城市应有的和谐生态环境。

在生态文明的生成和发展过程中，人的因素至关重要，在适应自然和改造自然的过程中，要实现人与自然的和谐发展，在城市建设的过程中，人们应该尊重和保护环境，实现城市建设与人的发展全面协调。

三、城市建设给生态文明的生成与发展的积极影响

（一）轨道交通的好处

轨道交通的运营减少了汽车尾气的排放，改善了城市大气环境质量。地铁是电力牵引，不产生类似公交车辆排放的有害尾气CO、HC、NO_2等。因此，轨道交通的建设对城市生态环境具有十分有利的影响。

目前城市环境噪声主要来源于交通噪声，轨道交通的运营有助于城市交通噪声的改善。

轨道交通是城市立体交通，充分利用地下和地面空间，减少了由于发展交通而引发的大量拆迁安置费用。轨道交通安全、正点、舒适、快捷、大容量、低成本，是一绿色交通工具，是实现可持续发展战略的必然选择。而且轨道交通可改善城市目前的交通状况，并与现有的城市交通构成城市交通网络，对促进长三角区域城市建设和推动本区域经济发

展具有重大的意义。

（二）绿化景观和设施的好处

许多城市建有绿化面积很大的公园和绿色景观，这些公园不但增加了城市的绿化面积，形成了多层次立体绿化的城市景观效果，而且在炎热的夏季，对改善城市的气候会产生降温保湿的作用，减轻了烈日和暴雨对建筑物的侵蚀，有效地减少了城市的热岛现象和城市荒漠化，给附近住宅区的居民带来新鲜空气和视觉美观，对生态文明的生成与发展起到了不可估量的作用。

以苏南四市为例，苏南四市发动全民参与，实施优化人居环境的“五大工程”。围绕“处处都有好环境，天天都有好心情，人人都有好身体”的目标，实施了“五大工程”：

一是“清水工程”。各市都把水环境整治作为生态城市建设的重中之重。目前，苏南四市除城区建有二至三座污水处理厂外，已实现镇镇都建有污水处理厂。同时，各地还进行河道清淤，引水畅流，有效提高河道的自净能力。

二是“蓝天工程”。加快电厂脱硫除尘改造，给电厂安装静电除尘和高效脱硫装置；淘汰燃煤锅炉，实行热电联供，让天空再现蔚蓝的色彩。

三是“家园工程”。开展农村环境卫生综合整治，全面取缔露天粪缸，全面实行生活垃圾集中处理。实施农村改水，实现村村都通自来水，让全市人民喝上卫生合格的自来水。

四是“绿色工程”。在相继建成一批生态园区、公共绿地和道路绿化工程的同时，广泛开展绿色企业、绿色学校、绿色宾馆、绿色社区、绿色家庭等系列创建活动。

五是“宁静工程”。在拓宽城区道路、提高道路标准的同时，加强城区交通干道的噪声管理；开展建筑工地文明施工，实施封闭式施工，禁止夜间施工；开展城区服务业专项整治，对餐饮、娱乐、加工企业的扰民现象进行重点整治，有效地控制噪声污染。

由此可见，人们在发展物质生产力的同时，如果尊重和保护城市的自然环境和资源，坚持在可持续发展的基础上建设现代化城市，就会实现人与自然的协调发展，促进生态文明的生成与发展。

第四节　居民消费对生态文明的生成与发展的影响

一、长三角地区居民消费的现状与特点

（一）居民消费总体概况

长三角地区是中国人口高度聚集的地方，总人口占全国人口总数的10%以上，而且近年来仍然有继续上涨的趋势，由于长三角地区经济比较发达，人均收入水平处于全国较高水平，一直是吸引外来人口的主要汇聚地，使得该区域的居民消费水平也在全国之上。下面根据有关报告简析，以2008年的数据为例，概述长三角地区居民消费的总体概况：

1. 长三角地区居民消费情况与全国之比。从全国情况看，2008年全年社会消费品零售总额108488亿元，比上年增长21.6%，增速比上年加快4.8个百分点。长三角地区社会消费品零售总额17397亿元，比上年增长20.6%，增速比上年加快3.8个百分点，占全国消费品零售总额的比重达到16.0%，比上年下降0.2个百分点，增幅低于全国平均水平1.0个百分点。

2. 两省一市三大板块之间的比较。2008年上海市全年实现社会消费品零售总额4537.14亿元，比上年增长17.9%，占长三角地区的比重为26.1%，比上年下降了0.6个百分点。

江苏省沿江8市完成社会消费品零售总额突破7000亿元，达到7595.25亿元，同比增长22.8%，占长三角地区的比重由上年的42.9%上升到43.7%，提高0.8个百分点。

浙江省环杭州湾7市完成社会消费品零售总额5264.55亿元，同比增长19.8%，占长三角地区比重为30.2%，比上年下降0.2个百分点。

3. 消费总量和增速的比较。从消费总量来看，16城市消费品零售额差异较大，6个城市都超过了1000亿元。其中上海名列榜首，南京（1651.82亿元）、杭州（1558.38亿元）、苏州（1551.45亿元）、无锡（1391.48亿元）分列第2—5位。

从增速来看，江苏8市明显快于浙江7市，增速最快的是扬州，达到24.4%，南通（24.2%）列第2位，苏州（24.1%）、常州（24.1%）并列第3位。增速最慢的是上海，为17.9%。

4. 消费支出构成的比较。八大类消费支出中，食品仍是长三角地区城市居民家庭消费支出的重点。上半年，长三角16城市居民家庭人均食品支出2763元，同比增长12.9%，占消费支出的比重为39.0%。16城市中，有4个城市居民家庭人均食品支出超过3000元，分别是上海（3555元）、杭州（3259元）、宁波（3191元）和台州（3042元）。其余七类支出中，衣着消费以宁波为首，人均消费支出1013元；医疗保健支出以常州为首，人均消费支出674元；交通通信以杭州市为首，人均消费支出1305元；娱乐教育文化服务、居住、家庭设备用品及服务以及杂项商品与服务支出均以上海为首，人均分别消费支出1849元、1312元、857元和486元。江浙沪三地相比，八大类消费支出中除交通通信类支出以浙江7市居高外，其余各项支出均为上海市最高，其中上海市居民家庭人均食品消费支出分别比浙江、江苏高出633元、1031元①。

（二）居民消费支出结构变化特征

改革开放以来，人们的收入水平不断提高，消费观念也发生极大改变，消费支出结构呈现出新的特点。下面以消费总量占长三角地区第一位的上海市为例，分析近年来居民消费支出结构的变动特征。表4－5描述了上海市主要年份城市居民家庭人均消费支出构成。

① 《长三角16城市居民收入及消费水平同步增长》，http://www.zgxxb.com.cn/news.asp?id=13136。

表 4-5　上海市主要年份城市居民家庭人均消费支出构成　单位:%

年份	消费支出	食品	衣着	家庭设备用品及服务	医疗保健	交通和通信	教育文化娱乐服务	居住	其他商品和服务
1980	100	56.0	14.3	9.0	1.3	3.6	8.9	4.8	2.1
1985	100	52.1	15.3	11.9	0.5	3.0	9.2	4.3	3.7
1990	100	56.5	10.8	10.1	0.6	3.0	11.9	4.6	2.5
1995	100	53.4	9.6	10.9	1.9	5.5	8.6	6.8	3.3
1996	100	50.7	8.7	9.1	2.2	7.3	12.2	6.2	3.6
1997	100	51.7	8.1	7.7	2.9	5.8	12.1	8.9	2.8
1998	100	50.6	6.9	6.6	3.8	5.9	13.0	9.8	3.4
1999	100	45.2	6.7	9.3	4.2	7.1	13.3	10.2	4.0
2000	100	44.5	6.4	7.7	5.6	8.6	14.5	9.0	3.7
2001	100	43.4	6.2	6.2	6.0	10.3	15.2	8.5	4.2
2002	100	39.4	5.9	6.2	7.0	10.7	15.9	11.4	3.5
2003	100	37.2	6.8	7.2	5.4	11.4	16.6	11.6	3.8
2004	100	36.4	6.3	6.2	6.0	13.4	17.4	10.5	3.8
2005	100	35.9	6.8	5.8	5.8	14.4	16.5	10.2	4.6
2006	100	35.6	6.9	5.9	5.2	15.8	16.5	9.7	4.4
2007	100	35.5	7.7	5.5	5.0	18.3	15.4	8.2	4.4
2008	100	36.6	7.9	6.1	3.9	17.4	14.8	8.5	4.8

资料来源：上海市统计局：《上海统计年鉴 2009》，中国统计出版社 2009 年版。

从表 4-5 的数据可以分析出，改革开放以来上海市主要消费支出变化特征如下：

1. 食品和衣着支出比例趋于下降。以食品、衣着为代表的低需求收入弹性商品的消费支出增长速度下降，支出比例明显下降，但仍然是居民消费支出的最重要项目。居民消费从改革初期的“吃—穿—用”为重心的消费模式，演变为目前的“吃—娱乐文教服务—穿—住—用—行”为重心的消费模式。

2. 交通和通讯支出比例增幅最高。随着城市化快速发展，人们生活水平提高，一方面，出行方式和出行机会增多，加之城市流动人口增多，导致客车出行和使用频率提高，加之汽车工业的不断发展和人们对于出游和工作便利的考虑，使有一定经济能力的人们对私人汽车的需求不断增长；另一方面，通讯设施的不断完善、通讯科技的快速发展和通讯工具的更新换代日新月异，使人们对于通讯的需求日益增强，许多城市人为了满足多种社会角色的需求，同时拥有多部现代通讯工具，极大推高了通讯支出的比例。

3. 文化娱乐消费比例大幅增长。国际化都市生活节奏加快，人们生活压力加大，出游，看文艺演出，各种娱乐活动成为人们释放压力的有效方式，加之人们生活水平不断提高，这方面的需求也大幅度提高。

4. 居住成本上升。上海市的人口吸引力强、本地居民固有的消费价值观念、近年来经济发展迅速等多方面因素致使上海市的居住成本一直高居不下。近年来，外来人口流动过大，城市人口聚集不断增多，对住房的需求也有所提高，尤其是上海市这样寸土如金的城市，不断增多的人口更提高了居住的成本。

二、居民消费对生态文明的生成与发展的不利影响

随着长三角地区经济不断进步，居民生活消费需求由低档次向高档次递进，由简单向复杂多变性发展。这种消费需求的变化发展，一方面反映了经济社会的进步；另一方面我们也必须看到许多不合理的消费行为已给生态、资源、环境带来了越来越大的冲击和压力，使脆弱的生态系统不堪重负，破坏了生态平衡的发展，给生态文明的生成与发展带来了许多不利的影响。主要表现在以下几个方面：

（一）生物资源的耗竭

从表4－5可以看出，食物和衣着的消费比例近年来呈下降趋势，但是食物和衣着支出的绝对消费量仍然逐年递增，而且由于人们生活水平的提高和消费观念的改变，加之受国外发达国家消费主义文化的影响，

这两大消费类别的内部结构发生了重大的变化，这些变化给生态文明的生成和发展带来了前所未有的影响。

长三角地区居民的食物消费结构发生很大改变。随着收入的提高，生活水平的改善，长三角地区居民的消费结构发生了巨大的转变，人们不仅要吃饱，而且更加注重所吃食品的质量。粮食的消费越来越少，而高能量、高蛋白的食品如肉禽、蛋类、奶类以及水产品类，特别是水产品类，越来越成为人们消费的主流食品。鱼、虾等水产品作为高蛋白的食品，成为人们食品消费中的首选，再加上长三角地区拥有丰富的渔业资源，使得鱼、虾的消费量在蛋白类食品中占有绝对优势，大量的持续高强度的捕捞给长三角渔业资源带来了巨大的影响。以浙江省为例，目前，从捕捞物可知，浙江海洋渔业资源正面临着不断枯竭的困境：水产品绝对总量在下降，单位获鱼量不断下降。渔获群体组成小型化、低龄化，渔获种类组成低龄化、低质化现象日趋严重。海洋渔业资源作为一种可再生的自然资源，自身必须经历成长、繁殖和死亡的调节过程，因而其开发利用并不是无止境的，无限度的开发必然导致海洋资源受到严重破坏，使得生态文明的可持续发展受到阻碍。

(二) 水域污染

长三角地区有众多河流湖泊流经其内、环绕着城市，与城市的发展和人民生活息息相关。近年来，不断发生许多大的江河湖海的严重污染事件，东海、长江、太湖都遭到了不同程度的污染，其中许多与人类消费规模扩大和各种洗涤化学用品用量大幅度增加有直接关系。

衣物洗涤与家庭食品消费过程中产生的污水，是城市生活污水的最主要来源，这既有家庭衣物购买量上升带来的衣物洗涤量上升的原因，更主要的原因则是近年来城市居民普遍使用耗水量高的洗衣机代替人工洗涤和过多使用含磷洗衣粉造成的。致使许多河流、湖泊、海洋水体的富营养化过程中水体中的一些有害藻类以及水生植物恶性繁殖，从而破坏了海洋、河流与湖泊等水域生态系统的平衡。

此外，空调、冰箱、空调制冷剂氟利昂的广泛使用，导致上空大气层形成臭氧层空洞。没有臭氧层的保护，海洋中的浮游生物、鱼苗、虾苗和藻类也会因过量的紫外照射而大量死亡，从而也会威胁海洋生态系统的平衡。

（三）交通消费引起温室效应

从上面的分析中可以看出，长三角地区居民的交通消费比例逐年上升，私人汽车的增多使得汽车尾气已普遍成为城市的主要污染源，尾气中的二氧化碳是温室气体的主要成分，大量汽车尾气的排放，使大气层二氧化碳浓度不断上升，引起温室效应，导致海平面每年以一定的速度不断上升，而长三角区域沿海城市较多，如果这种态势继续恶化，在将来一些城市即面临着淹没的可能性。据科学家分析，若海平面上升200厘米，上海市将被淹没。

尾气含有的二氧化碳、铅化合物等污染物质排入大气，对人们呼吸系统的损害很大，导致许多呼吸类疾病的发生，此外，交通工具带来的噪音污染也使得城市变得喧闹嘈杂，使一些生物的生理机能发生改变，破坏了生态文明的发展。

（四）城市生活垃圾污染

生活垃圾的增长直接恶化居民的生活环境。家庭食品消费和家庭设备用品消费是生活垃圾的最主要来源。城市居民收入稳步提高，消费方式向多样化、高级化发展，日用品消费在城市居民消费支出中的比重上升，日益多样化的日用品消费产生的垃圾如废弃电池、电子产品成为城市生活垃圾的最主要来源。

长三角地区对外开放程度较深，人们受外来消费文化尤其是发达国家消费文化的影响比其他地区强烈，人们为追求高标准与高质量的生活方式，消费商品的种类不断增加，使生活垃圾的数量与日俱增。未经处理的工业垃圾与生活垃圾的数量必将与人们的消费水平同步增长。当中国成为经济大国的时候，也必将成为全球的垃圾生产大国。

据报道，中国仅城市垃圾的年产量能达1.5亿吨。这些垃圾不仅影响城市景观，同时污染了与我们生命息息相关的大气、水和土壤，对人们的健康构成严重威胁。垃圾不仅造成公害，更是资源的巨大浪费。据测算，在每年年产量达1.5亿吨的城市垃圾中，被丢弃的可再生资源价值高达250亿元。

（五）居住消费带来的影响

有一定经济基础的居民住房消费已由“温饱型”向改善型、享受型转变，特别是对住宅户型的要求趋向中大面积和多室多厅转变。居民住房消费的改变拉动住房施工面积不断增加，挤占宝贵的建设用地和城市绿地，从而使得其他城市建设只能不断压缩郊区良好的耕地资源。而且每年大量的住房更新，成为长三角地区固体垃圾的一个重要来源，加重了垃圾“围城”，给环境污染治理造成很大的压力。

三、合理的居民消费对生态文明的生成与发展的促进

绿色消费主题：一是倡导消费未被污染或者有助于公众健康的绿色产品；二是消费过程中注重对垃圾的处理，不造成环境污染；三是引导消费者转变消费观念，注重环保，节约资源和能源。倡导绿色消费是创建生态文明社会的必然选择，让绿色消费渗透到人们日常生活的吃、穿、住、用中是我们共同的奋斗目标。

1. 吃绿色食品。随着中国人民消费水平的不断提高和食品消费的不断升档，让人们更为注重具有较高的卫生质量、品质好、多营养、无污染、可健身等多重功效的绿色食品。得到认证的绿色食品都会有一个绿色标志，且绿色食品又分为A和AA两个级别，A级绿色食品在生产中允许限量使用某些化肥、农药、合成添加剂；AA级绿色食品完全不用化肥、农药、生长调节剂、畜禽饲料添加剂等合成物质，等同于国际上的有机食品。

2. 穿绿色服装。让追求天然成为时尚，使棉、麻、羊毛、蚕丝等天然纤维成为人们选用服装的首推面料，让服装融入舒适、个性和环保三大要素。运用高科技工艺制作服装，使其既不污染环境，也不危害人体健康，有着与人体肌肤同样的外形及功能，同时，冬暖夏凉。

3. 住绿色房屋。让天然建筑材料及装修材料备受青睐，提倡使用高科技环保型建材；同时要求就地处理污水，把污水变成中性水，用中性水种地、浇花、洗车，从而节约大量的水资源；充分利用自然光资源，提倡使用太阳能电气化，既节约能源，又减少对大气环境的污染；对小区垃圾分类收放，实行无公害处理。

4. 行绿色汽车。汽车的污染已成为环境保护的一大公害，推广绿色汽车，必须在生产时就强调“绿色标准”。新型的绿色汽车要求车载空调无氟、尾气污染零排放、离合器、制动装置和所有衬垫全部使用环保材料、整车噪声要降至3分贝以下、车辆报废后要实施再生回收。

5. 用绿色产品。推广使用具有节能、低污染、低辐射、可回收和符合生态、人体功效等特征的各种家用电器及生活日用品。加强绿色产品认证，为广大消费者提供绿色生活环境。

近年来，随着人们生活水平、生活质量的提高，人们的保健和环保意识不断高涨，绿色产品日益受到消费者的青睐。绿色消费正逐渐成为时尚消费、潮流消费的亮点和热点。随着现代科学技术的发展，新型绿色产品不断问世。可以说，如今我们的衣、食、住、行、用，都在朝着“绿色”迈进，这必将促进生态文明的发展。

第五节　现行政策对生态文明的生成与发展的影响

一、长三角区域各省市政策现状

（一）总体概况

近年来长三角区域经济迅速发展，成为引领全国经济的先锋，但与此同时，经济的快速发展使得经济发展方式偏重粗放型、产业结构不合理、投资重量不重质、城市建设和不合理的消费结构等一系列发展中的问题给生态环境带来了严重的影响，生态的破坏也逐渐凸显并影响到该地区居民们的正常生活和良性发展，由于中国环境保护工作开展较晚，相关的环境保护方面的措施和政策并不完善，同步的监管体制和执行情况也不尽如人意，尤其是该区域内各种协调机制和政策的不完善，使得各省市与整个区域的政策发生冲突，不利于生态保护工作的顺利进行，对该地区生态文明的生成与发展带来了一定的影响。

随着政府对经济发展与生态环境之间关系的认识不断提高，长三角区域各主要城市都日渐重视环境保护工作，从省市的生态规划到城市环境保护基础设施的建设等，都体现了对传统经济增长模式的反思，显现出促使环境与社会经济实现协调发展的良好态势。作为有着巨大外部性的公共产品，政府是环境保护投资的主要供给者，城市环境保护客观上离不开政府的主导，因此，长三角区域各城市都在原有基础上加大了环境保护的投资力度，并确定了相关的环境保护制度和政策。当前政府主要在土地资源保护、工业污染源治理、城市环境基础设施建设、产业结构调整、环境管理能力建设等方面制定了相关政策。

（二）土地资源的保护

为加快建设资源节约型、环境友好型城市，以科学发展观为统领，着力转变经济增长方式和土地利用方式，以提高土地资源综合利用效率为核心，坚持开源和节流并重，将节约集约用地放在首位，保障长三角区域各城市经济社会的全面、协调、可持续发展，许多城市颁布了一系列针对土地资源管理的政策法规，例如，上海市2007年制订了《上海市土地资源节约集约利用“十一五”规划》[①]；浙江省国土资源厅2009年发布了2009年工作要点，对主要的土地资源问题做了相关规定。

此外，各省市规定，对环境影响大、资源消耗大以及社会公众普遍关注的固定资产投资项目，在项目审批、核准前，需就项目建设的必要

① 上海市政府网，http：//www.nhfd.gov.cn/HTMLExtra/news/2008117155142.html。

性、投资的合理性、是否符合规划，以及对环境、资源和公众利益的影响向社会公示，征求社会公众的意见。涉及国家安全、国家秘密的项目除外。

（三）工业污染源治理

长三角区域是中国制造业重要基地，各省市都云集了一大批工业企业，尤其是近年来许多省市为了地区的经济快速发展，大量引进外资企业，如苏南四市。在这个过程中，也引进了许多污染型的企业。不管是国内的还是国外的工业企业，在生产过程中都面临着排放工业废气和废物的问题。此外，企业在生产过程中的原材料和资源的应用也面临着一个投入产出的效能问题，即是高能耗低产出还是低能耗高产出。这些都是影响生态环境的重要因素。

由此可见，节能减排和清洁能源建设是环境保护和生态发展过程中重要的一环。长三角区域各省市颁布了许多节能减排的政策措施，对一些高污染的企业征收排污费或利用排污许可证的方法限制它们的“三废”气体排放量。

例如，江苏省苏南各市政府在招商引资的过程中，杜绝引进污染型企业，严把环境质量关，许多地区已经由最初的招商引资转变为招商选资，以减少高能耗、高污染产业的进入。浙江省曾颁布《浙江省固体废物污染环境防治条例》[1]，规定了工业固体废物的排放标准，此外，针对《浙江省水污染防治条例》第57条和第58条“应缴纳排污费按年计算”特地发布了实施细则（试行）的通知，包括排污单位不正常使用水污染物处理设施等详细规则制度。

（四）城市建设中的能源与污染问题

长三角区域各城市近年来加紧城乡一体化建设，大力发展城市建设事业，许多高楼拔地而起，许多大规模的建筑项目层出不穷，在这个过程中产生如大气污染、噪音污染、水流域污染等一系列影响生态环境的

① 浙江省政府网，http：//www.zhejiang.gov.cn/gb/zjnew/index.html。

问题，各级政府已经意识到城市建设给生态文明带来的负面影响，开始重视城建过程中的环境保护工作。

例如，江苏省自2008年9月1日起施行《公路、水路交通实施〈中华人民共和国节约能源法〉办法》，规定加强公路、水路交通用能管理，采取技术上可行、经济上合理以及环境和社会可以承受的措施，在公路、水路交通使用能源的各个环节，有效、合理地利用能源。上海市建设和交通委员会曾印发《实施〈上海市建筑节能管理办法〉有关问题说明》的通知，对本市新建民用建筑，应当按照本办法规定以及国家和本市建筑节能标准，采取建筑节能措施做了相关规定。浙江省也颁布了城市市容和环境卫生管理条例，规定城市中的建筑物、构筑物和其他设施应当符合城市容貌标准。

（五）调整产业结构，引导绿色消费

长三角区域产业结构一直向第二产业倾斜，而制造业在发展的过程中产生了大量的如“三废”等一系列污染源；并且在制造业需要占据大量的土地资源，由于受到土地资源、环境等方面的限制，长三角制造业已经开始了产业升级和结构调整的转型。有关这方面的政策也在不断完善。例如，江苏省曾颁布《江苏省促进服务外包产业加快发展的若干政策措施》。各城市也针对国家“十一五”重点产业发展规划制定了各自的行动纲要。上海市根据该市“十一五”规划的总体要求，在进一步深化和落实《上海优先发展先进制造业行动方案》（市府［2005］16号文）基础上，特制定《上海工业发展“十一五”规划》。

近年来，长三角区域各省市政府意识到不合理的消费结构和资源浪费型的消费习惯使得产业趋向高消耗、高污染的方向发展，在此基础上，政府开始积极引导产业结构的调整和升级，大力发展环境导向型的生态产业，进而影响人们的消费结构合理化，并逐渐向绿色消费方向发展。

二、政策的不足对生态文明生成与发展的影响

长三角区域各省市目前发布的政策措施，关于环境保护的专门政策

很少，现行政策都是许多年前颁布的，没有及时修订和更新，如今科技高速发展，信息社会进步速度日新月异，由此带来的环境污染问题也逐步加深，而相关的政策措施却没有同步跟上，相关的监督政策措施也有待完善，这不利于生态文明的生成与发展。

（一）政策的完善

长三角区域各省市应从以下几个方面加强对环境生态领域政策的完善：

1. 应建立和完善生态环境保护责任制。明确资源开发单位、法人的生态环境保护责任。实行严格的考核、奖罚制度。要把生态环境保护和建设规划纳入各级经济和社会发展的长远规划和年度计划，保证对生态环境保护的投入。建立生态环境保护与建设审计制度，确保投入与产出的合理性和生态效益、经济效益与社会效益的统一，这样才能使资源开发单位在利用资源时，时刻不忘自己对生态环境所必须承担的责任，在确保环境不受到破坏或使环境破坏限制在最低程度的前提下，发展生产，增加效益，在不损害原有生态的基础上进一步促进生态的发展，进而促进生态文明的发展。

2. 建立行之有效的生态环境保护监管体系。有了环境保护政策，如果没有行之有效的监管体系和相关措施，这些政策形同虚设，不能起到或不能有效起到对生态环境的保护作用。环保有关部门要各司其职，密切配合，齐心协力，共同推进生态环境保护和生态经济建设工作。在确定生态环境重点保护与监管区域的基础上，各级政府要结合本地实际，确定本辖区的生态环境重点保护与监管区域，形成上下配套的生态环境保护与监管体系，制定详细的监管政策，让资源开发单位没有可乘之机。

3. 保障生态环境保护的科技支持能力。保障生态环境需要一定的技术支持来提高保护的效率和深度，各级政府要把生态保护科学研究纳入科技发展计划，鼓励科技创新，加强农村生态环境保护、生物多样性保护、生态恢复和水土保持等重点生态环境保护领域的技术开发和推广工作。在生态环境保护经费中，应确定一定比例的资金用于生态环境保护的科学研究和技术推广，推动科研成果的转化，提高生态环境保护的科技含量和水平。建立早期预警制度，加强生态环境恶化趋势的预测预报，这样可以在环境保护环节里加上一道保护阀，对一些本可以提前阻止的生态问题提前预警，从而有利于生态文明的生成与后续发展。

4. 建立自然资源产权制度。中国资源行政管理已进入法制化阶段，然而，这些法律尚不完善，如在明确自然资源由国家和集体所有，保证自然资源由政府供给的同时，却规定自然资源可以使用，但使用权不能交易。这种规定使产权机制和价格机制无法在自然资源使用中发挥作用，形成开发利用没有价格导向，使自然资源成为“免费午餐”，浪费现象十分严重。总之，正是由于较长时间使用权和经营权交易的法律限制，中国自然资源产权市场至今尚没有真正发育，导致资源利用长期处于无效率或低效率状态，建立自然资源产权制度，形成自然资源产权市场，可以有效约束资源开发主体的行为，进而形成资源开发方与环境的良性互动，不断促进生态文明的生成与发展。

5. 生态产业的发展。长三角区域近年来形成城市群带，各城市建设发展迅速，工程项目众多，人民消费水平高于全国平均水平，由此带来的生态环境的破坏也有不断恶化的趋势，应逐步发展生态产业，鼓励建筑工程用绿色建材，倡导人们穿绿色衣服，吃绿色食品，用绿色家电。中国生态产业的发展前景十分良好，但是有关这方面的政策却没有形成体系，各级政府应树立绿色政策的意识，对一切可能发展的绿色产业大力倡导，制定各个领域的引导政策，使人们的消费、城市的建设、产业的发展都朝着环境导向型发展，促进生态文明的进一步生成和发展。

（二）政策的协调

土地资源是一个地区发展的首要物质条件。长三角区域各省市政府为了加快长三角城市群的发展，在城市之间以土地制度创新为突破口，加强政策协调，开展区域联合，共同发展。但是，由于长三角城市群的各城市自然条件、历史条件、经济发展水平、对外开放程度、经济体制、投资环境、交通基础设施等存在着较大差异，为了加快城市群的发展，城市群区域土地政策协调机制应注意以下几点：

1. 要制定城市群广域空间土地利用总体规划。制定该规划的目的在于，防止城市群区域的土地利用过度分散，引导城市群土地在广域空间上得以有效利用。

2. 对开发面积的总量控制。目的在于合理配置城市群区域的开发区。防止超潜力的开发和由此带来的开发土地闲置。城市群中开发面积进行总量控制时，要根据广域空间计划，对城市群中的城市科学合理地分配允许开发的指标与面积。

3. 加快建立城市群土地市场。实行土地使用权公开交易制度，大力推行土地招标、拍卖，实行土地公开交易，尽量减少直接采用协议方式供地。与此同时要积极加强城市群土地储备。

4. 建立城市群土地利用信息基础数据库系统。按用途整理土地利用状况。用数字地理信息系统（GIS）对各类用地进行详细的把握。掌握土地用途的变更，要对开发区实施严格的数据整理。通过建立土地使用权价格评价体系，把握土地使用权的市场价格，确定增值的部分。政府应导入土地使用权价格的公布制度，建立城市群区域土地的使用权基准价格。

第五章 环渤海区域生态文明与发展

第一节 环渤海区域生态文明现状

一、环渤海区域资源和地理环境基本状况

（一）环渤海区域范围的界定

环渤海区域是指环绕着渤海全部及黄海的部分沿岸地区所组成的广大经济区域。它位于中国沿太平洋西岸的北部，中国东北、华北和华东三大区的结合部，包括辽宁、河北、北京、天津、山东、山西和内蒙古中部地区，区域陆域面积112万平方公里，总人口2.6亿人，共有城市157个，约占全国城市的四分之一，其中城区人口超百万的城市有13个，是中国城市最密集、工业基础最雄厚的区域之一，在中国的整体发展战略中始终占据着十分重要的地位。

（二）区域资源情况

环渤海区域属资源型经济区，资源种类和储量都比较丰富。煤炭、铁矿、菱镁矿、自然硫、金刚石、黄金等储量和产量都居全国各经济区

首位，其中煤炭占全国总量的60%，铁矿占50%，黄金占65%，油气占40%以上；全国四大海盐区有三个在环渤海区域，产量占全国的50%以上。环渤海区域的农业资源也非常丰富，耕地面积达2656.5万公顷，占全国耕地总面积的四分之一多，粮食产量占全国的23%以上；农业总产值和粮食、花生、水果、禽蛋、蔬菜等产量都居全国各大经济区首位。但该区域人口基数大，人均资源占有量在全国居于较低的水平。其中，人均矿产资源接近全国平均水平，但还不到世界人均占有量的50%；人均淡水资源只占全国平均水平的25%，还达不到世界人均占有量的7%；人均耕地面积仅为全国人均占有量的22%，仅为世界人均占有量的7%①。

（三）区位情况

环渤海区域处于东北亚经济圈的中心地带，南接长江三角洲、珠江三角洲、中国港澳台地区和东南亚各国；东联韩国和日本；北联蒙古国和俄罗斯远东地区。这种独特的地缘优势，为环渤海区域经济的发展、开展国内外多领域的经济合作，提供了有利的环境和条件。环渤海区域以京津两个直辖市为中心，大连、青岛、烟台、秦皇岛等沿海开放城市为扇面，以沈阳、太原、石家庄、济南、呼和浩特等省会城市为区域支点，构成了中国北方最重要的集政治、经济、文化、国际交往为主的外向型、多功能的密集的城市群落。在全国和区域经济中发挥着集聚、辐射、服务和带动作用，有力地促进了该区域特色经济的发展。

（四）交通体系

环渤海区域海陆空交通发达便捷，全区域拥有40多个港口，构成了中国最为密集的港口群；环渤海区域也是中国交通网络最为密集的区域之一，是中国海运、铁路、公路、航空、通讯网络的枢纽地带，交通、通讯联片成网，形成了以港口为中心、陆海空为一体的立体交通网络，成为沟通东北、西北和华北经济和进入国际市场的重要集散地。

进入21世纪，随着区域增长第三极的崛起，环渤海区域成为中国经

① 卢新德、江奔东：《保护生态环境促进环渤海经济圈可持续发展——关于环渤海经济圈可持续发展的调查研究报告》，《管理世界》1997年第5期。

济社会发展的热点地带，相继有天津滨海新区、河北曹妃甸循环经济示范区、沧州渤海新区、辽宁沿海经济带等区域正在大规模推进开发。该区域近期规划填海面积在500平方公里以上，规划岸线约占渤海总岸线长度的三分之二，大规模的区域开发对环渤海区域的生态环境带来较大压力。

二、环渤海区域海洋生态的基本状况

渤海是中国唯一半封闭型内海，平均水深约18米，海域面积约7.7万平方公里。和中国其他海域不同，渤海海域海水交换能力差，海洋生态系统脆弱，而且，该区域作为中国区域经济发展的热点地区，近二十年来，沿海城市化与临海工业发展迅猛，海洋环境的压力很大，近岸海域环境污染形势严峻，海洋资源开发与环境保护的矛盾日趋凸显。

（一）渤海区域海洋生态现状

国家海洋局北海分局发布的《2008年渤海海洋环境公报》显示：2008年渤海近岸海域污染较重。海水中的主要污染物是无机氮、活性磷酸盐和石油类。夏季污染海域面积约为13810平方公里，约占渤海总面积的17.9%；秋季污染海域面积约为23680平方公里，约占渤海总面积的30.8%。按海域划分，莱州湾海水环境污染程度较重，渤海湾次之，辽东湾相对污染程度较轻；按地区划分，天津近岸海域海水环境污染最重，海水环境均受污染，山东、辽宁和河北等近岸污染海域面积分别占其近岸海域面积的24%、22%和20%。

从渤海的污染物看，渤海近岸海域局部区域沉积物受到石油类和镉的污染。2008年局部近岸海域部分贝类体内污染物残留水平超一类海洋生物质量标准，主要污染物是镉、总汞和砷等。近岸重点监测海域均发现海面漂浮垃圾和滩面垃圾。垃圾种类以生活垃圾为主，主要为塑料类、木制品类及烟头等垃圾。水质污染使部分区域海洋功能受损。

海洋保护区海水环境质量下降，35.3%的海水增养殖区水质达不到功能区管理要求，影响养殖区环境质量的主要原因是海水无机氮、活性磷酸盐浓度较高，海水富营养化较重。85%的保护区氮磷等水质指标超一类海水水质标准。

（二）渤海海域主要生态问题

随着陆源污染及人类活动对渤海生态环境的影响加剧，渤海生态问题日益突出：一是入海径流量锐减，低盐区面积减小，将影响海洋经济生物种群的补充能力，对半封闭型的渤海生态系统具有潜在危害。二是近岸海域富营养化严重，海水氮磷比失衡。2008年富营养化海区面积约占渤海总面积的20%。海水氮磷比约为67，局部海域氮磷比高达100以上。氮磷比失衡造成生境改变、生物群落结构异常。三是养殖引种导致局部海域生物群落结构改变，对黄河口附近海域造成潜在的生态影响。四是海平面上升加剧生态危机。据预测，辽宁东部到2050年上升22—59厘米；辽宁西部河北北部到2050年上升1—36厘米；山东东部到2050年上升5—26厘米。海平面的加速上升，将导致良田、土地、湿地的减少，加剧风暴潮和海岸侵蚀；海水入侵将更加深入，致使地下水盐度增加；洪涝及土壤盐渍化等灾害的频度和程度增加，淹没沿海湿地和低地；水质性缺水、人类和生物病虫害更加频繁和严重①。五是陆域排污和人类开发活动影响海洋生态系统健康。2008年，渤海共发现12起油污染事件，监测陆源入海排污口96个，超标率为82%。渤海沿岸排污口污染物入海总量约217万吨（含部分入海排污河径流），主要排放污染物为氨氮、化学耗氧量、石油类和磷酸盐等。山东省沿岸陆源排污口超标排放率最高，为96%。天津沿岸其次，陆源排污口超标排放率为92%。83%的排污口邻近海域水质不能满足所处的海洋功能区水质要求，44%的排污口邻近海域水质为四类或劣四类②。

---

① 郑金武、王璐：《生态安全考验环渤海经济圈发展》，《科学时报》2006年8月18日。
② 国家海洋局北海分局：《2008年渤海海洋环境公报》，人民网，2009年5月8日。

三、环渤海区域湿地生态的基本状况

（一）环渤海区域湿地构成

环渤海区域湿地生态主要由天津湿地、山东湿地和黄河、辽河三角洲湿地等湿地组团组成。

天津湿地面积有24.8万多公顷，占天津国土面积的20.9%。全市有水库与湖泊100多座，一二级河流98条，洼淀70多处，另外还有5800多个坑塘，浅海域与滩涂面积占全市湿地面积的23.3%。天津湿地有着丰富的动植物资源，湿地植物400余种，野生动物600余种，其中有属国家一二类保护的珍贵鸟类，如东方白鹳、黑鹳、丹顶鹤等22种。目前天津建有湿地保护区5处，面积16万公顷，占全市湿地总面积的64.5%。

山东省海岸线漫长，北起鲁冀交界处的漳卫新河河口，南至鲁苏交界处的绣针河河口全长3121公里，占全国海岸线的1/6，居全国第二位。根据《全国湿地资源调查与监测技术规程》，山东湿地共有近海及海岸湿地、河流湿地、湖泊湿地、沼泽和沼泽化草甸湿地、库塘湿地等5大类。划分为浅海水域、岩石性海岸、潮间沙石海滩、潮间淤泥海滩、海岸性咸水湖、河口水域、三角洲、永久性河流、季节性或间歇性河流、永久性淡水湖、季节性淡水湖、草本沼泽、库塘等13种类型。全省湿地总面积178.4万多公顷，占全省国土总面积的11.38%。其中面积达100公顷的近海及海岸湿地面积有120.7万多公顷，占湿地总面积的67.7%；各种河流湿地215条，面积30.5万多公顷，占湿地总面积的17.1%；面积达100公顷的湖泊湿地8个，面积16.4万多公顷，占湿地总面积的9.2%；另有沼泽和沼泽化草甸湿地面积3940公顷，占湿地总面积的0.2%；库塘167座，占湿地总面积的5.8%。

黄河、辽河三角洲湿地。黄河三角洲位于山东省鲁北平原东缘，山东省的东北部，扇弧状伸入渤海湾与莱州湾之间，它是中国第三大河口三角洲，为中国重要湿地分布区之一。辽河三角洲位于辽宁省西南部辽河平原南端，是由辽河、大凌河等冲击而成的冲击海积平原组成。黄河、辽河三角洲与渤海湾地区独特的自然地理位置和气候特征，使该区域拥有丰富的湿地资源。平坦的地形，海陆交界的湿生环境、不稳定的气候和水文以及多风暴潮的海洋活动，促进了多样性的湿地类型在低平洼地地区的广泛发育。黄河三角洲的陆地生态系统占自然湿地总面积的45.30%，海陆交替系统占48.10%。辽河三角洲的陆地生态系统占自然湿地总面积52.3%，海陆交替系统占44.4%。黄河三角洲湿地中天然湿地比重较大，其中天然湿地面积为22.9万公顷，占总湿地面积的68.4%。该区海岸线长500公里，泥质滩涂面积大，达10.2万公顷，占总湿地面积的30.6%。辽河三角洲湿地总面积为31.5万公顷，其中滩涂占19.2%，苇田占21.1%；在人工湿地中稻田占37.7%，是辽宁省的主要商品粮生产基地①。

（二）湿地生态变化特点

近年来，随着环渤海区域经济的高速增长，区域内湿地生态环境发生了显著变化：一是湿地退化现象严重。如辽河三角洲，1984年该区湿地面积为36.6万公顷，到1997年，该区湿地面积为31.5万公顷，湿地面积减少了5.10万公顷，占原湿地面积的14%；天津地区湿地较新中国成立初期的20世纪50年代减少一半，市区湿地减少80%多；北大港水库库容5亿立方米，现在已退化44%，七里海湿地总面积原108平方公里，减少到约45平方公里，减少了近60%。二是水源流失严重。如黄河三角洲因在河流中、上游兴修水库而造成侵蚀后退的现象极为突出。现黄河流域的上、中、下游共修建了3380多个水库，在河口区也修建了14座河口水库。黄河下游河段多年来进行引黄放淤，引黄河水供应一些下游的大、中城市，加上最近10多年来，由于西北干旱地区大量引黄灌溉，致使黄河下游断流，每年都有4—6个月的干涸期。同样情况发生在

① 李宝梁：《环渤海地区发展中的湿地保护与生态治理》，《经济研究参考》2007年第44期。

海河流域，现海河上游已先后新建和扩建了32座大、中型水库和500多座小型水库，控制了山区流域面积的83%，使天津平原的来水量大幅度减少。如1950—1957年上游来水约达100亿立方米，而在上游兴建一批水库后，1965年以后水源减少95%，平均每年来水仅剩5亿立方米左右。三是湿地生物多样性降低。随着近年来经济发展和大规模开发建设用地，致使环渤海地区湿地大量减少，一些海岸滩涂、盐田、草地、贝壳堤等湿地被占用开发，人为的生产垃圾和废弃物严重破坏了湿地生态。高强度农业开发和城市化冲击，使得目前这一地区不少天然湿地已成为工农业废水和生活污水的承泄区，其生物多样性受到严重挑战。与20世纪60年代相比，天津地区芦苇产量已减少50%左右，淡水鱼类减少30种，鸟类减少20种，一些珍禽如鹈鹕、白尾海雕等珍禽罕见或未见，自然银鱼、紫蟹、中华绒螯已经绝迹。四是湿地污染日趋严重。天然湿地由于受生产和生活的“三废”排放、人类的观光旅游、围垦建设等开发活动受到严重污染已是不争的事实。而对人工湿地来说，大量使用化肥、农药、除草剂等化学产品，同样对土壤、植物和水生生物造成危害，影响到正常生物链。湿地污染会影响到内陆和沿海的水体质量。水有富营养化，对鱼、贝类会产生毒性伤害。而湿地水文变化、功能下降，则会导致一系列问题的发生，如渤海海面近年来不断发生大面积赤潮。五是地下水位和地面下沉，盐渍化程度加重。受自然与人为因素影响，地面沉降而产生的海平面相对上升，海平面上升造成的高水位将降低沿海河流排水、泄洪能力，因而增加洪涝灾害的风险①。

四、环渤海区域土地生态的基本状况

（一）土地利用情况

环渤海平原区濒临渤海，面积135万余平方公里，环渤海区域土地

① 李宝梁：《环渤海地区发展中的湿地保护与生态治理》，《经济研究参考》2007年第44期。

利用类型主要以耕地为主，农业是该区域的重要基础。耕地和林地合占各类总面积的比例接近60%。牧草地和其他地类相比所占面积较小。环渤海区域园地占到全国园地面积的13%左右，因而10年来环渤海区域果品、蔬菜生产一直在全国占居重要地位。2007年环渤海区域耕地占全国耕地的7.12%，人均占有耕地低于全国的平均水平。1998—2007年耕地面积不断减少，10年来共减少耕地42.9753万平方公里，年变化率为-0.47%[①]。10年来，环渤海区域土地利用变化的基本特征表现为：一是水域、耕地面积持续减少和居民及工矿用地持续增加，水域、耕地分别减少252平方公里和43平方公里，未利用地、城乡居民及工矿用地分别增加74平方公里和37平方公里。耕地和水资源日益减少，对区域农业可持续发展和保障粮食安全将产生一定的影响。二是水域、未利用地、城乡居民点及工矿用地变化较为显著，其变化动态度分别为-8.63%、2.92%和1.31%。耕地面积变化动态度为0.47%。三是环渤海区域土地利用变化存在明显的区域差异。北京的耕地相对变化率最大，为6.76%；其次是天津和河北区域的相对变化率较高，辽宁区域的最小，为0.46%；河北区域的园地相对变化率最大，为6.96%，山东区域的变化最小，为0.04%；河北区域的林地变化最大，北京次之，辽宁区域最小；城乡居民点及工矿用地变化以天津、北京最大，辽宁最小；未利用地变化以天津最大，辽宁区域次之，山东区域的变化最小[②]。

（二）土地利用存在的问题

环渤海区域土地生态存在着严重的安全隐患，突出表现为：

1. 土地荒漠化面积、草场退化面积、原始森林退化面积逐年增加，植被已经遭到破坏，土地沙化问题突出；水资源匮乏，水生态系统严重退化，耕地资源短缺、土地盐渍化、水土流失严重的问题已经对当地农

① 郭丽英、王道龙、邱建军：《环渤海区域土地利用类型动态变化研究》，《地域研究与开发》2009年第3期。

② 郭丽英、王道龙、邱建军：《环渤海区域土地利用类型动态变化研究》，《地域研究与开发》2009年第3期。

业发展产生了影响。

2. 水资源短缺已成为制约本地区发展的全局性因素；地表及地下水污染逐年加重，区域内中下游河道污染严重，水质恶化，降低了饮用水安全保证程度。不断增长的工业、城乡居民生活用水的矛盾也日益尖锐。水资源成为环渤海区域以粮食、果品和蔬菜为主的农业产业发展的最大障碍。缺水和土地盐渍化成为该地区农业持续发展的主要限制因素。

3. 城镇人口不断增加，城镇化、工业化进程加快，交通、能源等基础设施建设、林业和水利生态工程占用土地、自然灾害损毁等因素，都将导致耕地资源紧缺。

五、环渤海区域水资源利用基本状况

水安全问题是环渤海经济发展所面临的又一个重大难题。城市生活污水和未经过处理的工业废水直接排入渤海的数量触目惊心，这些污水使渤海成了“污水池”。而水资源紧张、地下水开采过量和海水入侵，将在环渤海地区今后发展中不断凸显。海水入侵带来的后果是水资源恶化和土地生产力下降。环渤海地区多年平均降水量600毫米左右，水资源总量偏少，而水质污染加重了水资源危机。此外，现有供水工程设施老化失修，新水源供水工程兴建缓慢，工程供水能力日趋衰减，水资源的综合利用缺乏有效管理、浪费严重，也将进一步导致水资源危机。

国家审计署于2008年3月至9月对环渤海地区水污染防治情况进行了专项审计调查，重点调查了天津、大连、营口、盘锦、锦州、葫芦岛、唐山、秦皇岛、沧州、滨州、东营、潍坊和烟台13个市。审计发现，上述13个市中有7个市的城市污水处理率低于全国60%的平均水平。与2005年相比，13市城镇生活污水中排放的化学需氧量（COD）增长7%。审计调查的511座已运行污水处理厂中，有18座处理后的水质和污泥不达标。审计抽查的10座垃圾处理场，有6座将收集的62万吨垃圾简易填埋或露天堆放，占收集总量的31%。13市正常生产的180户国家重点监控废水排放企业中有41户废水超标排放，其中35户属于石油化工、造纸和印染等污染物排放大户。13市的34个经济开发区中，有15个开发区未建成污水集中处理设施，有4000万吨污水未经处理直接排放，有358个建设项目未按要求进行环评，727个已竣工项目未进行“三同时”验收。此外，环渤海区域还面临着外来物种入侵、生物多样性降低、部分物种濒临灭绝等诸多影响区域生态安全的因素。

环境恶化最终的结果是给人类自身健康带来灾难。饮用水源水质下降，城镇大气污染指数居高不下，城市中的生活污水、工业废水、垃圾、汽车尾气、城市热岛效应，大量使用农药、化肥和其他化学物质对农产品的污染，大量农村生活污水和垃圾的无序排放等，使环渤海地区存在着不容乐观的环境与健康安全问题。

第二节 环渤海区域生态文明的影响因素

一、环渤海区域的产业结构及对生态文明的影响

产业结构是联系人类经济活动与生态环境之间的一条重要纽带，从生产角度讲，产业结构是一个“资源配置器”，从环境保护角度讲，它是环境资源的消耗和污染物产业的质（种类）和量的“控制体”，对环境产生重要影响[①]。

（一）环渤海区域产业现状

环渤海区域是以重化工业为主体的国有大中型企业集聚和集中的地

① 王丽娟、陈兴鹏：《产业结构对城市生态环境影响的实证研究》，《甘肃省经济管理干部学院学报》2003年第4期。

区。该地区经济结构一直呈现“二、三、一”工业化结构特征，即第二产业占主要地位，第三产业次之，第一产业位居第三位。产业结构为重型结构，重工业在工业中的比重高出全国平均数的6%，在工农业中的比重高出长江三角洲地区10%以上、高出珠江三角洲地区20%以上，而且设备陈旧，技术落后，消耗大，排污多；第一产业基础脆弱，第三产业与本区域庞大的经济规模很不适应。辽宁、河北、山西、山东四省的第三产业占全部国内生产总值的比重都低于全国平均水平①。

从地区结构来看，在产业分布上形成了京津冀、辽东半岛、山东半岛三个产业带。京津冀产业带是以石油化工、钢铁冶金、机械电子为主导的综合型工业带，工业结构偏重于重工业。辽东半岛产业带是以重型机械、造船、化工等为主体的重型工业基地。山东半岛产业带是以电子、机械、石化、轻纺、食品等工业为主的轻型工业带。

京津地区作为中国科学技术实力最强的地区，仅北京市重点高校就占全国的四分之一，而天津也拥有30多所高等院校和国家级研究中心。京津地区在电子信息、装备制造、航空航天、科技研发等领域着力推动各类研发机构与企业联合，力促产业升级和科技成果转化。北京市工业支柱产业为通信设备计算机及其他电子设备制造业、交通运输设备制造业、黑色金属冶炼及压延加工业、化学原料及化学制品制造业。其中，通信设备计算机及其他电子设备制造业在北京市各工业产业竞争力综合排名、产业区位嫡和产值比例三项标准中都排在前列，是北京市最具优势的工业产业。天津市的工业支柱产业主要有通信设备计算机及其他电子设备制造业、黑色金属冶炼及压延加平业、交通运输设备制造业、化学原料及化学制品制造业、石油天然气开采业、石油加工及炼焦业、电气机械及器材制造业以及金属制品业。近年来，天津市工业产值构成中，以通信设备计算机及其他电子设备制造业和电气机械及器材制造业为代表的技术密集型产业产值的上升幅度较大，而以食品加工业、纺织业等

① 卢新德、江奔东：《保护生态环境促进环渤海经济圈可持续发展——关于环渤海经济圈可持续发展的调查研究报告》，《管理世界》1997年第5期。

产业为主的劳动力密集型产业的比重则呈下降趋势①。

河北省工业支柱产业主要为黑色金属冶炼及压延加工业、电力、热力的生产和供应业、化学原料及化学制品制造业、非金属矿物制品业和农副食品加工业。在推进其支柱产业——钢铁产业结构战略性调整的基础上，力图把装备制造业培育成新的支柱产业。同时，发展壮大石油化工业，大力发展电子信息、生物医药、新材料等高新技术产业，加快太阳能、风能、生物质能等新能源开发，努力把新能源打造成该省产业发展的新优势。

山东省的轻工业和重工业部门都比较发达，其中按产值排序的农副食品加工业、化学原料及化学制品制造业、纺织业、电气机械及器材制造业、非金属矿物制品业、普通机械制造业和专用设备制造业是山东省的支柱产业。近年来，山东省提出要大力实施产业调整振兴规划，形成各具特色的产业集群。全省将重点建设 15 个高新技术产业集群和 20 个高新技术产业基地。在区域结构调整方面，该省将推进以青岛为龙头的胶东半岛高端产业聚集区建设，建设以济南城市群为主体的高新技术产业带，推进黄河三角洲高效生态经济示范区建设，推动鲁南经济带煤电化工、能源工业、农副产品深加工等产业做强做大。

辽宁省的经济实力较强，是北方的工业大省，其工业支柱产业为石油加工及炼焦业、黑色金属冶炼及压延加工业、交通运输设备制造业、普通机械制造业、电力、热力的生产和供应业、石油天然气开采业、农副食品加工业、非金属矿物制品业。2008 年后，辽宁省提出的沿海“五点一线”发展战略本身就是基于推进该省产业结构、所有制结构、产品结构的战略性调整而制定的，其目的也正是促进该省先进的装备制造业、高技术产业、现代物流业、农产品加工业等优势产业加快发展。

山西省依托本地区的资源禀赋优势，其黑色金属冶炼及压延加工业、煤炭采选业、石油加工及炼焦业、电力、热力的生产和供应业、有色金

① 陈路晗：《环渤海各省市区工业支柱产业分析》，《中国科技信息》2005 年第 21 期。

属冶炼及压延加工业是现阶段该省的支柱工业产业。内蒙古自治区的煤炭资源也很丰富，煤炭采选业是该自治区最重要的支柱产业之一。但是，内蒙古自治区的工业整体上并不发达，工业技术创新力水平相对落后，工业支柱性产业较少[①]。

（二）环渤海区域产业体系对自然资源的依赖

高物耗的工业行业在京津冀工业体系中占有重要地位，其不断发展壮大是以消耗资源为代价的。从资源型工业产品的产量上看，环渤海区域自然资源的利用量逐年增加，采掘业、原材料工业产值在工业总产值构成中比例较大。以河北省为例，该省原煤产量平均每年递增 5.60%，分别占全省工业总产值和利税总额的 3.58% 和 4.17%，生铁产量平均每年递增 18.59%，水泥产量平均每年递增 19.26%，全省独立核算黑色金属矿采选业、有色金属矿采选业、非金属矿采选业以及黑色金属冶炼及压延加工业、有色金属冶炼及压延加工业的工业总产值占全省全部独立工业企业总产值的 17.60%，实现利税占全省全部独立核算工业企业利税总额的 18.58%[②]。

在水资源的依赖上，环渤海区域表现得更为突出。能源、化工、冶金、食品、机械、电子是京津冀的主导工业部门。三省市重工业产值占工业总产值的比重远远高于长江三角洲和珠江三角洲地区，原材料工业中多数产品能耗高、物耗大，大部分属于大耗水工业。黑色金属矿采选、造纸及纸制品、化学纤维制造和电力及蒸汽行业万元工业产值耗水量在 131 立方米以上，为平均值的 3 倍以上；石油加工、化学原料及化学制品制造、黑色金属冶炼行业万元耗水量在 87—131 立方米之间，为平均值的 2—3 倍；煤炭、有色金属矿采选、非金属矿采选、其他采选、食品制造、饮料制造、纺织、木材加工、医药、橡胶、非金属矿物制品行业万元耗水量在 43—87 立方米之间，为平均值的 1—2 倍。在北京市的工业行业产值结构中，万元工业产值耗水量大于 87 立方米的工业行业产值

① 陈路晗：《环渤海各省市区工业支柱产业分析》，《中国科技信息》2005 年第 21 期。
② 鲁连胜：《论环渤海地域经济、资源与生态环境的关系》，《贵州环保科技》1998 年第 2 期。

占其工业总产值的30.3%，天津市为22.4%，河北省为28.9%；而耗水量占总耗水量的比重却远大于上述数值。沿海有些省市上述工业产值占其总产值的比重则比较低，如江苏省为18.2%，广东省为12.4%，远低于三省市的比例，也低于全国平均水平的19.7%，这表明，京津冀三省市大耗水型的工业结构特征明显[①]。环渤海地域的经济很大程度上依赖于自然资源的开发与利用，经济发展与自然资源的关联性和依赖性很高。这种经过长期发展形成的工业体系，在短时间内很难改变，必将进一步影响产业发展与自然资源间的关系。加剧了区域资源短缺和区域环境压力。

（三）环渤海区域重点行业对区域生态环境的影响

环渤海区域对于生态环境影响较大的行业主要包括种植业、海洋渔业、制造业和城市化过程中的建筑业。其中种植业在实行粮食直补、良种补贴、农机具补贴、最低保护价收购等一系列惠农政策，产业结构出现了新变化，一方面，对于水土保护的力度在不断加大；另一方面，过分追求设施农业和科技农业，也造成该区域农田生态系统的自我调节功能弱化，对生物和化学科技的过分依赖，虽然增加了农产品产能，但在能源消耗、农业成本、土壤肥力和生态环境方面都有一定的负面作用。

环渤海区域的林业对于区域生态系统的稳定至关重要。作为三北防护林的重要组成部分，林业的发展影响区域土壤蓄水能力，据测算，林地涵养水源的能力为裸地的7倍，每公顷林分可增加蓄水300立方米，林业具有降低噪音、净化空气的功能，还对土壤保肥具有一定的作用，是天然的空气调节器。地球上70%的二氧化碳被森林吸收，空气中60%的氧气来自森林植被[②]。近年来，环渤海区域薄弱的林业生态系统开始引起重视，区域内林业保护力度不断加大，乱砍乱伐的现象明显得到遏制，这对于整个区域生态系统的恢复大有裨益。

---

① 金凤君：《京津冀适水型工业结构调整研究》，《自然资源学报》2000年第3期。

② 张健：《区域产业结构变动对生态环境影响评价及调控研究》，《江西农业学报》2008年第2期。

淡水养殖和海洋渔业是环渤海区域重要的产业，在淡水养殖方面，由于人们对水产品的需求量越来越大，精养鱼池放养密度大、投饵量大、药物使用量大，随着利用时间的延长，残饵、排泄物、药物以及死亡的水生生物遗骸的积累，这些有机物分解时，消耗大量氧气，同时产生大量的有害有毒物质，危害渔业生物；在淡水水域中采用高度集约化的养殖方式，由于残饵及排泄物的影响，使水域环境中氮、磷含量剧增，呈富营养化水体。在海洋渔业方面，由于工业污染的不断加重，海洋生物的生存环境不断恶化，渤海湾中的对虾、黄鱼及其他特产种类和数量近年来都呈显著减少的态势。

环渤海区域装备制造业和重化工业在工业中的占比较大，也是国民经济中环境污染较为严重的产业之一。重工业产生的污水会导致主要河流、河段水环境恶化；冶金、电力、建材、石化、采掘等行业排放大量的工业废气；采掘、冶金、电力等行业产生的工业固体废物对区域的环境造成了恶劣的影响。

建筑业的兴盛与区域经济发展的总体态势密切相关，作为中国新兴的第三极，环渤海区域的城市化建设速度不断加快，建筑工地现场会产生环境噪声；施工机械工作产生的建筑粉尘是地表扬尘的主要来源，是影响城市环境空气质量的重要因素，且近年来其对环境空气的 TSP 贡献率有逐年上升的趋势；水泥、石灰和黄沙等建筑原材料在运输、堆放和使用过程中由于人为原因或某些气象因素造成的部分建筑原材料小颗粒散失到环境空气中会造成建筑粉尘污染。

（四）产业结构调整对区域生态环境的影响

在工业结构调整上，长期以来，环渤海都市圈受行政区划掣肘严重，各省市均各自为战，在产业政策上追求大而全，导致产业结构自成体系、竞争动机强烈，相互之间争资源、争项目、争投资等现象严重。比如京津之间围绕机场、港口等基础设施之争，围绕汽车、重化工等制造业之争，围绕北方产权交易中心等平台选择之争，围绕生态环境、水资源之争都相当激烈。这不仅造成了资源、效率的巨大浪费，导致大量不必要的经济损失，而且使得区域互补功能弱化，统一市场发育受阻，区域经济社会的二元结构异常突出，直接造成整个区域经济发展水平落后。统计数据显示，各省市之间制造业结构严重趋同，其相似系数都在0.6以上。其中，北京和天津之间制造业结构最为相似，高达0.98，并且有进一步加剧的趋势。其次是天津和辽宁，北京和辽宁，河北和辽宁，辽宁和山东，而且在工业产品生产和销售方面也存在内部循环和激烈竞争的情况，整个地区间还没有形成良好的分工协作体系[①]。环渤海地区各省市近年来都把产业升级提速提上了重要议程，积极推进产业升级。依托原有工业基础，环渤海地区不仅保持了钢铁、装备制造、原油等产业优势，同时新兴的电子信息、生物制药、新材料等高新技术产业也发展迅猛。渤海生态环境日益恶化，通过产业升级可以缓解环境污染问题。其一是经济发展与生态保护相结合。其二是处理好竞争与合作的关系。当前环渤海地区之间的竞争大于合作，尤其是产业方面的同质化竞争不利于区域协调发展，加强产业分工与合作、推进产业升级是环渤海地区发展的当务之急。

二、环渤海区域城乡建设对区域生态文明的影响

（一）城市化对区域生态文明的影响

环渤海区域作为中国发展的重要增长极，又处于沿海开放的重要前沿，其城市化率领先于全国平均水平，区域内的城市化发展对区域生态文明的影响比较突出。

1. 环渤海区域城市化对区域自然环境的影响。环渤海区域是城市化比率较高的区域，大中城市密集，城市化对自然环境的影响主要表现为：一是城市化影响了区域气温的变化。作为人类活动最集中的场所，城市内密集的建筑物形成粗糙的下垫面，城市消耗的大量能源使大气增加了

① 刘伯霞：《环渤海都市圈产业结构调整的战略选择》，《开发研究》2008年第6期。

巨大的热量，在城市地区形成了特殊的城市气候。根据有关资料分析，京津冀地区在过去的百年中经历了显著的气候变化，地面气温明显上升，气候趋向暖干化，区域温度变化总体呈上升的趋势，就平均气温而言，增暖速度最快的地区有3个中心，分别是北京市及河北省坝县一带、张家口怀来蔚县地区和南部的邢台地区。随着气候变暖，华北地区以日最高气温大于等于35℃及日最低气温小于等于－10℃作为极端冷暖天气发生频率有所增加。二是城市化进程对区域的气象环境产生诸多方面影响。近年来，环渤海区域生态系统与环境均受到外来的显著影响，建筑物取代植被改变了市区地表层的辐射、热力性质以及水分循环。城市巨大的能源消耗不仅使这里的物质与热量收支失衡，而且出现严重的环境污染，并导致城市的温度明显高于郊区，成为城市热岛效应。三是环渤海区域的日照天数受到城市化的影响。该区域快速的经济增长和人口增加对能源的需求不断增加，使得大气气溶胶浓度大大增加，在太阳直接辐射经过大气层时，因大气气溶胶对太阳直接辐射产生吸收和散射作用，削弱了到达地面的太阳直接辐射。从而导致气压、气温的变化，空气质量变坏，水平能见度越来越差，此外，日照减少还将对人类健康产生不利影响。四是城市建设对大气环流产生影响。城市化效应对盛行风风速有削弱作用，一般认为城市风速界于郊区风速70%—90%之间为常态。随着城市化的发展，环渤海区域的静风日数有增加的趋势，而平均风速在下降。城市下垫面的改变，建筑群增大了地表摩擦力，使得近地层风速减小，风向改变，建筑物增多，地表粗糙度加大，使得湍流交换加强，导致城市的风场与郊区农村有明显差别①。

2. 城市化过程对区域生态系统建设的影响。环渤海区域城市化对区域生态文明的影响表现在：一是大规模的区域开发和城市建设，打破了原有的生态平衡系统。近十年来，以京津冀为核心的环渤海区域城市开发和建设的规模远远超过了城市生态系统自我调节能力。由于城市生态

---

① 徐灵芝等：《京津冀区域城市化进程对气候与环境的影响分析》，《中国气象学会2008年年会气候变化分会场论文集》，2008年12月。

系统是由复杂的社会网、经济网和自然网相互交织而成的复合系统，要受自然、社会、经济多种因素的制约，经济活动中较低的资源利用率和不合理的资源开发，导致过多的物质和能量释放，改变了自然环境的物质流和能量流，城市建设打破了自然力的平衡。二是对于城市生态系统修复的人工干预不够。如果说城市化对原有的城市生态系统是一种先破后立的行为，但在重新修复生态系统方面，许多城市却只重视开发建设，不注重生态保护和修复，对于开发区域的环境评价、环境规划、生态保护、生态系统修复缺乏应有的重视。环渤海区域不同于长三角、珠三角区域的气候湿润、植被丰富，该区域干旱半干旱的气候特点决定了区域生态系统的修复过程更加困难，该区域的一些城市重视楼堂馆所建设却疏于绿化和水土保持，重视取水却疏于河道修复改造和扩展，重视农村中的土地地置换却疏于原有宅基地的复耕，热衷于填海造陆、拓疆扩土却忽视植树造林和湿地保护，对区域生态系统的稳定带来很大隐患。

3. 城市化对区域生态文化建设的影响。目前，环渤海区域有三分之二的城市在城市总体规划中提出建设生态城市的目标或口号，但城市化过程中，如何将生态文明的精髓植入城市建设的核心理念中，如何将城市生态文化建设从单一的宣传层面拓展到全面的物质文化、制度文化、精神文化等诸多方面，将文化作为一种资本，本着尊重公众的文化利益的大众性原则，尊重文化的历史性原则，注重意识形态培养的思想性原则，以及文化建设的开放性、政策性原则，去推动城市生态文明建设的全过程，有着非常大的差距①。现阶段环渤海区域城市化发展中对生态文化的建设还远远不够，这突出表现在以下方面：一是重视实体建设，轻视文化建设。盲目地认为生态城市就是物质的生态化，文化建设是一种务虚行动，缺乏精神意识的生态化熏染。二是重视经济总量的赶超，轻视生态文明建设的同步。认为通过几个核心城市的快速发展和拉动，就能够促进区域经济的赶超，然后再来推动区域生态和文化建设，从根本

① 张伟：《生态文明时期的城市文化建设——以中新天津生态城为例》，《生态文明视角下的城乡规划——2008 中国城市规划年会论文集》，2008 年 12 月。

上弄错了经济增长和生态保护的关系。三是单纯强调生态文化中的精英元素而忽视大众的存在。认为生态文化的发展依赖于上层的规划和管理，忽略本地普通居民的生态文化需求和大众对于生态的保护能力，从而造成生态文明发展的不均衡，生态设施分布不均、文化脱离普通居民。四是过于强调生态文化对经济的提升意义，忽略生态文化对于城市品质方面的提升作用，不知道生态文明建设的根本在于生态文化的推广。这些意识和观念对区域生态文明建设都产生了重要影响。

（二）小城镇建设对生态文明的影响

加快城乡一体化发展，是保障和改善民生，促进社会和谐，推动区域统筹发展的需要，也是区域经济协调发展的内在规律和必然要求。环渤海区域小城镇建设，作为和新农村建设并驾齐驱的第二辆马车，对推进区域生态文明建设产生了重要影响。以尊重农民意愿，提高农民福利为行动指南。农村城镇化还意味着国民经济增长模式、国民生活形态的重大转变。人口身份的转变不是问题，关键在于人口素质的转变，在逐步推进城乡居住一体化和公共服务一体化基础上，更具历史意义的是加快农村社会组织的变革和农民消费观念和生活方式的转变，将农民生活转变为市民生活。将传统意义上的农民改造成有文化、有技能、有思想的新型农业工作者。

实现农村产业组织的变革，将数千年延续的分散、落后、自给自足的经济生产方式，改造成与工业化、信息化相适应的、集中的、具有规模效益和科技含量的新型产业组织方式，在农业上，实现以设施农业和科技农业为代表的园区农业组织模式，实现土地规模利用和高效产出。在工业上，乡村工业集中于工业和科技园区，实现工业的规模集聚和科学分类，彻底改变传统乡镇工业高能耗、高污染的状况。

以环渤海区域的中心城市天津为例，2005 年以来，天津市在推动城乡一体化进程中，针对小城镇建设中普遍存在的土地和资本双重约束难题，探索以宅基地换房办法建设新型小城镇、推进社会主义新农村建设。它以宅基地换房为突破，即农民以放弃宅基地使用权与原有房屋的所有权为代价，获取新建房屋的所有权及相关国有土地使用权，实现了农民生活资料的产权归属，为农民增加资产性收入奠定了基础。通过保证耕地总量只增不减或总量平衡，即将农民放弃的宅基地整理复耕，通过把布局分散、数量众多、使用效率很低的农民宅基地集中起来，统一整理复耕还田，确保耕地的占补平衡，做到质量不降、总量不减，确保了国家农地基本制度的权威。通过土地流转和经营相结合集约出的多余土地，通过市场化行为生息，用于弥补新农村建设资金和农民的社会保障缺口，解决了农村建设发展中的资本瓶颈。目前，天津市示范小城镇建设共进行了三批，涉及23个镇，16万户农民，人口42.5万人，总投入820亿元。

"天津模式"的基本内涵，可以总结为：一是政府主导的自上而下的改革路径。从一体化的路径看，天津的模式是一种自上而下的政府主导型发展模式。从示范镇建设的选点、规划、建设风格、组织发动等一系列环节，政府起到了至关重要的作用。作为政府主导的优越性，示范镇建设在起点、统筹性、组织协调、规划以及监督管理等方面具有特殊的优势，因此，可以快速推动农村城市化进程。二是从空间推动一体化进程。从发展的路径分析，天津推动一体化进程采取的是从空间率先实现一体化的发展思路，通过居住空间的集中，带动农村生活方式的变革；通过产业空间的集聚，推动农业生产方式的转变。这种发展思路比较适合天津的城市发展基础和条件。三是从城市发展的视野引导农村。作为以农村城市化为目标的改革路径，"天津模式"是一个比较彻底的一体化发展路径，它跳出了"三农"发展的传统窠臼，具有目标明确、改革彻底的基本特征。以"宅基地换房"推进小城镇建设，在充分尊重群众意愿的基础上，引导农民向城镇转移和集中居住，通过农村劳动力转移和小城镇建设相结合，实现农民向市民身份的转变，完成农业集约化、农村城市化和农民市民化。四是推进农村发展的可持续性。通过宅基地集中解决一体化的人口结构和空间结构问题，并为土地的集约利用和流转奠定基础，通过产业集中解决产业结构问题，进一步发挥土地效益，实现土地收益的最大化，支撑农村人口的城市转化经济基础和可持续性。推进土地适度集中和规模经营，促进三次产业互动，城乡经济相融，新型工业化、城镇化和农业现代化协调发展。五是以综合配套改革替代单一体制改革。“天津模式”作为一项系统工程，以综合配套试验替代了单一的农村土地利用改革。以示范镇建设为突破口，统筹推进城乡基础设施和公共服务设施建设，增强城镇产业集聚功能和辐射带动能力，改善农村发展环境，构建新型城乡形态。促进农村资源向资本转变，实现城乡生产要素自由流动，建立农村多元化投入机制，增强农业和农村发展的内生动力。深化规范化服务型政府建设和基层民主建设，创新行政管理、公共财政、公共服务、社会保障的体制机制，实施村镇综合改革，全面推进城乡经济社会发展一体化。

三、环渤海区域居民消费对生态文明的影响

（一）环渤海区域居民消费结构情况

从环渤海区域的各省市居民消费结构看，北京市城镇居民的消费结构特点表现在食品、衣着消费支出比重平稳下降，城镇居民以满足吃、穿为主的消费需求阶段已经结束，家庭设备用品的支出比重呈下降趋势，医疗保健、交通通信的支出比重大幅上升，城镇居民的交通和通信消费也迅速增加，私家车拥有量迅速增长，居住、教育文化娱乐服务消费也持续增长。北京市城镇居民的消费呈现出吃、教育、出行、医疗、穿、住、用的消费格局，其消费结构已从基本生存消费型为主的阶段升级到以享受和发展型消费为主的阶段①。

天津市人均消费支出增幅较大，2007 年天津市人均消费支出比 2003 年增长了 57.5%，城镇居民的消费结构正在向享受型和发展型转变。统计资料显示，与居民生活紧密相关的 25 大类商品有 18 类同比增长，增

① 周俊玲：《北京市城镇居民消费结构的实证分析》，《商业研究》2007 年第 7 期。

长在20%以上的就达13类，其中包括汽车成品油、汽车和石油及制品、穿着类、食品类、休闲娱乐享受型消费、体育娱乐用品、电子出版物和音像制品类、金银珠宝类、文化办公用品类及化妆品类等。在生活必需品稳定增长的同时，新型家电、汽车、手机、金银饰品等中高档消费均增长30%以上①。

河北省城乡居民衣着消费与食品消费支出占总的消费额的比重不断下降，而居住、医疗保险和交通通讯项目的比重都有不同程度的上升。城乡居民的居住消费支出上升较快，这种变化是由于近年来不断涌起的房地产热带动了城市房地产行业的迅速发展。城镇居民的文教娱乐用品及服务项目和医疗保健支出支出增长较快，这说明城镇居民的生活在向富裕型转变过程中。在耐用消费品的拥有量上，家用电脑、私家轿车等高档耐用消费品已进入许多城镇居民家庭，消费热点转向私人住房、私家轿车及旅游、教育等精神领域的消费②。

山东省近年来城镇居民可支配收入逐年增加，消费结构升级很快，城镇居民可支配收入对食品支出有很高的弹性，而对家庭设备支出和杂项支出的弹性却很低。居民消费对生态环境的影响因素表现为较强的刚性，基本上不会随居民可支配收入的变动而发生较大的变动③。农村居民消费品中耐用消费品增幅较大，家电、冰箱、农用车等比率持续上升。

辽宁省居民消费结构中，1992—1996年期间排序前三位的依次是食品、衣着、文教娱乐，1997—1999年分别是杂项、食品、文教娱乐，2000—2004年排序位居前三位的依次是食品、医疗保健、文教娱乐。这种变化客观反映了辽宁省城镇居民消费支出的结构性调整④。随着居民收

① 佚名：《天津居民消费转型滨海新区消费增速最快》，《今晚报》2008年8月23日。

② 郝正亚、张冬燕、王建忠：《河北省城乡居民消费结构变动对产业结构优化的影响》，《科技论坛》2007年第6期。

③ 焦厚嘉、岳媛媛：《山东省城镇居民消费结构的实证分析》，《山东电力高等专科学校学报》2007年第3期。

④ 孙慧钧：《辽宁城镇居民消费结构变动趋势的灰色关联分析》，《内蒙古财经学院学报》2008年第1期。

入水平的提高，家庭轿车的普及和高科技通信技术的飞速发展，交通通讯的支出日益增加，交通通讯支出对总支出的影响越来越大。恩格尔系数下降了十几个百分点，文教娱乐、医疗保健和交通通讯都有显著提高，城镇居民住房消费有明显改善，这些都说明城镇居民的消费结构正在逐步升级，消费水平、消费质量逐步提高。

综合上述各省市的消费结构情况分析，可以得出以下基本结论。第一，环渤海区域随着区域经济的持续增长，居民收入增长较快，消费结构升级明显。区域总体消费结构水平已经从温饱型向发展型和享受型转换。第二，城镇居民基本消费支出比例有变化，即新兴耐用消费品在农村地区的发展空间很大，农村消费需求的潜力巨大。第三，城镇居民的住房消费需求较大，现有满足程度较低。四是新兴的消费浪潮如汽车消费、旅游消费、娱乐消费等正在兴起，对未来的居民消费结构的影响很大。

（二）环渤海区域居民生态消费的特点

从生态文明发展和生态消费观的视角审视环渤海区域的消费结构和消费现状，可以发现存在一系列问题。第一，城镇居民食品消费的比重偏大，食品消费内部结构不尽合理。随着城镇居民收入水平的提高，食品消费比重有明显下降趋势。食品支出的比重偏高，必然会影响享受资料、发展资料比重的提高，影响消费结构的优化，进而影响消费质量的提高。另外，从居民食品消费的内部结构看，食品支出主要集中于粮食、肉禽及制品、蛋类、水产品、菜类、糖类、烟草类、酒和饮料等。烟草、酒类消费比重大，对居民的健康有潜在的不利影响，并且随着酒类消费的增加，加重了对粮食供应的负担。有利于人们身体健康的豆类及豆制品、蛋类、奶类及奶制品所占比重不大①。第二，城镇居民住房消费比重增长迅速。住房是最基本而又很昂贵的消费资料。过去长期实行住房分配制度，限制了房地产市场的正常发育，使得住房消费比率过低，近些

① 孙慧钧：《辽宁城镇居民消费结构变动趋势的灰色关联分析》，《内蒙古财经学院学报》2008 年第 1 期。

年来，随着住房政策的调整和商品房市场的不断发展，环渤海区域居民的住房消费比重提升迅猛，加上该区域土地市场价格的强劲反弹和居住改善要求的不断提高，区域住房需求的发展速度高于全国平均水平，这对区域土地的供应和城市基础设施建设都提出了新的要求。第三，生态消费的理念尚未确立。总体看，环渤海区域居民消费心理仍不成熟，部分区域的超前消费意识很强，但部分区域的储蓄倾向较大，从而形成了不协调的基本局面，过分的超前消费意识，尤其是住房消费和汽车消费，对城市生态环境的影响很大，加大了城市的承载负担，造成道路交通、居住空间等的拥挤，而少数地区由于经济发展水平较低导致的高储蓄倾向，又限制了正常的消费需求，使正常的生产与消费的循环流转无法通畅，影响了社会再生产的进程。区域间收入水平的过大差距也不利于消费水平的整体提高和消费结构的优化。

（三）环渤海区域消费结构对生态文明的影响

环渤海区域作为中国北部区域，主要消费品中能源、交通、水资源、住房等对生态环境的影响偏大。

能源消费对大气环境的影响。环渤海区域能源消费结构以煤为主，因为在采暖期集中燃煤量大于平常，使得每年采暖期这一阶段污染物浓度明显高于平常。大气污染物直接或间接作用于生态环境，改变生态系统的组成成分，使生态系统中的各个环节发生变化，进而影响生物生存环境和人类健康。大气污染给人体健康带来很大的危害，主要表现在与污染相关的疾病人数的增加。在大气污染物急剧增加的取暖期，呼吸系统疾病、眼部炎症的患病率显著上升，免疫功能降低。

交通消费对生态环境的影响。交通消费带来的“外部性问题”主要表现在机动车尾气污染物的排放、交通噪声污染和由于城市基础设施与交通发展不协调而引发的城市交通问题等。机动车数和组成其结构的各类车辆数对各种污染物的排放量起到决定性作用。环渤海区域大量的工程车、重力车的通行以及该区域出租车和标准运营车辆数目的剧增，对尾气污染物的影响程度呈逐渐增大之势。公路汽车流量与周围土壤铅含量浓度高度相关，近年来，环渤海区域蔬菜水果铅含量逐渐增多，噪声污染越来越严重，区域交通路网和管理的不合理设置加剧了交通拥挤，加重了尾气和噪声污染。

水资源消费对生态环境的影响。在中国三大经济区中，环渤海区域是水资源最为稀缺的区域，京津唐等大城市的生活用水严重依赖引滦、引黄、引长等南水北调工程。随着环渤海区域工业化进程的加快，该地区地表水和地下水的污染情况非常严重。水污染造成该区域水生物多样性逐步丧失，传统的水产品品种越来越少，不少鱼类已经绝迹；水污染引起土壤污染，进而影响灌区农作物产品质量，污染水体的有害物质通过灌溉进入周围土壤，土壤重金属含量的增大直接导致农作物重金属含量的增加；地下水开采量逐年增加，使得地面沉降，水质逐渐恶化。

住房消费的生态环境效应。作为区域内拥有北京、天津等人口超千万的特大型城市，环渤海区域内大城市数量较多，城市人口居住密集，住房消费对生态环境的影响很大。由于居民住房对大城市的偏好，环渤海各大城市的建筑密度、人口密度很大，这对区域交通、用水、基础设施、土地资源等都带来非常大的影响，尤其是人口密度的过分集中使城市热岛效应非常明显，城市的气温和空气质量受到很大影响。另外，城市居民大量的生产生活垃圾超过了城市自生的消化能力，在京津唐等外围形成城市垃圾带，给环境污染治理带来难题。

日常消费的生态环境效应。城市日常消费的污染主要表现在消费品自身的环境污染、生活污水的产生、生活垃圾的产生以及日用品本身的化学污染等等。作为城市化比率较高的区域，环渤海区域的居民人均拥有电脑、电视、手机、微波炉、洗衣机等数量比重较高，大量的电子产品的使用造成了一定的电磁辐射污染，大量的洗衣机使用造成生活污水的扩大，越来越多的日用化工品的使用带来了化学污染，此外，城市中的食品消费、衣着消费、日用品消费及医疗保健消费带来大量的生活垃圾。随着人们生活水平的提高，消费结构转变升级，城市生活垃圾的产生数量也随之增加。消费方式向多样化、高级化发展，日用品消费在城市居民消费支出中的比重上升，日益多样化的日常消费产生的垃圾成为城市生活垃圾的最主要来源，居民消费活动的多样性导致消费结构对生态环境产生多方面的影响①。

四、环渤海区域政策和体制对生态文明的影响

（一）区域功能定位对生态环境的影响

进入新世纪，北京市在城市功能上做出了重大调整，城市功能定位舍弃了经济中心功能。随之，天津市在“十一五”规划及远景目标中，明确提出建立北方经济中心的核心目标。以滨海新区开发开放为龙头的区域发展势头非常强劲，百万吨乙烯、千万吨炼油、空客320组装线、通讯电子、汽车制造等等重大产业项目相继落户滨海新区，形成海洋化工、航天制造、电子通讯等一大批产业集群。继天津滨海新区被纳入国家发展战略之后，河北曹妃甸新区也正在兴起，功能定位为中国能源、矿石等大宗货物的集疏港、新型工业化基地、商业性能源储备基地、国家级循环经济示范区、中国北方商务休闲之都和生态宜居的滨海新城；计划到2010年，累计完成投资2000亿元，实现国内生产总值650亿元，财政收入达到100亿元，大有和滨海新区齐头并进之势。与此同时，在山东半岛，山东“黄三角”也已被纳入国家发展视野。以东营、滨州为主体城市，包括烟台、淄博、德州的部分县（市）在内的“黄三角”高效生态经济示范区开发有望进入国家战略层面。山东省希望以此为契机，进一步推动山东半岛的开发开放。作为东北老工业基地核心的辽宁省，借势于沿海开放战略正式被国务院批准的东风，正在争取把沈阳经济区申报为国家新型工业化综合配套改革试验区。沈阳经济区以沈阳为中心，包括鞍山、抚顺、本溪、营口、阜新、辽阳、铁岭共8个城市，通过中心城市沈阳的经济辐射和吸引，与周围经济社会活动紧密联系的地区形

① 赵延德、陈兴鹏：《消费结构变动的生态环境效应研究》，《开发研究》2005年第6期。

成区域经济共同体。

这样一来，环渤海经济区内的京津冀、山东半岛、辽中南三大城市群将形成各自的经济发展重心，即京津冀的滨海新区、曹妃甸，山东半岛的“黄三角”，辽中南的沈阳经济区和“五点一线”沿海经济带，多极化发展格局将成为环渤海区域内的一种态势。与环北部湾、海西区仅限于广西、福建单个省份不同，环渤海经济区包含多个省市，包含多个经济增长极。环渤海区域内形成的京津冀、山东半岛、辽中南三大经济圈三足鼎立的局面将长期存在。这种多极化的格局对于调动环渤海区域内各个经济体的发展积极性具有较大作用，但是，各经济体在合作与分工、产业联系、城市功能等方面很难形成各具特色、功能明确、分工合理、布局优化的局面。其对于区域生态环境的影响表现在：第一，功能定位趋同导致的产业结构趋同，造成区域内资源环境利用的不合理，资源利用结构无法合理拉开层次，能源消耗的竞争性突出。第二，功能定位趋同导致的地方政府对区域生态环境的变化缺少治理的积极性，地方政府在行政管理和政策制定上相互的排他性导致区域竞争有恶性化的态势。第三，对高产值、大项目、快增长的政绩偏好容易造成地方政府忽视区域生态环境的保护和治理，区域生态文明建设容易成为盲点。

（二）生态管理体制的影响

在环渤海区域，分割的生态管理体制与生态系统的一体化要求相悖。环渤海区域生态管理体制的缺陷表现在：一是区域生态建设过分倚重国家的统筹。如20世纪80年代以来，冀北地区进行的大规模生态治理，大多是以国家出资并组织生态建设工程的形式进行的。这些工程为净化京津水源、改善生态环境发挥了积极效应，显示出中央政府在提供区域公共产品方面的组织优势。但是地方政府缺乏生态建设的积极性，狭隘的本位主义思想制约了区域整体生态建设的进程。二是对于系统性的生态工程的后续建设、维护缺乏积极性。由于建设上过分依赖中央政府的整合力量，缺乏市场力量的参与及地方政府的积极配合，使得许多生态工程的效果不理想。国家投资的工程，普遍存在重工程建设安排、轻工程管护的倾向，管护费用落实不到位，边治理、边破坏的现象长期得不到解决，难以保证绿色屏障工程的质量和可持续性。三是地方政府竞争导致了区域生态补偿机制无法建立。京津冀之间平等的行政级别和日趋激烈的竞争关系，导致了区域之间在生态决策上经常不能统一并且不可调和，而京津两个直辖市与周边的地级市在行政地位上的不对等，也在观念和政策制定上妨碍了平等协商的区域合作机制的形成。区域生态协调机制的缺位，致使目前京津与冀北资源环境关系仍是靠行政调控和行政命令①。

（三）生态补偿机制的影响

作为资源相对紧缺的区域，环渤海区域中的特大型城市的许多自然资源需要依赖腹地去解决。以水资源利用为例，水利部门的调查显示，北京市80%的用水、天津市的很大一部分用水都来自河北省。而从目前情况看，在南水北调工程通水之前，河北省无疑将为北京和天津的用水承担更多的责任，而在2008年奥运会期间，河北随时为北京紧急供水。为给北京提供安全用水，从1989年至今，承德市在潮河上游生态治理、水土保持、节水等方面的投入累计已经超过20亿元，这笔资金投入已成为承德市财政的一大负担。不仅仅是资金的投入，为了保持水土，承德市政府曾于2002年发文，禁止在潮河沿岸放牧，牛羊只能圈养。这也导致承德市的山羊数量下降50%以上，只有不到100万只。承德市方面曾估算，仅此一项造成的损失就达5.5亿元。张家口市亦是如此，从20世纪80年代以来，该市先后关停了200多家中小型企业和部分大型企业，同时严格禁止在官厅水库、密云水库上游建设有污染的工业项目。水资源的非市场化分配给冀北地区带来巨大的水资源使用权损失。冀北地区作为京津两市的主要水源地，因需遵守严格的环保政策及产业布局规定，从而限制了其产业选择，造成巨大的发展权损失。张承两市为保护资源环境作出的贡献和蒙受的损失基本未得到补偿，少有的一些补偿多属临

① 张云、张贵祥：《基于区域一体化的生态经济发展研究——以京津冀北为例》，《经济与管理》2009年第3期。

时性的动议，补偿标准没有按照市场化的运作方式进行科学计算，也没有形成制度固定下来。区际生态补偿不足，使环京津贫困带问题长期得不到有效解决，也无法调动起上游从事生态建设的积极性。尽早规划建立一个合理的市场化的水资源配置机制，是京津冀区域合作的当务之急。

（四）环渤海区域环保政策法规对生态文明的影响

区域生态文明的进化，很大程度上依赖生态环保政策法规的实施。近些年来，环渤海区域在生态环境保护上制定了一系列的政策和措施，取得了初步的成效。如国家发展和改革委员会牵头编制了《渤海环境保护总体规划（2008—2020 年）》，于 2009 年 1 月获批准。规划中确定了加强重点环节和关键领域保护与防治，建立渤海污染防治与生态修复系统，建立陆域污染源控制和综合治理系统，建立流域水资源和水环境综合管理与整治系统，建立渤海环境保护科技支撑系统，建立渤海环境监测、预警和应急处置系统等五大重点任务，体现了渤海环境保护任务的综合性、战略性、客观性与长期性。与此同时，沿海地（市）相继编制发布了环境保护规划。其中，天津市、河北省、辽宁省和山东省分别出台了《天津市海洋环境保护规划（2006—2015）》（2006 年）、《河北省海洋环境保护规划》（2007 年）、《辽宁省海洋环境保护规划（2006—2015 年）》（2006 年）、《山东省海洋环境保护规划（2008—2020 年）》（2008 年），对辖区内未来海洋环境保护的基本目标、主要任务及保障措施等作出了规划。实践证明，区域环保政策的制定和严格实施对于生态环境的保护和改善具有积极的作用。如奥运会前，为切实保障北京空气质量，兑现奥运承诺，北京、天津、河北、山西、内蒙古、山东等 6 省区市及有关部门共同制定了《第 29 届奥运会北京空气质量保障措施》。其中规定，奥运会前北京市和周边 5 省区市将主要在扬尘、机动车、工业和燃煤污染方面联合采取治理和控制措施。经过各省市地区的共同努力，北京市环境空气质量得到显著改善，2007 年北京市全年收获 246 个蓝天，比 1998 年的 100 个蓝天多了 146 个。2008 年更是提前 1 个月完成了全年的蓝天指标。奥运会和残奥会期间，北京市空气质量达标率为

100%，其中分别有10天和2天达到一级标准，二氧化硫、一氧化碳、二氧化氮和可吸入颗粒物等各项污染物浓度日平均值比上年同期下降50%左右，达到世界发达城市水平。

但从根本上看，这些政策和措施距离区域生态文明的要求还有很大差距。特别是政策的实施效果由于各种因素的影响，大打折扣。如中国1982年制定了《中华人民共和国海洋环境保护法》（以下简称《海洋环境保护法》），1999年修订后从2000年4月1日起正式实施，但相关的配套法规并没有随之修订完善。《海洋环境保护法》实施几年来，没有一部相关的实施细则及法规出台，一些重要的海洋环境标准仍是空白。2001年，面对渤海海洋环境的日趋恶化，国家四部委联合天津、河北、辽宁、山东四省市政府制定了斥资555多亿元的“渤海碧海行动计划”。计划在2005年“碧海计划”第一个“疗程”的结束之年，使渤海环境污染得到初步控制。但到了2005年，中国海洋环境质量公报显示，渤海污染状况依然没有好转而且呈现整体恶化趋势。

在环渤海区域生态保护政策和规章上，资源开发、利用与管理过程中，缺乏高效合理的综合管理体制和运行机制；海岸带环境管理等还存在着立法空白，现行海洋环境保护法律不能对水域富营养化、赤潮、溢油等污染现象进行规制；海洋环境保护与管理部门间缺乏协调，存在有法不依、执法不严的现象，法律实施效果不好；缺乏统一的法律框架和协调、统一的渤海综合管理机制和联合执法机制。这些问题的存在对环渤海区域生态文明建设造成重大障碍。

第三节　环渤海区域生态文明的建构

环渤海区域生态文明的建构是一项复杂的综合性系统工程。它需要区域内各行政主体在区域统筹发展、产业体系建设、海洋生态保护体系建设、区域生态环境补偿体系建设等诸多方面统一认识，协调行动。

一、构建环渤海区域统筹发展的组织体系

区域生态文明建设，离不开区域统筹发展。从生态文明建设目标的确立，到生态文明建设过程、监督坚持、生态治理等各个环节，脱离了统筹发展的框架，都是事倍功半。为此，必须加大该区域统筹发展的力度，切实采取各种措施，促进区域在生态环保的大目标下协调发展。

（一）环渤海区域推进区际协调发展的进展

为适应环渤海地区经济发展的形势，1986 年天津联合环渤海地区的 15 个沿海市地，发起成立了区域性经济合作组织——环渤海地区经济联合市长联席会，推举天津为主任城市，日常办事机构也设在天津，由各市市长特派员组成。如今，这个组织已发展成为由 29 个成员市组成的全国较大规模的区域经济合作组织。以此为基础，发起成立了环渤海企业合作促进会。目前，参加筹备的成员已达 30 余家。在联合招商、开发市场、技术转让等方面开展了积极的尝试。但是，和长三角地区制度化统筹机构的确立不同，环渤海区域的统筹发展的最大问题是组织机构的松散化、规格低和缺乏必要的约束性。除了京津冀三地开始越来越密切地尝试运行市长联席会议，探索区域协调发展之外，整个环渤海区域的统筹协调机构没有制度性的框架构成和行动指南。即使是京津冀三地的联席会议制度，也仅仅是确立了三地区域合作的基本框架、区域合作范围和基本原则。2009 年 5 月，京津冀三方在廊坊签订了《关于建立京津冀两市一省城乡规划协调机制框架协议》，这为三方在产业、交通、旅游、生态等多方面具体协商和对接创造条件。其中取得明显成效的是在旅游一体化发展方面开始迈出了实质性的步伐，“京津冀旅游合作协议”及旅游合作近期行动方案，标志着三地的旅游一体化进程由“纲领”逐渐转向“行动”。但在区域产业衔接和转移、产业集群、跨区域项目建设和城乡整体规划等更深层次上，统筹发展仍然显得苍白无力。

（二）环渤海区域协调发展的组织障碍

从目前看，存在的主要障碍有：

1. 中央层面缺乏对区域竞合规范和深化的制度保障。由于缺乏硬性的制度性约束和统一的规划要求，环渤海地方政府之间在生态建设上的行动自由松散。发达地区和欠发达地区对于区域生态建设目标上的差距很大，而且区域生态环境的最终效果是受到短板效应的影响，导致了地方政府之间在生态行为上的消极取向。

2. 环渤海区域个体增长取向的竞争行为已经构成地方行为演变的主线。其中，追求本地区 GDP 的快速增长是这种行为取向的直接表现。在追赶长三角、珠三角的行动中，区域内个体不约而同地提出率先和快速的口号，个体增长取向的竞争后果是：京津等地区率先实现突破性增长的同时，在河北的部分地区形成城市贫困带和大量的贫困人口，激化了区域经济发展的深层矛盾。

3. 环渤海区域之间的利益分享机制没有建立。由于地方政府之间存在着利益追求和博弈，而长期以来对于这种利益主体性的忽视和利益分享观念的缺失，导致了区域之间经济秩序的不公正，环境欠债方缺乏给受害方必要的补偿，造成区域之间的无序竞争和过度竞争现象屡禁不止。

4. 缺乏差异性发展和统筹发展的协调机构。由于硬性的区域合作组织的缺失，造成该区域在竞争合作的事前缺乏统一的发展规划作指引；在竞争合作的事后，缺乏必要的调节机制和纠错手段，环渤海区域政府之间沟通和磋商渠道受到很大影响。

（三）推进环渤海区域政府合作的保障措施

1. 调整地方政府行为取向。将地方政府竞争由过去的追求个体增长转向追求区域协调增长。这需要京、津、冀、晋、蒙、辽等省市地方政府调整行为绩效的评价标准，从政府约束的制度基础上建立环渤海区域协调发展的行动指南。这种调整要求地方政府将评价自身行为的指标体系由以 GDP、人均 GDP 等反映经济增长的指标为主向经济、社会、环境与生态等协调发展的综合指标体系扩展，探索建立绿色 GDP 和社会发展综合评价指数等新型的评价标准。

2. 重视和引导地方政府的利益主体存在性。市场经济承认利益主体的存在，利益主体之间的分享机制是市场经济发展的前提条件。承认地方政府与地方政府之间的利益分享，就是尊重转轨时期存在地方经济利益的客观现实，以利益关系为纽带取代以行政关系为纽带处理区域经济问题。环渤海区域应该统一共同的目标，各省应本着合作共享的原则，从各自的优势出发，促进资产的跨省重组和要素的跨省流动，发挥该区域在石化、冶金、能源和机械加工等行业的集体优势，加强交通基础设施建设、产业布局、企业重组、环境治理等方面的沟通和协调，形成资源和基础设施的共享环境，提高作为一个整体的对外竞争力。

3. 合理制定战略定位和竞争策略。一些特定区域的地方政府，在政府间竞争中应明确辖区在区域内的城市功能定位，实施错位竞争。例如，北京和天津等超大城市应避免龙头之争，合理定位自己的政治功能、经济功能、文化功能，采取差异化竞争策略，避免同质化倾向。同时，渤海周边的大连、营口、辽宁、曹妃甸、秦皇岛、天津等港口之间的竞争策略、发展取向等要互相照应、统筹规划，避免过分的同质竞争。

4. 建立环渤海区域政府间竞争协调机制。在环渤海地区构建长效的区域政府协调机制，方能使该地区的区域经济实至名归。国内其他区域联合协作的经验表明，相对比较健全完善的协调机制能够有力地推动区域合作。目前，环渤海地区已形成了以环渤海地区经济联合市长联席会为代表的协调机制。适应区域合作进一步发展的要求，应在充分发挥环渤海地区市长联席会作用的基础上，有步骤、分阶段地建立各种不同层次、不同性质的协调机制，努力形成多元化、多层次的区域合作机制体系。当前，重点要改变目前环渤海区域非制度性合作协调机制，努力形成类似欧盟的谈判机制，增强区域合作机制的稳定性、紧密性和硬约束。根据合作领域组建一些专题工作组，专门负责相关领域合作任务的落实工作，并逐步推动建立区域高层领导人定期会晤制度和有关职能部门沟通协商机制；同时，积极促进城市间社会团体、学术机构、行业协会和广大市民的交流与沟通。

二、构建环渤海区域的生态产业体系

对于环渤海区域这类资源依赖型的产业区，推进产业生态化，是最具实质性意义的生态文明建设。环渤海区域的生态产业体系建设应该依据生态经济学原理，运用生态、经济规律和系统工程的方法来经营和管理传统产业，以实现其社会、经济效益最大，资源高效利用，生态环境损害最小和废弃物多层次利用的目的。它的本质是把资源的综合利用与环保结合在一起的产业发展过程，要求所有的产业都要符合生态、经济规律的要求，使产业系统的新陈代谢像生态系统那样以循环的方式运行。

（一）提升环渤海区域产业规模经济效益

生态产业体系构建的前提是产业具有规模经济效益，以利于产业循环发展的实现和污染排放的集中治理。但环渤海产业规模经济的实际状况却是：第一，企业规模小而分散，产业集中度低，缺乏基本的整合市场的能力，导致重复生产、过度竞争的状况，造成资源配置效率低。第二，在规模经济效益要求较高的产业部门企业规模过小，无法利用大规模生产经营降低成本，提高效益。第三，较低的企业规模不仅降低了企业的价格竞争能力，而且降低了研究开发与技术进步、品牌创造等非价格竞争能力，不利于企业在市场激烈竞争中取得优势地位。第四，环渤海地区工业结构中重工业比重过高，超过全国平均水平6个百分点，大中型企业总产值占该区域工业总产值的比重为62.3%，但平均总产值规模却只有2.911亿元，这说明该区域大中型企业内部规模经济效益较低①。

因此，要从根本上改善环渤海区域产业的规模经济状况，必须从上述主要问题入手：第一，推进环渤海区域产业一体化发展。应进一步围绕地方优势，突出区域重点，推进产业互接。如河北省承德市积极承接

① 卢新德、江奔东：《保护生态环境促进环渤海经济圈可持续发展——关于环渤海经济圈可持续发展的调查研究报告》，《管理世界》1997年第5期。

周边大城市产业转移，该区域内六大主导产业的规模经济迅速提升，形成了一定的特色和优势。这对于类似区域提供了很好的发展借鉴。环渤海的欠发达地区应积极主动地参与环渤海区域合作，进一步做好产业承接和产业对接，在积极提升自身产业规模和素质的同时，也能促进区域经济优势互补、产业互接、融合发展，推进环渤海区域合作向更宽领域、更高层次发展。第二，推进本区域内的企业实现升级改造。作为重化工业集中的区域，环渤海区域生态产业的发展必须坚持两个重大原则。一是要坚持用信息化推动工业化发展，坚持用高新技术改造传统产业，尤其是对乙烯、炼油、石油开采、机械制造等能耗大、污染重的产业重点改造，推进产业的不断升级和企业自身规模的不断优化。二是坚持科学发展的基本理念。坚定不移地走一条资源消耗低、环境污染少的资源环境友好型发展之路，坚持以生态文明建设为指向，避免为盲目追求指标增长而大量引进不符合区域生态规划的工业项目，取而代之的是在该区域内重点发展电子信息、航空航天、生物科技等技术含量高、附加值高的产业。第三，重视区域龙头企业的带动作用，通过优化组合，兼并重组，推动对中小企业的整合，要通过制度创新，建立灵活的适应经济发展的企业机制；通过跨省市的企业重组，提高整个区域的竞争力。推动产业整合要调整不利于跨地区重组的体制和政策尤其是税制和金融机制，将企业征税全部改为属地征税；改变按行政区域贷款，对不同地区注册的企业一视同仁，按其偿还能力进行放贷。在产业整合过程中要加快现有产业结构的调整和升级，依靠科技力量加快加速产业的整合。

（二）加强区域内产业体系的合理分工

环渤海区域的产业体系要做好分工，要弄清楚区域内的基本功能和发展方向。京津冀经济圈是首都所在地，也是全国政治、经济、教育、文化中心，所以该区域产业重点应该是信息经济、金融服务、文化产业等高端服务业为主的产业构成，利用科技人才优势带动经济的发展。山东半岛经济圈中，石油、海洋化工、家电、纺织、机械制造等行业具有良好的基础，通过调整重组和产业调整，促进传统产业优势整合，同时利用好山东省的旅游资源，开发新线路，统筹规划旅游路线，促进旅游业的发展；辽东半岛经济圈是以重型机械、化工、造船等为主的重工业基地，对这一区域应该加强技术革新和资源的重组，使生产要素得到优化配置。具体到该区域中心城市的产业选择上，北京市作为首都应加强商务、信息、科技、知识创新等功能，疏散部分服务和生产职能；天津市应加强其港口和滨海新区功能，增强物流和生产制造基地功能，进一步发挥其通信产业的优势；石家庄市应发展其生态农业、医药和纺织等行业；沈阳市要增强其现代服务业功能，发挥现代制造基地功能；大连市应发展其物流功能和国际交流功能；济南市应发挥其作为山东半岛的政治文化中心城市的服务功能；青岛市和烟台市则应加强物流和外向型制造基地功能。这样通过明确区域中各圈层和中心城市的功能定位，在规划发展中就能够避免恶性竞争的产生，提升产业效率，推进产业体系的不断升级。

（三）推进环渤海区域生态农业和城市生态工业共同发展

生态产业的基本构成主要在于生态农业和城市生态工业的发展。

在生态农业上，要不断加大农业科技和研发投入，坚持走高产、优质、高效、节能的基本路线。积极推进生态循环农业模式的创新和发展，促进农业生态与经济的良性循环。内陆农村要积极探索种植、养殖、能源、垃圾处理等一体化的循环经济路径，通过政府引导资金、优惠政策、小额贷款等措施，推进生态农业和立体农业的发展，建立“农村复合生态体系”，包括“饲料→沼气→蚯蚓→肥料”多次利用体系、“蘑菇→饲料→沼气→蚯蚓→肥料”循环体系等。沿海农村应创建能够防御自然灾害的可持续发展产业体系。例如，从近海向陆地可建立“海岸带复合生态体系”，即“水产养殖业或盐业→林业（防护业体系）→畜牧业→种植业→加工业”。实现农业发展的大循环和小循环。

环渤海区域城市生态工业的发展，第一，要以节能降耗推动产业结构调整。这需要区域内政府部门下决心关停和淘汰一批不符合环保要求的落后产能；加大对传统的工业生产方法、流程、技术等的改造，尤其是本区域炼油、钢铁等产业的技术改造，实现污染的低排放和零排放；大力发展新技术、新工艺、新方法，推进传统生产方式的变革；积极开发运用新型能源，优化能源结构，建立能耗使用的激励与约束机制。第二，在环渤海区域要大力发展具有全局性、先导性、高效益的交通、通信、金融保险、信息咨询、房地产、商业服务等第三产业，逐步调整区域内现有的产业结构。使环渤海区域重型化、工业化的产业特点向技术化、智能化方向转化。第三，建立以节能环保为特点的生态产业体系和考评体系。在区域产业功能上增加专业化从事污染治理、环境保护、生态修复、废弃物循环利用的逆向产业功能。加快制定环渤海区域环境要素和重污染行业的污染治理技术政策、指南、工程技术规范、环保产品技术标准，制定和发布鼓励发展的环保技术、产品目录等。推进环境咨询服务的市场化，大力发展环境污染治理设施运营业，建立和完善污染治理设施运营监督管理的法规制度，积极推行环境污染治理设施的企业化、市场化和社会化运营。为切实推进上述保障措施的实施，必须加速推进政府绿色生态考评体系的施行，彻底扭转地方政府以 GDP 为导向的增长考评体系，全面转入绿色 GDP 核算体系中。

三、保护与治理环渤海区域海洋生态

（一）渤海海洋生态保护的重点和基本措施

渤海海域的海洋生态环境变化对该区域整体生态环境的影响极大。因此对海洋区域的生态环境治理和保护是环渤海经济圈的重中之重。

当前渤海海域生态环境保护和治理的重点在三个方面：一是针对海河、滦河、黄河、辽河等大河的入海陆地淡水减少、生态用水紧缺实施的治理工程；二是防范周边地区开发力度加大造成的海域污染；三是针对渤海的一些优良岸线和滩涂正逐渐减少如辽东湾、黄河三角洲、河北等地湿地面积迅速萎缩而采取的湿地生态保护。

从具体行动来看，2001 年 10 月，国务院正式批准由国家环保总局、国家海洋局、交通部、农业部及天津、河北、辽宁、山东四省市联合制定的《渤海碧海行动计划》。计划对目前污染严重的渤海投入资金555亿元，启动项目427个，全面治理渤海生态。2006年8月，国务院在召开渤海环境保护工作现场会上指出，要关掉一批污染严重项目，严格控制污染物排放总量，2010年之前使环渤海地区城市污水处理率不低于85%。2006年10月26日，辽宁、河北、天津、山东四省市交通部直属海事局在天津滨海新区签订了《渤海海域船舶污染应急联动协作备忘录》。在海洋防污染领域，这是我国首次建立应急联动机制。

分地域看，天津市2008年11月通过《渤海环境保护总体规划(2008—2020年)》，计划到2012年，初步建立流域污染控制和综合整治系统，实现重要海洋功能区达标率85%，入海水量增加12.2亿立方米；实现城市污水处理率不低于80%；河北省2007年制定的《河北省环境保护“十一五”规划》中，提出抓好直排海的非点源和养殖业的污染防治。控制船舶、输油管线、倾废等污染，完善港口污染处理处置设施，使入海主要污染物得到有效削减。山东省出台实施了《山东省海洋环境保护条例》，以沿海防护林带建设为重点，规范海洋开发活动，改善海洋生态环境，使沿海社会经济实现可持续发展。辽宁省以治理“陆源污染”为中心，从20世纪90年代开始搬迁改造石油、炼化、制药、煤气等数百家污染企业。通过企业搬迁，设备更新，改造工艺，淘汰效益差、污染重的产品。同时，加大污水处理厂建设，大幅度提升污水处理能力，在全国率先强制推广无磷洗涤用品，有效地降低了“陆源污染”，提升了海域水质。

（二）深化渤海海洋生态保护的策略

为适应新形势下渤海海域的生态保护，巩固原有的治理成果，应不断深化和创新渤海区域的海洋生态综合治理策略：

1. 加强渤海区域环境防治的法规体系建设。尽管近十年来，从中央政府到地方政府针对渤海区域的海洋生态保护制定了包括《渤海碧海行动计划》、《渤海综合整治规划》、《渤海沿海资源管理行动计划》以及

《渤海环境管理战略》等多项综合性和专项计划，但这些规划都是纲要和框架性规定，约束力较弱。要从根本上改变渤海环境质量不断恶化的局面，还需有法规和制度的进一步约束和保障。因此，建议在发展规划的基础上，尽快制定出台有关渤海环境污染防治条例的刚性法律文件，以更严格法规和制度控制渤海海域环境污染。

2. 建立流域内统一的生态监管机构。流入渤海的较大河流有海河、辽河、黄河、滦河和小清河，海域中陆源污染物的来源涉及整个流域。从现有的管理体制来看，实行的是属地管理的基本原则，缺乏全流域的环境综合管理。因此，应该建立由国家环境保护部、国家海洋局和属地有关部门参与的统一的生态监管机构。如果条件不成熟，可以先以区域性协调管理会议的形式暂时监管，待条件成熟后，过渡为跨区域的常设管理机构，担负渤海区域海洋生态规划、流域环境污染治理、省市协同、海洋环境和生态保护等具体职能。

3. 实施近岸海域环境功能分区管理。按照全国主体功能区规划要求，优化渤海开发空间，促进渤海开发利用规模、强度与渤海资源、环境承载能力相适应。目前，环渤海地区的一些省市已经制定了本地区的海洋功能区划，应在此基础上尽快制定环渤海地区近岸海域环境功能区划，对渤海海域实行综合的环境功能分区管理。加大实施生态治理工程，科学制定水产养殖业的发展规划，在市区和风景区近岸海域应禁止进行浮筏养殖。严格保护湿地，保护流域和区域生态平衡，搬迁改造污染严重的企业，保护水源地。

4. 推进海洋循环经济示范区建设。探索和推广海洋产业的循环经济发展模式，大力发展循环经济，积极推动产业循环式组合、企业循环式生产、资源循环式利用。通过调整沿海产业布局，防止陆源污染，对排放废水、废气、废渣等严重污染海域的企业要限期搬迁、整改或关闭，严格实施排污总量控制制度。加强对港口、船舶的环境污染监管和港口城市生活垃圾和废旧物资的回收、加工、利用，提高资源回收和循环利用水平。

四、建立区域生态环境补偿机制

（一）环渤海区域建立区域生态补偿机制的难点

生态补偿是指通过制度创新实行生态保护外部性的内部化，让生态保护成果的受益者支付相应的费用，通过制度设计解决好生态产品这一特殊公共产品消费中的“搭便车”现象，激励公共产品的足额供应，通过制度变迁解决好生态投资者的合理回报，激励人们从事生态保护投资并使生态资本增值的一种经济制度。市场经济下，跨区域的生态环境综合治理需要通过区域生态补偿机制来实施。

从环渤海区域生态环境补偿的实践情况看，难点在于：第一，生态反应过程时间长、周期大，特别是生态恢复是一个缓慢的过程，生态的破坏有时间上的滞后性，往往在破坏了很久之后才显现，恢复起来很困难。第二，生态补偿是涉及诸多部门的一项艰巨而复杂的工程，区域间财政、水利、林业、环保、发展规划等各部门都牵涉其中，需要各部门之间有很好的协同。第三，生态补偿的价值衡量缺乏合理的考量，现有的技术手段还有欠缺，并且对于补偿价值的确定既缺乏权威的认定机构，也缺乏有力的协调部门。第四，生态补偿的执行困难。生态补偿标准确立后，补偿的时限、方式等都缺乏必要的监督和约束，往往通过两地之间的协商谈判来解决，缺乏第三方机构的监督和约束。

（二）构建环渤海区域生态补偿机制要点

生态补偿路径必须建立在市场交易的基础上，通过完善产权交易市场、明确交易制度和规则、保证交易效果来推进。因此必须变政府主导为市场主导，变政府依赖为市场依赖。

1. 明晰区域生态补偿主体和客体。应明确环渤海区域生态治理的受益主体和贡献主体。由于生态功能的外部效应具有公益性，以及生态服务消费中的非竞争性和非排他性，对于上游地区实施的生态环境建设，如退耕还林的农民、关停并转的污染企业，都应当成为补偿客体。

2. 完善补偿资金的测算和分摊方法，强化补偿资金的用途监管。以上游地区生态建设投入成本为分摊基础，按照中下游地区获益大小、环境支付意愿和经济总体实力等综合因素，确定合理的分摊率，在相关行政区之间进行成本分摊。补偿资金必须实行专款专用，主要用于改善生态环境、恢复生态脆弱地区的植被、退耕还林、替代能源以及发展污染密集度低的替代产业等项目，并采取项目带动、市场化招标等方式，对生态建设项目进行产业化、市场化经营，切实提高补偿资金的利用效益。

3. 拓展补偿资金来源渠道。对于生态受益地区而言，巨额生态补偿资金的筹措是地方财政巨大的包袱，必须通过适度提高水资源和排污收费价格，或者开征生态补偿费（税）等方式，从流域生态受益主体、行业和群体中筹集补偿资金，建立起社会各界、受益各方参与的多元化、多层次、多渠道的生态环境基金投融资体系。

4. 创新生态补偿方式。从环渤海区域的产业和地域特点出发，可以尝试以下生态补偿方式：一是京津等发达城市扶持冀北、蒙中等区域发展新产业，调整落后的产业结构，减少这些地区农牧依赖型的第一产业和自然资源依赖型的第二产业，通过扶持发展生态型、环保型产业项目，实现区际生态的保护。二是充分利用首都地区雄厚的人力资本优势，给欠发达地区提供技术支持，即补偿者开展技术服务，提供无偿技术咨询和指导，培养受补偿地区或群体的技术人才和管理人才，提高受补偿者生产技能和组织管理水平。三是通过京津冀等区域的一体化发展，在投资、产业衔接、资源互补等方面实现横向联合，带动区域资源的优化配置和落后地区的快速发展。

5. 建立涵盖工、农、林、水、牧等各行业的生态补偿体系。逐步实行区内生态林业用地使用权损失补偿政策、限制传统工业发展权益损失补偿政策、生态工程管护费用补偿政策、自然保护区管护费用补偿政策等。对于封禁区和退耕还林还草区，考虑到北方林草生长缓慢的实际情况，退耕还林还草补钱、补粮的政策应适当延长，补助标准也应适当提高；建立和完善水权交易机制。明晰的水权界定是进行交易的先决条件，也是水权交易的基础。在此基础上，建立水权交易市场。为确保公平和公正，政府应通过制定、颁布和实施各类水权交易法律、法规和条例，规范水权交易市场行为，调节水权交易市场的运行；建立和完善包括废气、废液、废物等污染物排放的指标交易制度。通过交易制度，提高污染排放的成本和调动企业治污的积极性。

第六章 海峡西岸经济区生态文明与经济发展

“海峡西岸经济区”有广义和狭义两个概念。广义的是指以福建为主体，面对中国台湾省，邻近港澳，范围涵盖台湾海峡西岸，包括浙江南部、广东北部和江西部分地区，与珠江三角洲和长江三角洲两个经济区衔接，依托沿海核心区福州、厦门、泉州、温州、汕头五大中心城市及其以五大中心城市为中心所形成的经济圈构筑地域分工明确、市场体系统一、经济联系紧密的对外开放、协调发展、全面繁荣的经济综合体。而狭义的“海峡西岸经济区”是台湾海峡西岸的福建省，核心区为厦门、金门、澎湖。首先把厦门和台湾部分地方放在一起做一个示范区，试行一些包括贸易往来、税费等方面的优惠政策。本章采用狭义的“海峡西岸经济区”（以下简称“海西”）概念。

第一节　产业结构对生态文明的生成与发展的影响

一、产业结构对生态文明的生成与发展的积极影响

（一）工业污染总量得到了有效控制

近几年，福建省工业污染物排放总量并没有随着经济快速发展而大幅增加，主要依靠的是污染减排、总量控制（见表6－1）。

表6－1　　**福建省污染排放基本情况**（2005—2008年）

项目＼年份	2005	2006	2007	2008
废水排放总量（亿吨）	21.24	21.60	22.70	23.63
化学需氧量排放量（万吨）	39.4	39.5	38.32	37.82
氨氮排放量（万吨）	5.2	4.9	2.98	3.00
二氧化硫排放量（万吨）	46.1	46.9	44.57	42.89
烟尘排放量（万吨）	13.1	14.5	11.80	11.67
工业粉尘排放量（万吨）	19.30	17.57	18.69	17.15
工业固体废物排放量（万吨）	5.77	3.37	2.75	2.65

资料来源：福建省统计局等：《福建统计年鉴2009》，中国统计出版社2009年版，第509页；《福建统计年鉴2007》，中国统计出版社2007年版，第414页。

从表6－1可以看出，2008年福建省废水排放总量为23.63亿吨，化学需氧量（COD）排放量为37.82万吨，比2007年下降1.30%，比2005年下降4.01%；二氧化硫（SO_2）排放量为42.89万吨，比2007年下降3.77%，比2005年下降6.96%；氨氮排放量为3.00万吨，烟尘排放量为11.67万吨，工业粉尘排放量为17.15万吨，工业固体废物排放

量为2.65万吨。与2005年相比，除废水排放量未得到有效遏制外，其他主要污染物排放总量均比上年有所下降，其中工业固体废物排放量和氨氮排放量的年平均下降率较大，分别是22.85%和16.75%（由表6－1计算得出）。

与2005年相比，2008年废水治理设施处理能力为987.98万吨/日，比2005年的758.60万吨/日，提高了30.2%；废气治理设施处理能力为19173.05万标立方米/小时，比2005年的11487.20万标立方米/小时，提高了66.9%（见表6－2）。

表6－2　福建省工业污染排放及处理利用情况（2005—2008年）

项目＼年份	2005	2006	2007	2008
工业重复用水率（%）	53.4	56.58	60.10	57.92
废水治理设施处理能力（万吨/日）	758.60	884.29	936.72	987.98
工业废水排放达标率（%）	97.7	97.9	98.27	98.40
工业废气排放总量（万标立方米）	62649073	68837669	97473804	91499698
废气治理设施处理能力（万标立方米/小时）	11487.20	15072.49	17334.94	19173.05
工业固体废物综合利用量（万吨）	2649.73	3105.41	3401.20	3930.07
工业固体废物综合利用率（%）	68.9	73.1	70.50	72.86
“三废”综合利用产品产值（亿元）	14.90		20.52	25.35

资料来源：《福建统计年鉴2009》，中国统计出版社2009年版，第513—515页；《福建统计年鉴2007》，中国统计出版社2007年版，第418、419页。

（二）循环经济进一步发展

福建省已有378家企业开展清洁生产审核，不少企业取得节能、降耗、减污、增效的显著效益，循环经济进一步发展。福建省环保局组织编制的《化纤行业（涤纶）清洁生产标准》已由国家环保部正式发布。福州市马尾经济开发区投产了一批“静脉”产业，初步形成区域层面的循环经济运行模式，产业链日臻优化。三钢集团、厦门钨业股份公司、福建凤竹纺织科技股份公司和福建泉港石化工业园区成为全国第二批循环经济试点单位①。

1. 工业废弃物循环利用有所提高。2008年福建省工业重复用水率为57.92%，比2005年的53.4%提高了8.5%；工业固体废物综合利用率为72.86%，比2005年的68.9%提高了5.7%（根据表6-2计算得出）。"三废"综合利用产品产值从2005年的14.90亿元上升到2008年的25.35亿元，增长了70.1%（根据表6-2计算得出）。2008年工业固体废物综合利用量为3930.07万吨，比2005年的2649.73万吨，提高了48.3%（根据表6-2计算得出）。工业废水排放达标率为98.4%，比上年提高0.13个百分点（见表6-2）。2008年工业用水总量94.02亿吨，比2007年减少7.1%。

与发达国家85.0%的水资源利用率相比，福建省水资源利用效率仍然较低，虽然福建省水资源人均拥有量为全国人均拥有量的1.52倍，但并不丰富，提高水资源利用率特别是工业重复用水率仍需努力。

2. 加快淘汰落后产能。近年来，福建省认真开展水泥、钢铁、电石、铁合金、小水电等行业的淘汰落后产能工作，制定和实施《"十一五"期间分年度分行业淘汰落后产能计划表》等，综合运用经济、行政、法律的手段，加快淘汰能耗高、效率低、污染重的落后产能、产品、设备、技术和工艺，遏制高耗能高污染产业盲目发展和低水平重复建设，推动产业升级，促进能耗降低和环境保护。至目前，已累计淘汰落后水泥产能1211万吨，2010年计划淘汰目标1668万吨，至2008年上半年，关停小火电机组装机容量共44.5万千瓦，2010年福建省将关停113.4万千瓦小火电机组。

（三）积极发展生态农业，减少农业面源污染

1. 倡导生态植物保护技术。在生态文明建设过程中必须强化运用传统有机农业技术，全面规划、合理组织农业生产，促进福建省农业生态良性循环，控制农村及农业面源排放。推广应用低残留、高效、低毒农

① 《2008年福建省环境保护公报》，福建东南新闻网，2009年6月5日。

药和生物防治。尽可能少施化学农药，积极推广秸秆及粪便沼化还田，加快有机废弃物的资源化处理，推广使用可降解农膜，减少农业白色污染。加强生态环保科技的推广和应用，发展绿色农业。建立促进循环农业技术开发与推广的机制，鼓励民间设立循环经济技术研发机构，推进循环农业技术入户。

2. 积极发展无污染的生态食品。种植业发展上，要积极发展无公害食品、绿色食品、有机食品等高优农业、生态农业。要建立无公害农产品、绿色食品、有机农产品的生产基地，创建品牌，扩大规模，逐步提高健康、安全食品的份额，提高福建农产品的档次和知名度。实施农业标准化，推进无公害农产品、绿色食品、有机食品认证，积极实施国家地理标志产品保护，推行农产品质量认证和产地等标识认证制度。要科学养殖，提高农产品质量和应对“绿色贸易壁垒”的能力。

福建省是全国唯一的在全省范围内对食品污染、对食品不安全因素进行综合治理的省份，是唯一的将“食品放心工程”作为“省长工程”的省份。福建省是全国最早开展“无公害食品行动计划”和“治理餐桌污染”的省份之一。截至 2008 年 8 月，福建省获得省级无公害农产品产地认定的水产养殖生产单位共计 238 家，面积达到 6.72 万公顷。据有关信息，福建省力争 2009 年新增认定 100 个无公害农产品产地，认证 150 个无公害农产品，60 个绿色食品产品和 12 个有机食品产品。2008 年福建省蔬菜农残合格率为 97.9%，茶叶合格率 100%，生猪瘦肉精合格率为 100%。奶站清理整顿成效显著，所抽检的原奶样品和生鲜乳样品均未检出三聚氰胺。

3. 发展农村沼气。沼气建设对解决农村清洁能源问题，改善农业生态环境，提高农民生活质量，加速传统农业向现代农业转变等具有重要意义，两度列入福建省为民办实事项目。2008 年福建省农村户用沼气池保有量为 35.24 万口，大中型沼气工程 988 处，生活污水净化沼气池 1907 处（见表6－3），促进了农村能源利用向清洁化方向发展，减少了环境污染。

表 6-3　　福建省农村可再生能源利用情况（2007—2008 年）

项　目	2007 年	2008 年
沼气池产气总量（万立方米）	22218.07	22218.07
农村户用沼气池（万口）	35.24	35.24
大中型沼气工程（处）	988	988
生活污水净化沼气池（处）	1907	1907

资料来源：《福建统计年鉴 2009》，中国统计出版社 2009 年版，第 512 页。

2009 年福建省农业厅争取到中央增投资金 5062 万元用于农村沼气建设。其中，3000 万元用于建设 3 万口户用沼气，400 万元用于建设 500 个乡村服务网点，452 万元用于建设 275 个养殖小区和联户沼气工程，1210 万元用于建设 14 个大中型沼气工程。这些项目将于 2010 年 3 月底完成。2010 年，福建省将按照“又好又快、好中求快”的原则，争取中央支持，扩大沼气建设规模，适当提高补助标准，加强服务网点建设，开展农村沼气综合利用示范、推广，发展生态农业。

（四）丰富的森林资源保证了较优越的生态环境

作为生态环境最好的省份之一，福建省林地面积占土地总面积的 23% 以上，森林的综合作用使福建省的水土流失率仅 10.72%，比全国水土流失率低 6.7%，是全国水土流失面积比例较低的省份之一；水、旱灾害较少；主要城市空气质量基本达到功能区规定标准。2003 年至 2008 年，福建省森林资源总量持续增加，森林覆盖率稳步上升，森林质量有所提高，森林结构渐趋合理。森林总面积不断扩大，从 2003 年 11474 万亩增加到 2008 年的 11500 万亩，森林覆盖率由 62.96% 增加到 63.10%。福建省森林面积 11500 万亩，森林覆盖率 63.10%，列全国第一位；活立木总蓄积量 5.32 亿立方米，列全国第七位；竹林面积 1490 万亩，毛竹总株数 19.73 亿株，均列全国第一位；人工林保存面积 5388 万亩，列全国第五位；人工林蓄积量 1.96 亿立方米，列全国第一位，林种结构渐趋合理。在森林五大林种中，防护林与特用林的面积所占比重由前期的 24.31% 上升至本期的 26.26%，表明福建省林业正逐步从以木材生产为主向以生态建设为主的方向转变①。

1. 提高林地保护和管理能力。发展现代林业是提升产业水平、增加林农收入，建设生态文明的物质和社会基础。福建省不断提高林地保护和管理能力，加强森林资源抚育更新，保持森林覆盖率居全国首位。不断优化森林资源结构，提高森林资源质量，加快沿海防护林体系、生态公益林体系建设，强化森林资源的生态功能。1988 年三明集体林区列为全国农村改革试验区。2003 年福建省在全国率先全面启动集体林权制度改革，2004 年 4 月国家林业局确定三明为全国集体林区林业产权制度改革试点。2005 年，福建省率先完成明晰产权的集体林权制度改革的主体任务，在要素市场建设、林权抵押贷款、林木林地产权流转规范、林农合作经济组织建设、林农技术培训、商品林采伐制度改革、生态公益林管护和补偿机制创新等许多领域取得积极进展。

2. 提高生态公益林补偿标准。随着生态公益林补偿收益与经营商品林收益差距的加大，生态公益林的管护难度也在增加。福建省建立健全长效机制，加强生态公益林的保护，不断提高生态公益林补偿标准，完善闽江、九龙江、敖江等流域生态补偿具体实施办法，解决当前闽江上游生态公益林补偿标准低、管护困难等问题，推动龙岩、汕头、潮州建立汀江（韩江）流域治理补偿机制，推进生态环境跨流域、跨行政区域的协同保护。加强重点流域造林和生态保护工作。福建省林业厅推动流域造林绿化规划进度、加强流域生态公益林建设和河流湿地保护、加强督导等工作，并拨出 70 万元专款，用于补助重点流域造林绿化规划，推动全省造林绿化规划工作。福建落实对全省主要江河流域两侧一重山生态保护和造林绿化规划，还积极争取国家林业局对重点流域造林绿化工作的支持，上报国家林业局申请六江两溪防护林建设补助经费。

（五）海洋环境保护成效显著

福建省海洋环境保护成效显著，海洋监测从被动环境监测向环境监

① 《福建森林覆盖率居全国首位》，《福建日报》2010 年 1 月 9 日。

控、整治修复和全面主动管理转变。开展了主要海湾污染物总量控制制度研究、海洋环境保护规划编制、海洋生态环境保护、“海漂垃圾”整治、近岸海域水环境质量达标状况评价、海洋工程环境影响评价等工作。

1. 基本建成海洋保护区体系。福建省建立了15个海洋自然保护区，3个海洋生态特别保护区和21个典型无居民海岛生态特别保护区，加大了海洋生态保护工作力度。通过海洋执法，对海岛生态特别保护区及周边3—5海里内的海域实行封闭管理，同时开展有针对性的渔业资源增殖放流，保护海岛生态，提高生物多样性指数①。

2. 实施污染物排海总量控制制度。在全国率先探索建立海湾污染物排海总量控制管理方法和机制。严格控制污染物入海量，减轻近岸海域污染；加强与相关部门的协作，实现监测数据共享，并按照海陆一体的原则，建立起协作机制，推进整体环境保护工作。组织厦门大学、国家海洋局第三研究所以及相关单位，结合全省海湾数模和环境研究成果，制订泉州湾、罗源湾海湾污染物排放总量控制工作方案，提出并实施海湾污染物总量控制分配原则、方法及削减方案。2008年开展的罗源湾、泉州湾污染物排海总量控制研究被列入国家科学技术部重大公益项目。近岸局部海域海洋环境质量恶化的趋势开始得到遏制。入海污染物排放总量快速增长的势头得到初步遏制。

3. 全省性的监测网络初步形成。福建省的海洋省监测从海洋环境监测向海洋功能区、生态监控区、陆源入海排污口、赤潮监控区等监测转变；从平面监测、预报向立体监测、预警和应急反应转变。在福建省沿岸设立了9个定点海洋环境观测站，在台湾海峡南部、中部、北部投放了生态浮标，实现了对海洋生态环境状况的实时监控，及时发布海洋生态环境预警预报；到2007年，福建省海洋环境与渔业资源监测中心及沿海6个设区市海洋环境监测机构已经全部成立，建成由3个综合性海洋环境监测中心和15个海洋环境监测站组成的布局比较合理的海洋环境监

① 刘修德：《建设海洋生态文明 呵护海西蓝色家园》，《福建日报》2008年1月7日。

测网络，并100%通过计量认证工作，实现了对福建省海洋与渔业水域环境质量的及时监控和网络化管理。全面开展海洋环境监测工作，为福建海洋环境保护提供了强有力的支持。

4. 组织海漂垃圾整治。与环保、建设等部门联合在海滨和部分近岸海域开展海漂垃圾治理，积极组织海洋环境联合执法，落实沿海市县整治海漂垃圾工作责任制，组建海上保洁队伍，及时清理海上垃圾，改善海洋环境。2007年以来，福建省在宁德、福州、莆田、漳州等主要海域网箱养殖区开展污染整治。通过清理不符合海洋功能区划的养殖网箱，定点收集渔排生产生活垃圾集中上岸处置，组织保洁队伍定时打捞养殖区海上漂浮垃圾，规范养殖用药和投饵，取得了明显的整治成效。

5. 开展海洋生态修复。2007年选择生态遭受较严重破坏的泉州湾作为试点，对6个污水集控区排污口的在线监控，整治受污滩涂，人工种植红树林3000亩，清除米草1000亩。组织开展放流增殖，2004—2008年间安排专项资金4688万元，累计投放鱼、虾、贝17.1亿尾（粒）；开展近岸海域环境整治和生态修复，提高了海洋生物多样性水平①。

（六）调整能源结构，推广清洁能源

福建省大气生态建设和大气污染防治的关键是调整能源结构，推广清洁能源，确保空气质量。目前福建省已形成能源的多样性与优势性相结合的基本能源格局，以清洁型和再生型为导向，形成电能、天然气、太阳能、潮汐能、风能、水能、生物质能的综合开发利用，尽量减少以煤为原料的电力开发项目的建设。福建省能源发展正在向清洁、低碳，优化能源结构，强化能源保障的方向发展。

1. 两大核电项目相继开工建设。核电对于满足海西经济和社会发展的不断增长的能源需求，保障能源供应与安全，保护环境，实现电力工业结构优化和可持续发展，提升福建省综合经济实力、工业技术水平，都具有重要的意义。2008年，宁德、福清两大核电项目相继开工建设。

① 引自福建省海洋与渔业厅网站，2008年4月1日。

其中，宁德核电一期将建4台100万千瓦级机组，预计首台机组将提前至2012年3月建成投产。福清核电将建6台100万千瓦级机组，首台机组力争在2012年建成发电。据测算，福清核电一期工程将为福建带来每年超过140亿千瓦时的电力供应，同火电相比，一年至少可减少二氧化碳排放1600吨，减少10万吨灰渣以及大量二氧化硫和二氧化氮①。两大核电项目一期6台机组建成后，年发电量预计达到440亿千瓦时，将使福建一跃成为中国东南沿海重要的核电基地，清洁高效的核电将成为替代煤电的主力电源。

2. 全面加快水电建设。福建省水电总装机容量已达954.7万千瓦②。到2008年，福建省水电装机1058万千瓦，开发率95%，居全国第一③。

3. 加快发展燃气电厂。在建的莆田、晋江和厦门东部3个燃气电厂，总装机容量350万千瓦，目前已建成投产6台机组，新增装机容量210万千瓦，其余机组将陆续于2010年全面建成。

4. 积极发展风能。风能是一项资本密集型产业，但由于风能不涉及原材料成本，生产费用比任何方式都低，风能的经营成本保持稳定。风能是唯一一种可以大规模用于商业开发并能大量使用的可再生能源。在实施节能的基础上，实行能源多元化、清洁化发展。

5. 打造生物质能产业基地。源华能源科技（福建）有限公司与三明建宁县合作的无患子生物质能源产业发展规划，打造海西最大生物质能源产业基地，拟投资5亿元，预计到2020年基地种植面积达30万亩，将主产以无患子果实加工为主的生物柴油及生物化工等系列产品，年产值可望实现100亿元。

6. 推动太阳能利用产业化发展。福建省组织规划和实施了《福建省太阳能产业发展行动方案》，启动了南安、莆田等地光伏电子产业基地、产业园区建设。如泉州市规划建设南安光电信息产业基地、泉州台高投

---

① 何海铭：《福清核电累计完成投资超百亿》，《福州日报》2010年4月9日。

② 解振华：《2008中国循环经济年鉴》，中国财政经济出版社2008年版，第338页。

③ 《从“靠天吃饭”到打造海西清洁能源基地》，《福建日报》2009年7月27日。

资区“和谐光电半导体产业基地”、惠安绿谷台商高科技产业基地、鲤城非晶硅薄膜太阳能电池生产基地等载体，初步形成了金属硅晶体太阳能电池与非晶硅薄膜电池两大产业链。2008年泉州市光伏产业及相关配套行业的产值约15亿元，多晶硅及单晶硅太阳能电池片产能达40兆瓦，非晶硅薄膜电池产能达300兆瓦。组织实施了太阳能集中供热和太阳能路灯照明示范工程，推动太阳利用产业化发展①。

二、产业结构对生态文明的生成与发展的负面影响

福建省是一个自然资源相对缺乏、环境容量有限的省份。生活富裕、生态良好的文明发展道路是全面建设小康社会的重要目标。在海峡西岸经济区的建设中福建省面临着人地矛盾突出、能源压力加大和生态环境破坏和污染不断增加的现实问题。

（一）人地矛盾凸显发展生态文明的弱势

1. 福建省人地矛盾突出。福建省土地总面积12.14万平方公里，占全国土地总面积的1.3%，居全国第23位；宜林地多，约占土地总面积的74%，宜耕地少，宜耕地仅占21%。福建省耕地面积为133.70万公顷，人均耕地面积0.038公顷，人均土地和耕地面积均不到全国人均的一半，是最少的省份之一。耕地中高产田少，中低产田多。可用土地资源十分紧缺，人地矛盾相当突出。因此，通过调整土地利用结构来改善生态环境的空间十分狭窄。

2. 福建生态环境比较脆弱。山地丘陵约占全省陆域土地总面积的90%，且土层薄，一旦植被受到破坏，生态环境将明显退化。

（二）经济快速发展加大能源消费压力

改革开放以来，福建省经济发展势头良好，同时伴随着能源消费总量的增加。能源消费总量从2005年的6157.1万吨标准煤，上升到了

① 李冀平：《加快构建海西新能源示范城市的探讨》，《福建论坛（人文社会科学版）》2010年第2期。

2008年的8238.4万吨标准煤（见表6－4）。

1. 从福建省消费的煤、原油和天然气这三大一次能源品种来看，煤炭消费一直占60%以上，且近几年有增加趋势，目前福建省的能源消费品种结构仍以煤炭为主。优质能源消费虽有所提高，但比重仍偏低。由于全省煤炭的消费量较大，而燃煤效率低，必定会对环境造成污染。因此，能源品种结构调整的重点是大力发展优质能源，减少固体燃料的比例，这是提高能源利用效率、降低能源使用成本、控制环境污染的有效途径。

表6－4　福建能源消费总量及构成（2005—2008年）　单位：万吨标准煤

年份	能源消费总量	占能源消费总量的比重（%）				
		煤炭	石油	天然气	水力发电	风力发电
2005	6157.1	62.0	22.3	0.11	15.6	
2006	6811.9	62.5	20.9	0.11	16.5	
2007	7574.2	65.4	21.2	0.08	13.2	0.1
2008	8238.4	64.8	18.9	0.30	15.8	0.2

资料来源：《福建经济与社会统计年鉴2009》第2卷《工业能源与交通》，福建人民出版社2009年版，第454页。

2. 从三次产业发展情况看，结构节能未充分发挥作用。开展节能降耗的途径主要有两种：一是直接节能；二是结构节能。直接节能是指从行业角度看，由于技术创新、技术改造、新技术代替旧技术，使得该行业单位产品产出的能耗降低。结构节能是指通过优化整个国民经济的产业结构，提高低耗能行业比重，实现整体降低能耗。

3. 从能源消费结构看，2008年，福建省第一产业能源消费始终处于较低水平，消费量为291.17万吨标准煤，比上年增长2%。第二产业能源消费量为5923.19万吨标准煤，比上年增长5.9%，其中工业5769.84万吨标准煤，比上年增长7.3%。第三产业能源消费量为1168.24万吨标准煤，比上年增长13.5%。居民生活能源消费量为855.75万吨标准煤，比上年增长5.2%。第一、第二、第三产业及居民生活能源消费量的比重为3.5/71.9/14.2/10.4（见表6－5）。

表6－5　　2005—2008年福建省综合能源平衡表　　单位：万吨标准煤

年份	能源消费总量	第一产业（农、林、牧渔、水）	第二产业		第三产业			
			工业	建筑业	交通运输和邮电通讯业	商业、饮食、物资供销和仓储业	其他	生活消费
2005	6157.08	275.32	4295.35	50.09	411.01	144.77	281.08	699.47
2006	6811.91	274.98	4801.63	64.34	440.95	152.74	328.48	748.79
2007	7574.16	285.59	5374.96	71.23	495.46	169.52	364.18	813.22
2008	8238.36	291.17	5769.84	153.35	563.38	193.82	411.04	855.75

资料来源：福建省统计局：《福建经济与社会统计年鉴2009》第2卷《工业能源与交通》，福建人民出版社2009年版，第455页。

可以看出：近几年，伴随着福建省经济的快速发展，福建省能源消费总量急剧上升。但近期能源消费增长速度慢于GDP增长。福建省能源消费总量2005年为6157.08万吨标准煤，2008年为8238.36万吨标准煤，年平均增长率为10.2%；GDP总量2005年为6568.93亿元，2008年为10823.11亿元，年平均增长率为18.10%（见表6－6）。

表6－6　　福建省地区生产总值（GDP）及能源消费总量（2005—2008年）

年　份	地区生产总值（GDP）（亿元）	能源消费总量（万吨标准煤）
2005	6568.93	6157.08
2006	7584.36	6811.91
2007	9249.13	7574.16
2008	10823.11	8238.36

资料来源：《福建统计年鉴2009》，中国统计出版社2009年版。

4. 经济增长方式依然粗放。长期以来，福建省经济增长需要消耗大量原煤等常规能源。2008年，全社会能源消费总量为8238.36万吨标准煤，煤炭消费量占64.8%（见表6-4）。由于煤炭热值比石油和天然气低很多，能源利用效率差，要实现等值的能量，必须消耗更多的煤炭资源，节能降耗难度大。

5. 结构调整难度加大。2008年，在全社会能源消费总量为8238.36万吨标准煤，工业能源消费量为5769.84万吨标准煤（见表6-5），占70.04%，而六大高耗能行业能耗总量为3492.46万吨标准煤（见表6-7），占工业能耗的60.53%。这就给福建省的节能降耗工作带来了很大的压力，结构调整难度更大。

表6-7　　2008年福建省六大高能耗工业企业综合能耗消费量

单位：吨标准煤

项　目	综合能源消费量
石油加工、炼焦及核燃料加工业	454304
化学原料及化学制品制造业	4072625
非金属矿物制品业	8880320
黑色金属冶炼及压延加工业	5552221
有色金属冶炼及压延加工业	381107
电力、热力的生产和供应业	15584051
总　计	34924628

资料来源：《福建经济与社会统计年鉴2009》第2卷《工业能源与交通》，福建人民出版社2009年版，第462页。

目前，福建省三次产业的结构变化对节能降耗还没有充分发挥作用。因此，应通过调整三次产业的结构，促进产业结构的优化升级来提高能源利用效率，实现全社会节能降耗指标。

（三）工业污染问题日益凸显

2008年福建省烟尘排放量11.67万吨，比上年下降0.77%。工业烟尘排放量为7.45万吨，比上年下降8.59%。工业烟尘排放主要集中在火电行业和非金属矿物制品业（合计3.2万吨），占总量的47.4%，比重比上年减少3%。全省工业粉尘排放量17.15万吨，比上年减少8.24%

(见表6－1)。工业粉尘排放量主要集中在非金属矿物制品业，占全省排放总量91.2%。全省工业粉尘排放量前50家企业的排放量占全省工业粉尘排放量的48.7%。从工业行业废气3种主要污染物排放情况分析，主要集中在火力发电业、非金属矿物制品业两大产业上，福建省大气污染治理的重点仍以火电、水泥两个行业为主。2009年福建省城市大气污染以尘类为主，酸雨污染普遍存在，全省有20个城市出现酸雨，其中厦门出现的频率最高[①]。

按规划目标，2010年福建省生产总值将突破1万亿元，2020年比2010年再翻一番。由于现有产业结构、工艺技术水平、排放强度等无法在短期内大幅优化，福建省能源消费量、污染物排放量将持续对环境构成压力。同时，开发建设行为对生态环境影响的强度将增加、范围将扩大，也加大了环保的压力。

（四）海洋环保面临挑战

随着海西战略的推进，重点港湾大开发时代已经到来。加强对重点港湾实施污染物排海总量控制，加强污染物排海总量控制技术研究，建立健全严明的执法体系和有效的监测体系成为迫切需要解决的问题。当前，福建省海洋环境保护面临的主要问题有五个：一是海域总体污染趋势尚未得到有效控制；二是局部海域生态系统遭到破坏；三是台风、风暴潮、赤潮等海洋自然灾害发生频繁，给福建造成重大损失；四是对溢油、危险品泄漏污染事故防范形势严峻；五是海洋环境监管能力难以适应经济快速发展的形势。

三、未来产业结构应规避对生态文明的负效应

“十二五”期间福建省仍将处在工业化快速发展阶段，迫切需要提高能源的保障能力。加快发展新能源产业，是实现福建省经济社会又好

---

① 《2006—2008年全省环境统计主要指标对比表》，福建省环境保护厅网站，2009年10月19日。

又快发展的需要，是加快转变经济发展方式、调整经济结构、实现节能减排目标的要求，也是建设生态文明的重要内容。目前福建省一些低能耗、高附加值的高新技术产业和第三产业在国民经济中比重依然偏低，是制约福建省 GDP 能耗降低、制约生态文明建设的深层次原因。

（一）加快技术创新——提高能源利用效率

努力突破制约循环经济、生态产业发展的技术瓶颈，按照走新型工业化道路的要求，振兴装备制造业，加快高技术产业化。重点组织开发和示范有普遍推广意义的资源节约和替代技术、能量梯级利用技术、延长产业链和相关产业链接技术、“零排放”技术、有毒有害原材料替代技术、回收处理技术、绿色再制造技术，以及降低再利用成本的技术等，积极推进信息化，采用高新技术和先进适用技术改造传统产业和传统工艺，淘汰落后设备、工艺和技术。不断提高单位资源消耗产出水平，尽快使资源消耗从高增长向低增长转化，使污染排放量从正增长向负增长转化，从源头上缓解能源约束和环境的巨大压力。

积极推动以企业为主体、产学研相结合的节能减排技术创新与成果转化体系建设，增强企业自主创新能力。在电力、钢铁和有色冶炼等重点行业，推广一批潜力大、应用面广的重大节能减排技术。制定政策措施，鼓励和支持企业进行节能减排的技术改造，落实节能措施，加快技术改造，加强节能新技术、新工艺、新设备推广应用，要减少能源生产转化过程的消耗，提高能源利用效率，鼓励企业自觉加大节能项目的资金投入，通过技术创新，进一步节约能源，降低消耗，确保节能减排各项措施落到实处。坚持走新型工业化道路，从源头严把高能耗行业准入关（即技术水平关、资源消耗关、环境保护关）。优先发展信息产业，大力发展高新技术产业，并坚持用高新技术和先进适用技术改造提升传统产业，最终推动产业结构向高端化、高质化、高新化发展。

（二）优化产业结构——形成节能型增长方式

据权威人士测算，全国第三产业比重提高一个百分点、第二产业比重降低一个百分点，单位 GDP 能耗就相应降低一个百分点；如果高技术产业比重提高一个百分点，高耗能行业比重下降一个百分点，则单位GDP能耗相应降低1.3个百分点。

2008年福建省第三产业增加值占GDP比重为25.7%（由表6－5、表6－6计算得出），低于全国平均水平，而第三产业万元增加值能耗明显低于工业和全省平均水平，因此通过以低碳排放构建新的产业体系，调整产业结构来减轻经济发展对能源消费的过度依赖，是福建省节能降耗、生态文明建设具有重要战略意义的选择。要坚持科学发展观，从调整产业结构入手，优化投资结构，严把土地、信贷“两个闸门”和市场准入门槛，严格执行项目开工建设必须满足的土地、环保、节能等“六项必要条件”，有效抑制高耗能、高污染、低附加值产业的盲目发展，降低高耗能、高污染行业的比重。

未来福建省产业结构调整应遵循以下原则：

1. 对第一产业的调整要遵循再循环、再利用的原则。结合农业经济结构调整，优先发展农业无公害产品、绿色产品和有机产品，并建设相应的基地，大力发展绿色农业，建立绿色农产品生产加工技术创新体系，研发以天然物质为原料、高效节能、无污染、无残留、有利于生态改善的绿色农业生产资料，不断提高资源的利用效率，减少对耕地、水资源的过度使用。扶持生态农业的发展，建立循环的生物链。建立农业废物循环利用体系和农村清洁能源供应和保障体系。积极扶持农村可再生能源（如沼气）的开发。

一是加强对生态农业发展的政策支持和投入。可以借鉴国外的做法，可以成立专门基金，采用财政补贴政策，还可以运用产业倾斜政策，对经营生态农业的企业减征或免征增值税。二是加强生态农业技术的研究和推广。高效利用土地，防止耕地流失和污染，严格控制对耕地的非农占用，改变简单粗放的耕作方法，综合高效地使用土地。三是建立农产品质量安全检测体系和生态农业的环境监测体系。成立各级农产品质量安全检测中心，开展农产品质量检测，建立农产品市场准入制，以保护生态农产品生产者的生产积极性和应对绿色贸易壁垒。四是培育和健全生态农产品的市场运作机制。从降低生态农产品的生产成本入手，发挥行业协会和农村经济合作组织的经营组织作用，建立收购、加工、销售网络，合理扩大企业经营规模、降低单位成本，通过优质的市场服务，增加消费者的质量信任感，以赢得较强的市场竞争力。五是大力推进生态农业产业化。发展多种经营模式、多种生产类型、多层次的农业经济结构，引导集约化生产和农村适度规模经营，优化农业和农村经济结构，促进农牧渔、种养加、贸工农有机结合，推动福建省生态农业的市场化、国际化、标准化、规范化、品牌化和规模化，逐步建立具有福建特色的资源节约型、经营集约化、生产商品化的现代农业模式，积极稳妥地推进福建生态农业的健康持续发展。

2. 对第二产业的调整要遵循低消耗、低排放、高效率的原则。要调整能耗较高的制造业内部的行业结构，大力发展低能耗、低污染、技术密集型高新技术产业，以降低单位产值能耗；要淘汰高能耗行业的落后生产能力，提高产品的技术含量和附加值，降低能源消耗。依法淘汰落后生产能力。在能源资源和生态环境压力严峻的形式下，要抓住产业结构调整的契机，积极淘汰落后生产能力，力促耗能大的行业和企业节能降耗。

一是要加快改造传统产业。要根据环境承受能力和生活质量需求对传统产业进行升级改造，加大落后产能淘汰力度，淘汰能耗高、资源利用率低、对环境影响大的落后产能和产品。根据国家与福建省政府签订的“十一五”关停火电责任书要求，至2008年底，列入“十一五”关停的113.412万千瓦的小火电机组已关停102.6万千瓦。2009年淘汰落后水泥产能499万吨、小煤矿产能56万吨，关停小火电机组119.5万千瓦。2008年，在全社会能源消费中，工业能耗为5769.84万吨标准煤，逾70.04%，工业能耗是第一产业（3.5%）和第三产业（14.2%）的20.01和4.9倍（根据表6-5计算得出）。在工业能源消费中，六大高耗能工业企业能耗居绝对地位，占工业能耗的60.53%（根据表6-5计算得出）。因此，节能降耗必须从降低六大高耗能工业企业能耗着手。福建省要促进六大高耗能产品生产企业节约资源，提高资源的利用率。并出台相关政策鼓励高耗能产业生产技术创新，推动技术进步，完善生产工艺改革，通过引进国外的先进技术、关键设备，提高高耗能企业的装备水平，充分调动高耗能企业的积极性和创造性。二是要大力培育和发展战略性新兴产业。包括新能源、新材料、节能环保、生物医药、信息网络和高端制造产业等，特别是对产业提升有巨大带动作用的新能源、新材料、生物医药等产业，要在政策、资金等各个方面予以大力支持和扶持；电子产品、生物制品等高科技产品，能源含量低，今后福建省应该进一步采取信贷优惠、税收减免及政府补贴等措施，促进高科技产业的发展。鼓励企业之间进行产业整合和物质能量优化集成，延长产业链并形成生态工业链条。三是要加强政策引导，遏制盲目投资、低水平重复建设，特别是严格限制高耗能、高耗水、高污染和浪费资源的产业，以及开发区的盲目发展，限制和淘汰能耗高、物耗高、污染重的落后工艺、技术和设备。加强工业重点行业污染物排放控制，防止煤烟型污染。对于六大高耗能行业要加大节能力度，降低行业单位产值能耗和产品单位能耗；积极发展洁净煤技术，大力推广清洁燃烧技术，尤其是火力发电厂要加快燃煤设施脱硫除尘设备的改造。四是加快实施以海洋环境容量为基础的污染物排海总量控制制度，并以此为依据制定海洋功能区划和海域使用规划；加强污染物排海总量控制技术研究，建立以生态承载力为基础的容量总量控制示范海区，最终向港湾区域实施以环境容量为依据的入海污染物总量控制方向发展，并调控港湾区域临海工业合理布局与污染治理策略，遏制港湾环境质量进一步恶化。

3. 对第三产业的调整要遵循增比重、附加值高的原则。积极发展能耗低、附加值高的现代服务业，提高第三产业比重可降低全省单位 GDP 能耗。

一是要改造提升传统服务业。以现代服务业推动传统产业的升级改造，以现代服务业促进新兴产业的发展。同时，通过传统服务业的改造升级和新兴产业的发展，推进传统服务业的发展。二是要加快低耗能、低排放产业的发展。促进服务业特别是现代服务业的快速健康发展。加快发展新兴服务业，大力发展生产性服务业，巩固提升生活服务业。加快电子信息、航空航天、生物医药、新能源、新材料、环保等高新技术产业的发展，努力增强国际贸易、现代物流、休闲旅游、区域金融服务功能，优化空间布局，提高服务水平，充分发挥福建省对整个海峡西岸地区的辐射和服务功能。着力建立和完善信息服务、商贸流通、中介服务、文化服务体系，提高福建省现代服务业的科技含量、整体素质和发展水平。福建省服务业发展要以金融服务、现代物流、休闲旅游、服务外包、创意经济、会展及总部经济等为发展重点，加快构建高增值、强辐射、广就业的现代服务业体系。

（三）调整能源结构——以多元化为导向

1. 优化能源消费结构，减少污染物排放。主要措施有：增加生产时不产生碳排放的能源品种；引进并提高能效较高的能源品种在终端能源消费中的比例，加快建设完善福建省天然气管网，提高民用燃气普及率，积极推进与粤东、浙南、赣东南天然气输气主干线对接，通过赣东南实现与西气东输二期对接，拓展天然气来源；用先进技术改造传统能源方式。要控制煤炭消费量，重点减少原煤直接燃烧量，推广各种经济有效的煤炭洁净技术，减少污染排放；逐步降低煤炭消耗量，提高天然气、新能源等清洁能源在一次能源消费中的比例，如积极发展生物能发电、风力发电和太阳能发电，在农村地区推广沼气利用技术等，从源头上减少空气污染物的排放量。

2. 逐步发展新能源、可再生能源和洁净能源。抓住福州市 LNG 项目建设的契机，大力推广使用液化气，以燃气电厂代替燃煤电厂，推广使用液化气以促使耗能品种换代升级。在使用优质能源的同时，进一步加大利用福建省较丰富的风能、太阳能、潮汐能等可再生能源，使福建省的能源消费结构有一个大的改变。

以建设福清、宁德核电项目为契机，超前谋划一批与核电相关的项目，使之成为福建省重要的新兴产业。在平潭、连江等长海岸线上的海岛和沿海地区，发展风力和潮汐发电项目，并加大对连江可门港等火电项目节煤降耗的推进力度。要紧紧抓住国家对太阳能光伏产业的扶持政策，全力做大做强太阳能光伏产业，并不断拉长产业链，最终形成较为完整的太阳能光伏发电系统产业链。福建省有着较为丰富的生物质能，如森林能源（薪材）、农作物秸秆、禽畜粪便、生活垃圾等。要重点推进农业沼气、垃圾直燃和填埋发电项目的发展。要积极培育发展生物液体燃料产业，近期可适度发展非食用粮糖油类生物液体燃料。

新型能源的开发在未来优化福建省能源供应结构中将发挥重要作用。由于新型能源的发展面临着成本过高、市场狭小、投入与产出比较低等问题，为此，福建省应继续完善新型能源发展的行业政策，优化发展环境。通过开展国际合作，引进国际先进技术和资金；建立健全相关的科研、服务体系，以推动新型能源的产业化步伐；加强新型能源发展的价格政策体系建设。

第二节　外来投资对生态文明的生成与发展的影响

外商直接投资对促进海峡西岸经济区成为中国的一个经济增长极有积极的影响，同时，随着改革开放的发展，吸收外商直接投资也正在对福建省建设生态文明发生不可忽视的作用。

一、外来投资对生态文明的生成与发展的积极影响

福建省是中国最早实行对外开放的省份之一，吸收外资起步较早。截至目前，已有来自100多个国家和地区的外商到福建投资，其中包括98家世界著名跨国公司。近年来，福建省紧紧围绕建设海峡西岸经济

区，不断增强投资促进工作的针对性，努力提高吸收外资的质量、水平和成效，吸收外资取得了新的进展。

（一）吸收外资的规模和质量明显提高

统计数据显示，福建省外商投资企业工册数由2005年的17854户增加到了2009年的25200户，增加了41.1%（见表6-8）。1979年，福建省实际利用外商直接投资金额为83万美元。2008年，福建省实际利用外资按历史可比口径为1002556万美元，按验资口径为567171万美元，与2005年相比，增幅分别是60.9%和118%（见表6-9）。2009年，福建省实际利用外资按历史可比口径为100.6亿美元，比上年增0.39%；按验资口径为57.4亿美元，比上年增1.2%，增幅比全国平均水平高11.1百分点。值得一提的是，改革开放初期，外商投资以“三来一补”为主要形式。随着改革开放的深入发展，福建省不断改善投资环境，通过举办或参加国际招商月、海交会、商交会、投洽会等大型经贸活动，加快电子信息、汽车及配件、机械、食品、纺织、冶金、软件等行业利用外资步伐，对外开放水平大大提升。迄今为止，已有来自100多个国家和地区的外商到福建投资，其中包括98家世界著名跨国公司的152个项目。世界500强企业争相落户福建，推动了福建吸引外商投资的“升级换代”，这也标志着改革开放30年来，福建省实现了从封闭、半封闭状态到宽领域、多层次开放的重大转变，对外资的需求已从数量为主转向以质量为主。

表6-8　福建省外商投资企业工商注册情况（2005—2009年）

项目＼年份	2005	2007	2008	2009
外商投资企业工商注册年末企业数（户）	17854	18655	18779	25200
外商投资企业工商注册资本（万美元）	4307474	5619403	6264456	6535600
外商投资企业工商注册投资总额（万美元）	7533131	10270608	11212877	11745100

资料来源：《福建统计年鉴2009》，中国统计出版社2009年版，第425、427、429页；2009年数据来自：《截至2009年底福建外资企业共认缴562.03亿美元》，新华网，2010年1月29日。

表 6－9　　福建省外商直接投资金额　　单位：万美元

年份＼项目	合同投资金额		实际利用外资	
	验资口径	历史可比口径	验资口径	历史可比口径
2005	595715	855655	260775	622984
2006	862069	1080190	322047	718489
2007	867422	1233624	406058	813093
2008	715201	1141475	567171	1002556

资料来源：《福建统计年鉴 2009》，中国统计出版社 2009 年版，第 407、419、423 页。

（二）服务业对外开放领域逐步扩大

1. 第三产业吸收外资比重增加。福建省吸收外资产业结构得到进一步调整，外商投资投向第一、第二、第三产业的比例由 2005 年的 3.8∶78.6∶17.6，调整为 2008 年的 3.8∶62.6∶33.6（见表 6－10）。2008 年第二产业依然深受外商青睐，第二产业合同外资 44.79 亿美元，占全省合同外资总额的 62.6%。第一产业合同外资的比重没有变化，第三产业合同外资的比重由 2005 年的 17.6% 上升到了 33.6%，提高了 16%。服务领域吸收外资增长势头强劲，服务业正日益成为外商投资福建省的重要领域。

表 6－10　　福建省外商直接投资按行业分合同金额

（2005—2008 年）　　单位：万美元

年份	第一产业（农业）	第二产业		第三产业		
		工业	建筑业	交通运输仓储及邮电通信业	批发和零售贸易餐饮业	其他服务业
2005	22415	467697	754	21674	15222	67953
2006	17158	659295	6121	26289	38025	115181
2007	16497	648414	－197	12301	36543	153864
2008	27219	444674	3221	36966	56566	146555

资料来源：《福建统计年鉴 2009》，中国统计出版社 2009 年版，第 421 页。

2009年福建省新批外商投资项目939项，按可比口径实际利用外资101亿美元，增长0.4%。农业实际利用外资3.36亿美元，增长97.1%；服务业利用外资23.56亿美元，增长14.9%，占全省实际利用外资比重达23.4%，同比提高3个百分点；三大主导产业利用外资36.2亿美元，占全省制造业实际利用外资比重达53.7%。现代服务业领域利用外资有新突破。

2. 服务业对外开放领域逐步扩大。"十五"时期以来，福建省继续坚持外向型经济发展战略，重视扩大服务业对外开放领域，降低市场准入门槛，积极吸引外资、港澳台资金投资发展服务业。特别是中国加入WTO、《内地与香港关于建立更紧密经贸关系的安排协议》的签订、中国—东盟自由贸易区合作的推进以及台海局势的积极变化，服务业日益成为海内外投资的热点。目前，外商在福建省服务业的投资领域已从初期的房地产业和酒店业为主扩展到商贸、交通运输、文化、娱乐、旅游、卫生、教育、中介、金融等行业。商贸、交通运输、信息咨询、旅游等领域利用外资增长迅速。2005年，外商投资第三产业的合同金额10.49亿美元，2008年为24亿美元，增长了129%（由表6-10计算得出）。

3. 福建省现代服务业领域利用外资有新突破。尤其是福州市商业零售领域对外开放在全国省会城市居前列。沃尔玛、麦德龙、百安居、家乐福、欧尚、欧倍德国际大型连锁经营企业陆续在福州落户。此外，恒生银行、厦门国际银行、平安银行、集友银行、东亚银行、星展银行等6家境外银行在福州设立分行或办事处。世界三大会计师事务所之一瑞士毕马威会计师事务所已经落户福州市。

（三）港、澳、台资占外来投资主导

1. 港、澳、台资依然是吸收外资的主导。福建省利用外资的来源地主要是中国香港、中国澳门、中国台湾、新加坡等，东亚国家及地区占了福建省实际利用外资额的一半以上，其次为欧美国家。这主要是由于地理位置和历史的原因，福建省和东亚国家及地区的经济联系十分紧密。统计数据表明，至2009年底，福建省累计批准台资项目10042项，台商

实际到资160亿美元。闽台经贸关系日益密切，中国台湾已经成为福建第一大进口市场、第四大贸易伙伴和第七大出口市场。2009年福建实际吸收港澳台地区投资44.19亿美元，比上年增长20.5%，占全省当年外商实际到资总额的比重为77.0%，同比提高12.4个百分点。其中，中国香港地区投资新设立项目373项，实际投入外资金额30.34亿美元，增长28.3%，占全省吸收外资的52.9%，提高11.2个百分点；中国台湾地区（含第三地转投资）投资新设立项目348项，实际投入外资金额13.21亿美元，增长4.4%，占全省吸收外资的23%，提高0.7个百分点。此外，欧盟投资新设立项目31项，实际到资4.44亿美元，增长5.1倍，占全省吸收外资的7.7%，提高6.5个百分点。

2. 福建台湾农民创业园呈加速发展态势。2009年福建新批准农业台资项目83个，合同利用台资1.7亿美元，全省累计批准台资农业项目2177个，合同利用台资27.9亿美元，实际到资16亿美元，农业利用台资的数量和规模位居全国第一[①]。目前，全国15个台湾农民创业园中福建占4个（漳州漳浦、龙岩永福、莆田仙游、三明清流），为全国最多。华安县正在沙建镇筹建台湾农民创业园。目前，漳浦创业园已有69家农业企业入园，总投资超过1亿美元，花卉产业区、果蔬产业区、茶叶产业区、渔业产业区、物流产业区、农产品加工区六个产业园区已形成规模，吸引台资总额在全国台湾农民创业园中居首位。在龙岩漳平永福台湾创业园核心区落户的台资农业企业有35家，总投资5700多万美元。

3. 承接台湾林业产业转移。自2005年设立4年来，海峡两岸（三明）现代林业合作实验区已先后吸引42家涉林台资企业进驻，总投资超过1.5亿美元，合同利用台资逾1亿美元。实验区规划的林产品加工、生物医药开发、森林食品加工、生物多样性保育、森林生态休闲观光、林业科技开发等六个合作区建设，围绕对台科技交流和经贸合作，承接台湾林业产业转移，正稳步推进。实验区的生产领域从原来单一的人造

① 《福建累计批准台资农业项目2177个》，新华网，2010年2月11日。

板加工向木工机械、木竹家具、体育运动器械、木竹工艺品、小木屋、装饰装潢材料等多方向发展。实验区承接台湾林业产业转移，对接两岸林业科技交流，加快了建设成为大陆林业对台交流合作示范区和林业改革示范区、两岸现代林业建设先行区和生态文明建设先行区的步伐。

4. 促进台资企业转型升级。2009 年福建省建立由两岸专家组成的台资企业转型升级服务团，为在闽台资企业提供有关法规政策、产业资讯、技术创新、成果转让、人才培训等方面的全方位服务。2010 年初以来，台资企业转型升级服务团先后在福州、厦门、泉州等台商集中的地区进行有针对性的辅导，已有近 300 家台资企业接受专题培训和辅导服务。2010 年 4 月，大陆首个台资企业转型升级培训基地在泉州高新技术企业孵化基地挂牌成立，基地以实施大陆台资企业转型升级试点工程为契机，积极探索与中国大陆、中国台湾及香港的生产力促进机构合作的机制，促进在泉州乃至大陆的台资企业转型升级①。

（四）投资于节能环保产业

2009 年，落户厦门的凌阳能源科技的太阳能光伏项目初期投资总额 600 万美元，注册资本 300 万美元，主要从事太阳能组件的研发与生产，达产后年产量可达 8.6 万件。2009 年，由台商独资永竑电镀科技公司在福清投资兴建了电镀污染处理项目，这是目前福建最大的台资电镀污染处理项目，该项目总投资 1.5 亿元人民币，建成后可以日处理电镀污水 2 万吨。

二、外来投资对生态文明的生成与发展的负面影响

（一）外资来源地过于集中

目前，已有来自 100 多个国家和地区的外商到福建投资，其中包括 98 家世界著名跨国公司的 152 个项目。但是外资主要来源国（地区）比

---

① 《福建省 300 家台资企业接受转型升级培训》，《福建日报》2009 年 12 月 14 日。

较集中，主要为中国香港、维尔京群岛、中国台湾、中国澳门、欧盟等。2009 年福建省吸收香港、澳门、台湾（含第三地转投资）合同外资 64.54 亿美元，港澳台资金为主体的格局更加稳固。尽管福建省不断拓展新的投资来源地，但面台近港澳的优势仍是福建省的突出特点，构建闽港澳台合作与交流平台，吸收港澳台资金是福建省吸收外资发展中不可或缺的重要支撑因素，依然主导福建省吸收外资总体规模（见表 6－11）。

表 6－11　福建省实际利用外商直接投资分国别（地区）金额　单位：万美元

国别（地区）	2005 年（验资口径）	2006 年（验资口径）	2007 年（验资口径）	2008 年（验资口径）
中国香港	121783	132270	170231	236448
中国澳门	6162	3901	9217	10184
日本	7445	13292	7217	5939
菲律宾	10071	10028	13632	8044
泰国	662	400	789	1374
马来西亚	1368	6526	7225	3635
新加坡	7727	8334	8796	14982
印度尼西亚	593	1144	933	672
德国	48	291	590	1647
法国	708	1165	62	77
英国	1352	22	1298	1649
加拿大	424	1314	1432	2282
美国	17015	28136	9108	9181
澳大利亚	988	980	1762	2488

资料来源：《福建统计年鉴 2008》，中国统计出版社 2008 年版，第 335 页；《福建统计年鉴 2009》，中国统计出版社 2009 年版，第 424 页。

（二）服务业对外开放程度不够

目前，福建省服务业对外开放程度不够，还存在着服务业利用外资数量少、比重低，服务业利用外资水平低，服务业利用外资存在较大的国际差距。

三、未来外来投资应规避对生态文明的负效应

（一）加大吸引外资力度

加大吸引外资的力度，培育新的经济增长极。改革开放以来，福建省依靠其地理优势，吸引了大量的外资。但是，近年来珠三角、长三角地区的经济发展，使福建省面临着被边缘化的危险。特别是大量的台资转到广东省、江苏省、上海市等地区，福建省在吸引台资方面落后了许多。为此，应该加大引资力度，着力培养产业集群，一旦产业集群体形成，它便开始发挥增长极的作用，便会产生规模经济效应、乘数效应和良好的投资环境效应等。这样，此集聚体便会形成一种优于腹地的自我发展能力，产生强大的极化效应或回流效应，促进产业活动向该极进一步集中，从而最终推动海峡西岸经济区的一体化。

（二）积极鼓励外资投向福建生态产业

福建省要逐步提高外商投资的产业技术和规模要求，逐步实现招商引资由有商就招向选商择资转变。要放宽视野，积极拓展外商投资新领域。坚持科学发展观，充分发挥地方资源优势，更多地引进技术密集型和资本密集型项目，注重引进技术的消化吸收和创新提高，确保外资投入的质量和水平，避免低水平、低档次、高污染、低效益的外资项目引入。加强产业导向，拓展外商投资领域，鼓励外商向多领域投资开发，继续优化外商投资产业结构。

1. 要调整外商投资产业及其项目、提高外资增量企业的进入门槛。在可利用资源十分稀缺的情况下，单纯靠优惠政策，使得劣质企业进驻，将会大大阻碍福建省产业层次的提高、产业链的整合、土地利用效率和政府财力的提高。因此，环境、交通、土地承载力等条件应成为福建省吸收外商直接投资的进入门槛。要按照“批项目、核土地、核环保、核心、核能耗”的要求，对项目的产业导向、科技含量、预期产出、解决当地劳动力就业等情况进行统一考虑，综合平衡，对于高污染、高能耗

的项目实行一票否决制，坚决不予导入。

2. 引导外商加大对第一产业的投资力度。2008 年福建省外商投资第一产业的比重很低，只有 3.8%，而且外商投资第一产业一般以农产品初级加工为主，高科技含量、高新技术精深加工少。因此，要扭转第一产业利用外资数量过少、比重过低的状况，提高第一产业对外商投资的吸引力。

3. 引导外商增加对技术密集型产业的投资，相应地减少对一般加工工业的投资。目前外资在福建省一般加工工业中占有较高比重，但这部分工业主要来自港澳台商的中小企业的投资。从推动全省工业结构升级的角度看，需要加快节能、环保产业以及高新技术产业的发展，利用外资的对接项目要站在领域广、层次高的角度，对码头建设、环保及资源再生性项目、动漫、影视制作、软件业、新能源、服务贸易等新兴产业项目要进行重点签约和对接，相应地控制一般加工工业的投资规模和增长速度。充分利用“中国国际投资贸易投洽会”等招商载体平台，合理把握吸引外资的方向和重点，积极引导外资投向主导产业、高新技术产业、现代服务业和节能环保等领域，优化利用外资结构。在节能领域，重点鼓励绿色照明、建筑节能等节能工程项目；在节水领域，重点鼓励民资进入电力、钢铁、有色、石油石化、化工、印染、造纸、食品加工、制革等高用水行业年节水 100 万吨以上的节水改造项目，以及海水淡化项目；在资源综合利用方面，鼓励民资进入以短缺资源和战略性资源为重点，综合利用共伴生矿产资源的示范项目；大宗工业固体废弃物资源化利用的项目；再生资源产业化项目；木材节约代用项目。在污染防治领域，鼓励民资投资电力、钢铁、有色、化工、造纸、纺织等六个重点行业的清洁生产示范项目。

（三）加快服务业的对外开放

服务业的兴旺发达对于优化产业结构，促进经济增长方式转变，增强服务功能，提高整体竞争力，扩大就业，改善人民生活，实现城乡、区域、经济与社会、人与自然、国内发展与对外开放协调发展，都具有重要意义，也是促进生态文明建设的重要保证。

福建省外商直接投资目前主要聚集在农业和工业，而第三产业则没有集聚的现象。随着我国加入 WTO，服务业的开放在逐步进行，福建省应该利用这个机遇，调整产业结构，积极探索对外合作的方式，不断积累经验，积极推动第三产业的对外开放，通过外商直接投资的集聚效应，使它们成为海西区建设新的经济增长点。

当前，福建省服务业发展已具备相当基础。2009 年福建人均 GDP 达 33051 元，经济社会处于消费结构转型期，扩大服务消费逐渐成为提高城乡人民生活水平的重要内容；随着海峡西岸经济区建设的全面推进，工业化、城市化步伐加快，加大服务业的招商引资力度，推动服务业嫁接外资的步伐，吸引更多的境外资金投资福建省的服务业，有利于福建省发挥区位优势，更多更好地吸收外资促进服务业发展。

发展服务外包业是福建省服务业对外开放的重要内容及发展重点。按照国家服务外包业“千百十工程”总体发展思路（即在三至五年内建设 10 个中国承接离岸服务外包的基地，推动 100 家跨国公司将其一定规模外包业务转移到中国，培养 1000 家承接离岸服务外包业务的大中型企业全方位接纳离岸服务外包业务），“十一五”期间，在福州、厦门、泉州等城市逐步建立服务外包业发展基地，吸引 50 家以上国外大公司、大企业将其外包业务转移到福建省，培育 500 家以上承接服务外包业务的商务型专业企业。

进一步开放银行、保险、电信、商业、文化、旅游、医疗及社会中介服务等投资领域。充分利用福建省毗邻港澳台的地缘优势，吸收更多港澳台资金、技术和管理，推进全省传统服务业改造，促进服务业薄弱环节、关键领域和新兴行业的加快发展。

（四）力促闽台生态农业合作

大力推动闽台农业合作，扩大合作的规模和效益。外商直接投资在福建省农业部门中存在集聚现象，福建省应充分发挥地理优势，抓住山区劳动力资源和土地资源丰富的特点，全面推动闽台农业合作从沿海向山区梯度转移。按照“优势互补、互惠互利、共同发展”和“同等优先，适当放宽”的原则，以福州、漳州实验区为主线，大力引进台湾良种、深加工设备和技术，培育壮大闽台农业合作企业，提高农产品加工、保鲜、包装和绿色食品生产水平。通过闽台合作，在全省建立一批各具优势和特色的现代化、生态农业基地。福建应加速农业科技的研发、应用，利用花卉、畜牧、果蔬、水产和农副产品加工业等发展优势，与福建的特色农产品发展和结构调整结合起来，促进传统农业的转型升级，缩小闽台两岸在农业技术上的差距，尽可能在两岸的竞争与合作关系中取得主导地位。

第三节　城市建设对生态文明的生成与发展的影响

决定各地区间生态文明水平的高低差异还有一个重要因素即城市化水平。生态文明水平与城市化水平是密切正相关的，并且呈不断上升趋势。正确的城市化道路能节约治污成本，提高环境污染治理能力，有利于减轻农村人地矛盾导致的土地肥力减退、水土流失和生态环境日益恶化，从而促进生态可持续的实现。探索一条符合生态文明发展战略的福建城市化道路对于海峡西岸生态文明与经济发展的现实意义重大。

一、城市建设对生态文明的生成与发展的积极影响

城市化对资源环境产生的正面效应主要体现在资源集约利用和污染集中治理等方面。城市所具有的集聚效应和规模效应，优化了资源配置效率，降低了发展成本，也有利于提高资源的利用效率和污染的治理效果。在城市化过程中，通过集聚效应和规模效应，可以更加合理高效地

配置资源，使资源利用效率显著提高，从而有助于减轻资源的稀缺状况；可以采用先进的管理理念和技术手段，实现资源的循环利用和污染的集中治理，降低污染治理的成本，提高人为净化的能力，从而有助于缓解经济发展对生态环境的压力。

（一）生态城市建设取得成效

2007年全省生态环境状况指数位居全国前列，是水、大气和生态环境质量均为优的唯一省份，其中：12条主要水系Ⅰ类—Ⅲ类水质比例为94.2%，9个设区城市空气综合污染指数为1.72，城乡大气环境保持优良水平；9个设区市的集中式饮用水水源地水质状况保持优良，水质达标率为99.1%，是国内水、大气和生态环境质量均为优的唯一省份。在2009年中国首份省市区生态文明水平排名中，福建排名第五，仅次于北京、上海、广东、浙江。

福州、厦门、泉州三城市已经获得“国家环保模范城市”称号；福州市马尾镇等11个乡镇获得“全国环境优美乡镇”称号；已创建各级“绿色社区”575个。此外，福州、厦门、泉州、漳州和三明市荣获“国家园林城市”称号，南平等11个市（县）荣获“省级园林城市（县城）”称号[①]。福建莆田湄洲岛成立中国第一个海岛生态文明建设示范基地，先后被评为全国绿化百佳县（区）、全国造林绿化先进单位、首届全国绿化模范县。湄洲岛以建设花园式、园林式生态岛为目标，坚持项目带动战略，大力实施城乡绿化一体化与绿色通道工程建设，努力营造防护林和四旁绿化，创造了良好的生态环境和旅游环境，创造了显著的生态效益、旅游效益和社会效益。

（二）城市绿化覆盖率得到提高

城市绿化是生态循环型城市建设的重要内容，也是建设生态环境、提高居民生活质量的重要基础设施。提高城市绿化覆盖率。福建省按照构建生态城市、绿色社区的要求，提高了城市绿化面积总量和质量，合

① 《海西：从“沙虎”肆虐到生态优美之区》，《福建日报》2009年9月3日。

理布局公共绿地，提高人均公共绿地面积。通过建设精品绿化公园、拆墙透绿工程、造林绿化，不断扩大城市公园、景区绿地面积。2005年以来，福建省城市建设把增加绿化放到了突出位置，大大提高了城市绿化覆盖率。福建省城市建成区绿化覆盖面积从2005年的24286.30公顷，提高到了2008年的34090公顷，增加了40.4%，年平均增长率为12%；公园绿地面积从2005年的5862.03公顷，提高到2008年的9435公顷，增加了61%，年平均增长率为17.2%；人均公园绿地面积从2005年的9.17平方米，提高到10.42平方米，增加了13.6%（见表6-12、表6-13）。

表6-12　　福建省城市环境情况（2005—2008年）

项　目	2005年	2006年	2007年	2008年
建成区绿化覆盖面积（公顷）	24286.30	28430.00	30317	34090
建成区绿化覆盖率（%）	36.11	36.56	37.00	38.86
公园绿地面积（公顷）	5862.03	6592.00	7833	9435
人均公园绿地面积（平方米）	9.17	9.45	8.64	10.42
生活垃圾清运量（万吨）	346.80	318.40	376.10	398.95
城市生活垃圾无害化处理率（%）	85.92	83.62	81.62	87.97
城市污水处理率（%）	54.52	59.07	66.72	72.72
城市污水处理厂集中处理率（%）	42.14	43.09	49.17	54.75

资料来源：《福建统计年鉴2009》，中国统计出版社2009年版，第511页；《福建统计年鉴2007》，中国统计出版社2007年版，第416页。

表6-13　　福建省各城市设施水平（2008年）

地　区	人均公园绿地面积（平方米）	生活垃圾无害化处理率（%）	建成区绿化覆盖率（%）
福建全省	10.42	87.97	38.86
福州市	10.39	82.62	38.24
厦门市	11.04	100.00	38.40
莆田市	11.26	100.00	42.98

续表

地　区	人均公园绿地面积（平方米）	生活垃圾无害化处理率（%）	建成区绿化覆盖率（%）
三明市	9.61	96.09	42.98
泉州市	9.17	99.83	38.52
漳州市	10.75	98.67	40.97
南平市	11.31	27.59	37.48
龙岩市	10.12	95.49	37.60
宁德市	9.90	49.64	36.32

资料来源：《福建统计年鉴2009》，中国统计出版社2009年版，第208页。

（三）城市污水处理厂及配套管网建设加快

福建省城市污水处理率从2005年的54.52%提高到了2008年的72.72%（见表6-12）。城市生活污水已经成为影响地表水体质量的重要原因，近几年，福建省加大了对城市生活污水的治理力度。福建省2009年底新建成23座污水处理厂，新增处理能力50万吨/日，全省设市城市污水处理率将达75%，市县污水处理率将达70%，全省生活污水处理厂新增COD减排1.95万吨，占全省COD减排总量的四份之三强。到2010年上半年福建省所有市县都将建成一座以上污水处理厂，全省污水处理总能力达348万吨/日，设市城市污水处理率达80%，市县污水处理率达75%。至此，福建省将提前全面超额完成“十一五”确定的全省市县污水处理率达到60%以上，设市城市污水处理率达70%以上的目标任务（见表6-14）。

表6-14　　　福建省各城市污水处理情况（2008年）

地　区	污水处理厂数（座）	污水处理率（%）	污水处理厂集中处理率（%）
福建全省	34	72.72	54.75
福州市	7	68.38	63.33
厦门市	8	96.45	93.02

续表

地　区	污水处理厂数（座）	污水处理率（%）	污水处理厂集中处理率（%）
莆田市	1	73.18	61.41
三明市	3	65.39	19.31
泉州市	5	76.88	34.98
漳州市	3	60.65	54.09
南平市	4	49.63	18.76
龙岩市	1	77.23	70.25
宁德市	2	13.50	13.29

资料来源：《福建统计年鉴2009》，中国统计出版社2009年版，第206页。

（四）城市生活垃圾无害化处理和资源化利用率提高

抓紧城市垃圾无害化处理设施的建设，提高了福建省垃圾无害化处理率。进行生活垃圾资源化处理试点，推行垃圾分类收集、堆肥、填埋等综合措施，加大了生活垃圾综合利用率；大力推进处理社会化，逐步实现垃圾处理产业化、市场化。到2008年福建省建成了34座污水处理厂，城市污水和垃圾无害化处理率分别达72.72%（见表6－14）、87.97%（见表6－13），比2005年分别提高33.4%和2.39%；城市污水处理厂集中处理率达54.75%（见表6－14）。到“十一五”期末，福建省所有市、县、镇都要开征垃圾处理费，建立农村收取垃圾服务费机制（见表6－15）。

表6－15　福建省各设区市工业污染及治理情况（2008年）

项目／地区	工业污染治理投资额（万元）	工业污染排放达标率（%）					“三废”综合利用产品产值（万元）
		工业废水排放达标率	工业二氧化硫排放达标率	工业粉尘排放达标率	工业烟尘排放达标率	工业固体废弃物综合利用率	
福建省	155763	98.4	97.7	96.1	98.1	72.9	253523
福州市	42102	96.0	99.8	86.2	97.8	96.0	25222
厦门市	9267	99.8	100.0	99.9	99.9	91.2	59259

续表

项目 地区	工业污染治理投资额（万元）	工业污染排放达标率（%）					“三废”综合利用产品产值（万元）
		工业废水排放达标率	工业二氧化硫排放达标率	工业粉尘排放达标率	工业烟尘排放达标率	工业固体废弃物综合利用率	
莆田市	337	95.1	99.6	98.1	96.4	85.2	11932
三明市	15676	97.3	94.0	95.3	96.1	58.2	49440
泉州市	73054	100.0	100.0	100.0	99.8	95.7	59169
漳州市	8797	99.3	96.1	94.4	94.6	98.3	12653
南平市	2323	94.0	96.8	97.0	97.6	85.2	19535
龙岩市	4193	97.3	99.1	96.5	99.0	66.0	15091
宁德市	15	86.7	76.3	77.9	96.2	74.6	1222

资料来源：《福建统计年鉴2009》，中国统计出版社2009年版，第522页。

（五）通过流域整治保护饮用水源

福建省全力以赴打好流域整治攻坚战，把畜禽养殖污染整治作为流域整治的重中之重。随着福建省水电迅速发展，一些水电站因下泄流量不足而造成部分河段在部分时段内河道减水、脱水甚至干涸，一定程度上影响了河流的正常生态功能和群众的生产生活。福建省在国内率先在所有水电站安装水电站下泄流量在线监控，明确要求省内所有水电站严格执行最小生态下泄流量，结果将作为各地政府生态环境保护的评分依据，这是福建省针对流域水环境治理的先行先试之举。福建省2008年将城市湖库饮用水源保护列入为民办实事项目，投资2.17亿元整治15个城市湖库型饮用水源地和规范324个建制镇水源保护区管理，对福州山仔水库等4个水源一级保护区建设截污工程总长达60公里；在福州山仔水库等14个水源保护区人为活动比较频繁的边界设置围网或建设绿化隔离带工程总长35公里。同时，还将搬迁或关闭莆田东圳水库等4个水源一级保护区内的32家畜禽养殖场、4家机砖厂、4家石材场、2家饭店（山庄）和1个村庄。2008年，福建省设区市、县级市和县城饮用水源达标率分别为99.1%、95.4%和95.1%。12条主要水系水域功能达标率达96.4%，比上年提高0.4%[①]。

（六）致力于打造节水型城市

厦门市成功地打造为国家节水型城市，在2009年最新一批“国家节水型城市”名单中，厦门市在11个城市中，位列第一。2006年厦门颁布了《厦门市城市供水节水条例》，节水工作中的水平衡测试、累进加价、再生水利用、用水定额、节水器具推广、中水回用等内容均首次通过法律形式加以规定。

厦门市打造节水型城市的成功经验有：一是大力开展计划用水。月用水量600吨以上单位均纳入全市计划用水指标管理，执行年度用水计划指标，超过指标的部分实行超定额累进加价收费；每年安排专项资金，为市民免费改造节水型马桶、节水型龙头等；积极开展节水型企业（单位）、社区、家庭的培育和创建活动。二是以海水作为淡水资源的有效补充。筼筜湖海水交换工程，每年节约大量淡水，获得国家城市环境综合整治优秀工程等荣誉；华厦电力公司工业冷却水全部取用海水，每日可节约淡水120万吨；厦门博坦仓储有限公司成功利用海水替代淡水作为消防水源。三是厦门市将污水处理厂处理后的中水用于道路绿化喷灌、公园景观用水，并加大雨水利用率，多个企业、学校利用水库蓄水来冲厕、洗车等。四是工业用水的循环再利用。银鹭集团污水处理再生回用每年达456万吨，东纶集团再生回用达176万吨，全面实现了污水零排放。厦门市“万元地方生产总值取水量”和“万元工业增加值取水量”分别为19立方米和15立方米，远低于全国平均值；工业用水重复利用率达90%，远超75%的要求；城市供水管网漏损率12%[②]；目前厦门市近八成的重点工业项目，水循环利用率已高达93.4%。

（七）绿色节能建筑工作取得新进展

1. 建设建筑节能综合试点示范城市。2004年，福州市被建设部确定为南方地区建筑节能综合试点示范城市。新型保温隔热墙体材料、新型

---

① 《2008年福建省环境保护公报》，福建东南新闻网，2009年6月5日。

② 《厦门：打造国家节水型城市》，福建东南新闻网，2009年2月6日。

节能门窗、屋面保温隔热材料等建筑节能技术和产品在福州市得到推广应用。目前，福州市所有新建建筑执行建筑节能标准率已达50%①。福州市启动“建筑节能周”系列宣传活动，以“节约资源、提高能效、保护环境、造福后代”为主题，广泛宣传建筑节能理念，普及建筑节能知识，以促进节约型社会建设。

2. 举办博览会推广绿色建筑。福建省按照国务院提出的“组织实施低能耗、绿色建筑示范项目30个”的要求，把推广绿色建筑作为促进建筑节能模式转变的重要抓手，积极响应建设部组织的“低能耗建筑和绿色建筑双百工程”。从2006年起举办中国（厦门）国际建筑节能博览会，从2009年起举办“海峡西岸（福州）节能环保与绿色人居博览会”，不断加大绿色建筑的推广力度。

二、城市建设对生态文明的生成与发展的负面影响

城市化的发展无论是人口增长、空间扩张，还是经济发展和生活水平提高，都不可避免地会占有和消耗大量的自然资源，需要开发利用更多的土地、水、能源、矿产等自然资源。城市化对资源环境产生的负面效应，主要体现在需要向环境中排放更多的废弃物，从而产生环境污染，导致生态环境的质量下降。

（一）未建立全方位可持续的城市公交系统

快速公交系统是投资省、见效快、舒适性较好的介于地铁和普通公交系统之间的一种新型运输方式。在近似于地铁的动力下，投资仅为其1/5—1/4。目前快速公交系统已在北京、杭州、昆明、济南等城市建成运行。福建省城市交通战略发展相对落后，还未建立城市快速公交系统，这也是造成福建省主要设区市城市交通拥挤和汽车尾气污染的重要原因之一。

① 《福州半数新建建筑执行节能标准》，《福州日报》2009年6月19日。

（二）城镇化进程加快将带来环境问题

2010年福建城镇化水平将达到52%[1]，农村人口将加速向城市转移，资源能源供需矛盾日益突出，而现有城乡环保基础设施还相对滞后，环境问题将更加凸显。

（三）还存在节能潜力

福建省在建筑节能、商业和民用节能等方面也还大有潜力可挖。从表6－5可以看出，福建省建筑能耗2005年为50.09万吨标准煤，2008年为153.35万吨标准煤，年平均增长率为45.2%，建筑用能呈现快速上升趋势。福建省应制定建筑节能相关法规，规范建筑材料能耗标准，推动建筑节能改造，加强建筑节能管理。凡新建建筑一定要严格实施节能设计标准，开展低能耗建筑和可再生能源建筑的示范和推广，严格按照建筑节能标准设计，加强对工程项目从规划、设计、施工、监理、竣工验收和运行管理等全过程的节能监督管理，积极推广节能新技术、新产品和新型墙体材料。

三、未来城市建设应规避对生态文明的负效应

城市化为经济发展与资源环境关系的协调提供了可能。可以通过政策干预、环保投入和清洁技术的推广使用，控制资源消耗和污染排放总量，提高资源环境的生态服务功能。通过提高环境意识、资金投入和环保技术的水平，从而能够获得污染集中治理的环保效益。通过政策干预、经济和技术手段达到最优的资源开发价值、最优的污染控制水平，使城市化经济效益最大化的同时，资源与环境效益也最大化。建设循环经济生态城市，必须树立科学发展观，建设社会、经济、文化与自然和谐的复合生态系统型城市。

（一）树立城市“选资”的环保理念

节能环保应该成为生态城市引进资本的一个必要门槛。福建省的资

---

① 《以环境保护优化经济增长，服务海西又好又快发展》，新华网福建频道，2008年12月8日。

源优势要发展为特色产业，决不能以牺牲环境为代价来换取经济的一时发展。要禁止新建不符合产业发展规划的、浪费资源、能源的、破坏生态、污染环境的、国家明令禁止的项目的发展。注重城市生态环境建设，加强对环境的监督管理，对工业项目的引进要注重考虑其对环境的危害程度。新建和改建、扩建项目，应当优先选用能提高资源使用效率、无污染或少污染的技术、工艺和设备，优先选用经过生态设计或通过环境标志论证的产品，以及经过清洁生产审核或者通过环境管理体系认证的企业的产品。一些环保验收不过关的企业一律不能投产，关闭污染治理未达标企业，鼓励企业节能环保，降低能耗。政府强势推进节能减排工作，淘汰漂染、陶瓷等高污染高耗能产业。合理规划城市的工业开发园区，设定合理的环境进入门槛，限制污染排放不达标的企业布局。

（二）产业结构“腾笼换鸟”

福建省的城市产业结构要改变资源的高投入、高污染和低效率的模式。

1. 将市内污染物排放量大的工业迁出。严格控制能耗高、物耗高、运输量大、污染严重的产业的扩张速度。对已有的这类产业要积极引导其向国家总体产业布局规划的地区合理转移，城市中心区要把污染排放量大的产业转移到城市周边地区，并在地区分布上相对集中于一个或若干个专业工业区内。以利于充分发挥大型污染治理或工程的效率，大大提高环境防治的效果①。腾出更大的空间改善城区环境，发展都市型经济。

2. 在中心城区发展高新科技项目和都市型企业。全力打造软件、计算机与网络产品、现代通信、环保、生物与新医药等重点高新技术特色产业集群，优化产业结构的调整，用高新技术改造钢铁、水泥等传统产业，降低城市GDP的碳强度。发展低碳经济的产业基础，实施低碳产业发展优惠政策和产业扶持政策。围绕发展低碳经济，从经济结构调整入手，着重发挥服务业、物流业、先进制造业、新能源和节能技术等低碳、高效产业的作用。

3. 积极发展第三产业是改变城市经济结构和耗能水平的一项有效措

① 李清娟、刘平、宋炳颖：《区域功能定位与产业发展》，上海三联书店2007年版。

施。要积极发展运输业、电信业、服务业等应在城市规划中得到实施，改变以往在城市规划中忽略第三产业发展布局和配套的局面。

（三）加快推进建筑节能工作

绿色建筑是实现节能减排目标、发展生态文明的重要环节。一是要借鉴美国、日本、德国等发达国家的先进经验，探索实施由政府和企业相结合的“绿色屋顶计划”，在中心市区和部分县（市、区）建立光伏住宅示范工程，并在此基础上安装光伏发电系统，使福建省各城市在温室气体减排和污染控制方面与国际接轨。二是继续办好每年一届的“海峡绿色建筑与建筑节能博览会”，充分发挥绿色建筑与建筑节能国际、国内交流的平台作用。积极拓展国际、国内科技合作渠道，开拓新的建筑节能合作项目，积极引导国际、国内关注和支持福建省建筑节能工作，拓宽深化合作领域，挖掘新的合作项目，争取更多地引入国际、国内的新技术、理念、经验、人才和资金，大幅度降低建筑能耗。三是开展绿色建筑评价标识试点，加大绿色建筑的推广力度。绿色建筑的核心——节能、节水、节地等硬指标在评价体系中必须重点突出。制定城市生活小区的生态环境标准，在生活小区的能源利用、废物和水处理、建筑材料等方面制定定性或定量标准，房地产开发商的小建设规划必须经过环保等部门的审核，不达标的不准开工建设。

第四节　居民消费对生态文明的生成与发展的影响

一、居民消费对生态文明的生成与发展的积极影响

（一）打造城市生态交通系统

福建省布局液化气代替汽柴油，打造绿色交通。在2009年第七届中

国·海峡项目成果交易会上，福建投资开发集团有限责任公司与福建高速公路有限责任公司签订了关于合作推进福建高速液态天然气汽车的协议。福建投资集团有限责任公司将投资3.2亿元人民币，在福建境内高速公路投资30座LNG汽车加气站，将为福建省交通运输集团、福建省中旅集团公司等2000辆城际客运货运车提供加气服务。根据测算，这30座加气站年加气量达2.2亿万方，折合13.3万吨液态天然气，可替代汽柴油18万吨，节约8亿元燃料费。

福建投资集团旗下的福建中闽物流有限公司、上海交通大学及张家港富瑞特种装备股份有限公司将签订关于共同推进福建内江内海船舶清洁燃料系统建设的协议。未来5年内，福建省内河、海航的1000多艘运沙、运煤、运水泥的船舶也将改用LNG作燃料，以减少船用柴油废气对闽江流域及近海海域环境的污染。

除城际客运货运车外，2010年1月起福州市公交车也用上了液态天然气。LNG公交车属于新能源车，与燃油车相比，其突出特点是大幅度降低尾气排放量，一氧化碳排放量将减少97%，汽车噪音减少40%，苯、粉尘等有害物质可减少100%。福建省现有公交车花费3万~4万元改造后，即可使用液态天然气，数月后即可从燃油中回收成本，而未来新增公交车可直接使用液态天然气。

（二）倡导购买节能低碳家电

福州市发起“福州十大创新低碳产品”、“福州十大标杆企业”评选活动，以客观、公正的评选给全省消费者在选购低碳3C产品时提供一个可信的参考，并联合入围品牌，在所有上榜的低碳产品粘贴低碳产品认证标识，倡导全省消费者购买粘贴标识的节能环保产品。

（三）建设国家再生资源回收体系试点单位

截至目前，商务部共在全国确定53个再生资源回收体系建设试点城市，其中第一批24个，第二批29个。2006年福州市成为第一批全国再生资源回收体系建设试点城市，2009年三明市为第二批全国再生资源回收体系建设试点城市。

福州市启动了“全民环保总动员”等公益宣传活动，按照“六统一、一规范”的标准，建成了一批绿色社区回收网络、集散分拣市场等基础设施，初步形成了社区回收站点为基础，集散分拣市场为中心、点面结合、一体化的再生资源回收加工再利用网络体系。2009 年福州物资回收利用公司新建、改建了仓山区则徐大道中转站、佛亭中转站、岳峰中转站等 34 家固定网点，年销售再生资源 7130 万元①；方案已经提交马尾区政府批准，福州市再生资源回收利用体系建设试点工作向村镇延伸发展取得突破，拟建立亭江镇再生资源回收利用体系，2009 年福州万家利物资回收利用有限公司等四家企业主动要求加入再生资源回收利用体系，成为福州市供销社联合体成员，推动了福州市供销社再生资源龙头企业的发展。

2009 年三明市开工建设海西再生资源交易市场，总投资 8000 万元②，该项目建成后将成为闽西北最具规模的废旧物资回收集散地，为构建福建省的再生资源回收体系建设迈出一大步。目前，三明市已建立了 9 个再生资源绿色回收站，三明市区已逐步形成了以建设绿色社区回收网点和流动回收车为基础，再生资源回收集散市场为核心，加工利用为目的，点面结合、三位一体的再生资源回收利用网络，有效地提高了回收集散加工能力，促进了再生资源行业健康有序发展。

二、居民消费对生态文明的生成与发展的负面影响

（一）生活用能呈上升趋势

随着城市建设步伐的加快和人民生活水平的提高，福建省生活用能呈上升趋势。从表 6-4 中，我们可以看到，福建省 2005 年生活消费能耗为 699.47 万吨标准煤，2008 年为 855.75 万吨标准煤，年平均增长率

---

① 《福州物资回收利用公司获 2009 年度新网工程再生资源回收利用体系建设项目中央财政补助》，中国再生资源回收利用协会网站，2010 年 1 月 19 日。

② 《三明市再生资源回收体系建设试点工作实施方案》，三明市再生资源交易市场网站。

为7%。因此，大力提倡和引导消费者选择节能环保产品，以最大限度地提高社会消费节能效应。我们要大力宣传节能降耗的重要战略意义，通过树立先进典型，来引导全社会站在战略高度认识节能降耗工作，要使住节能环保房、开节能环保车、买节能环保家电成为新的消费时尚，普及节能产品和设备，使节能生活真正成为全民的自觉行动。

（二）再生资源回收利用率低

1. 再生资源收购站点设施简陋，布局不合理。现有的废旧物资回收站点大多为自发形成，有的有营业执照，有的为无证经营。网点设置随意性大，部分位于城乡结合部的路边场院，有的甚至临街设点；有的收购品种单一，导致居民交售废旧物资存在一定的困难。

2. 再生资源回收资金投入不够、技术落后、资源利用率低。由于缺乏资金和技术投入，废旧物品专业市场建设滞后，导致加工利用能力不足。一方面，由于前些年福建省对废旧物资回收行业重视不够，监管措施不力，行业管理无序化；另一方面，一些加工利用企业却又因缺乏资源，造成企业经营困难。

3. 福建省每年有大量的废旧家电和电子产品，废有色金属、废纸、废塑料、废玻璃等，没有实现资源的高效利用和循环利用。实践证明，较低的资源利用水平，已经成为企业降低生产成本、提高经济效益和竞争力的重要障碍。提高资源的利用效率，形成保护环境的消费模式，有利于提高经济增长的质量和效益，有利于建设资源节约型社会，增强国际竞争力。

（三）节能意识有待提高

低碳经济倡导的绿色生活方式、理性消费理念与每个人的健康密切相关。首先，虽然厦门市开展了“倡导低碳生活，唤起绿色希望”启动仪式，也开展了一系列活动，但而目前宣传力度不够，从各级领导到广大基层群众都对绿色低碳知识存在认知不足，尚未树立低碳生活理念，没有建立起全民低碳消费模式，更不知如何践行。其次，福建省当前对工业用能监控方面取得了一定成效，但对整个社会层面的节能还缺乏有效措施，导致对居民生活用能、文体娱乐、交通运输、房地产业及党政机关等用能无法得到有效、有力地调控，节能还没有成为绝大多数单位和社会全体公民的自觉行动，节能意识仍有待提高。

三、未来居民消费应规避对生态文明的负效应

福建省各级人民政府应当采取措施改变消费结构，鼓励绿色消费，积极培育绿色市场体系，大力推进绿色采购和社会可持续消费，提倡和促进适度消费，引导全民节能。

（一）倡导政府机关带头节能

推动公共机构节能，不仅对控制和降低资源消费增长有着直接的作用，而且将对引导和推进全社会节约资源起到良好的示范作用。要坚决杜绝开着门窗开空调、长明灯、长流水、水管滴漏、下班不关电器、办公设备长时间待机、复印纸单面使用以及办公用车费用高等等现象，从而降低行政运行成本。新建项目、新增城市公共设施应当使用节能、节水产品。

（二）统筹规划交通节能

由于2008年交通运输和邮电通讯业占福建省第三产业终端能源消费量的48.2%（根据表6－5计算得出），因此，应大力发展节能型交通工具，优先发展城市公共交通系统和轨道交通，推广使用清洁燃料汽车，实施“国Ⅲ”排放标准，严格控制机动车尾气污染。进一步加快实施机动车燃油经济型标准及替代燃料的开发和利用，统筹规划，推进福建省城市、城际及城乡之间的高效综合运输体系建设。

（三）政府优先采购节能环保产品

政府采购节能产品是从源头上提高能源利用效率，推广先进节能产品，降低政府机构能源消费的重要措施，可以有效地节约能源，降低能源支出，减少公共财政支出，保护环境。实行财政拨款的行政机关、事业单位应当优先采购节能、节水、再生利用产品。要建立和完善以强化

政府采购、有利于促进节能减排的财税政策体系。对节能环保产品实行强制和政府优先采购政策。节能、环保产品认证的生产企业将受到以奖代补、减免或抵免企业所得税、增值税进项抵扣、环境有偿使用和生态补偿机制等等优惠政策的扶持。福建省将符合条件的产品及时纳入节能、环保标志产品清单，享受政府采购优惠政策。

（四）建立全民低碳消费模式

1. 建立全民低碳消费模式。树立可持续的消费观，提倡健康文明、有利于节约资源和保护环境的生活方式与消费方式，普及绿色低碳知识，大力提倡科学健康的理念，改变“过度消费”等不良消费嗜好，禁止无实用性的过度包装，规范并减少一次性用品生产和使用，促使城市居民消费模式从高碳向低碳转变，逐步构建健康合理的消费新模式，并在餐饮、宾馆、商店、娱乐及相关行业制定和实施绿色消费标准，鼓励使用绿色产品，如能效标识产品、节能节水认证产品和环保标志产品等，把节能、节水、节村、节粮、垃圾分类回收、减少一次性用品的使用逐步变成每一个公民的自觉行为。

2. 建立健全政府引导、多方联动的全民低碳行动机制。通过制定出台财政激励、税收、政府监管和市场机制等多种政策实现最低成本的低碳经济发展，建立健全低碳消费的制度体系。政府要出台政策和法规鼓励企业、公民和社会组织实行低碳消费；通过税收等政策手段，抑制消费主体的高碳消费方式；通过减免税费、提供财政补贴等措施引导消费者节能减排，实现低碳生活。

（五）建立健全低碳消费的制度体系

一方面政府要出台政策和法规鼓励企业、公民和社会组织实行低碳消费，如制订奖励措施，对开发低碳产品、综合利用自然能源、投资低碳生产流程的企业，给予支持和鼓励，并在贷款、税收等方面给予优惠政策；另一方面通过税收等政策手段，抑制消费主体的高碳消费方式。建立“限塑环保基金”，要求商家将出售塑料袋的盈利部分回馈给环保事业，共担环保责任。

第七章 西部地区生态文明与经济发展

2010 年是中国实施西部大开发战略 10 周年，而西部地区生态环境脆弱的现实决定了西部大开发的重中之重是生态环境的保护与建设，保证经济与环境的协调发展。因此，西部地区生态与经济协调发展是中国“环境保护”与“西部开发”这两大最重要政策的根本体现。

第一节 区位与环境状况对生态文明的影响

一、西部地区构成中国最重要的生态屏障

就西部地区的特性来说，具有双重性：一方面是资源丰富；另一方面又是生态环境脆弱。在西部大开发中，前者有利于经济发展，后者不利于生态文明的发展。当今世界对地球环境问题的呼声日渐高涨，中国西部地区的经济发展必须贯彻生态文明的价值理念。为了达到可持续发

展目标，我们必须开展与环境保护有关的西部地区经济问题研究，研究经济对未来发展的长期的生态影响。

（一）西部地区的区位特点

中国西部地区，指陕西、甘肃、宁夏、青海、新疆、四川、云南、贵州、西藏、内蒙古、广西、重庆等西部12个省区市。西部地区面积约占全国国土总面积的71%，1999年末人口约占全国的29%。西部地区是中国少数民族聚居区，有少数民族8000多万人，占全国少数民族总人口的76%以上，少数民族大部分聚住在牧区。西部地区有得天独厚的耕地、森林、草原、能源、土地、矿产资源优势，兼具生态环境脆弱的劣势。

1. 地处偏僻，边缘性特点突出。西部地区的陆地边境线长达1.8万公里，与14个国家毗邻，全国整个陆上边境线82%都在西部。西部地区又是少数民族聚居区、边疆地区。在地理区位上，西部地区具有边缘性、边际性和邻边性的特点。这些特征从总体上来讲是不利于其经济发展的，并导致交通、信息设施的相对缺乏，直接影响到各种生产要素和产品空间转移成本和交易成本，使生产部门与市场之间的经济联系难度增加，保持供需平衡的能力相对低下。并且，边缘性也进一步强化了西部地区的封闭性和落后性。

2. 具有相邻性特点。从国际视角看，西部地区还具有相邻性特点。一是西部地区周围与14个国家接壤。北与俄罗斯、蒙古相连，西有中亚和阿拉伯各国，南有南亚各国。与这些国家交往，至少有七条通道：①由内蒙古集宁通蒙古、俄罗斯；②由伊犁通往哈萨克斯坦；③由喀什通往阿富汗、巴基斯坦；④由拉萨通往尼泊尔、印度；⑤由畹町通往缅甸；⑥由河口通往越南；⑦由广西过友谊关通越南。二是西部地区是中国重要的“大陆桥”。西北地区的新疆地处亚洲的腹地，亚欧大陆桥横贯东西，不仅是中国陆地通往地中海各国和欧洲的主要通道，而且也是国内外伊斯兰教地区进行交往的主要联系纽带。西南地区的西藏和云南是南亚次大陆的后背基地，可以直接通往印度半岛及印度支那半岛。西部地区具有周边合作优势。西部地区与毗邻国家经济结构的互补性以及在宗教、民俗等方面的相似性，为西部地区向西开放，开拓南亚北部、中亚和独联体市场以及多种形式的经济技术合作创造了条件。

3. 三大江河的发源地。西部地区处于中国的江河源区及其上游地区，是我国三大江河的发源地。也是西北季风的发源地或上风口，对中国其他地区的生态环境有着极大的跨区域的影响，是维持中国整体生态环境稳定的重要地区。但是，每年因西部上游地区水土流失造成20多亿吨的泥沙进入长江、黄河，加剧了中下游地区的水患。长江、黄河、珠江地区涉及20余个省区，这里的生态环境状况好坏直接关系到中华民族生存与发展，其上游生态环境一旦受到破坏，就很难治理甚至不可逆转，这不仅使当地无法持续发展，而且直接影响中下游地区的经济发展和生态文明的进程。中国的沙漠大部分集中在西部，每年形成的沙尘暴危害西部地区，而且也危及京津地区，甚至危及南京等长江下游地区。

4. 位于生态脆弱区。中国西部地区特别是西北地区生态环境十分脆弱，不利于进行大规模自然资源的开发。如果继续大规模开发自然资源，将使西部地区生态环境雪上加霜，也事关整个中华民族的生存质量和发展空间。

（二）中国最重要的生态屏障

西部地区是三大江河的发源地，又位于生态脆弱区。因此，西部地区构成中国最重要的生态屏障，其环境优劣直接决定了全国总体生态环境状况。西部地区生态环境脆弱的现实决定了西部大开发的重中之重是生态环境的保护与建设。西部地区在全国的生态地位以西部的内蒙古自治区最为典型。内蒙古自治区位于黄河、辽河、嫩江三大水系上游，地跨西北、华北、东北三大区域，是中国生态环境保护的前沿地区。

内蒙古自治区处于东亚季风和中亚内陆气候的过渡带。大部分属于干旱和半干旱区，东部为湿润、半湿润区，西部阿拉善地区为极干旱区。由于跨越经纬度广，距海洋远近和地形条件的影响，热量和干湿程度空间分布很不均衡，水热组合截然有别，东部降水多，热量较少，越往西其湿润程度越低，干旱程度增加，由东到西由湿润、半湿润、半干旱到干旱依次更替，这种水热分配形式，决定了内蒙古自治区生态环境的脆弱性。

内蒙古自治区生态环境的过渡性还表现在它同时又处于冰川拉锯带、强烈季风带、地层松散带、风寒与植被稀疏同步带、温室效应敏感带、水热异常地带、多种因子的过渡带和交错带、气候骤变带、环境多变带、多灾带、严重缺水带等。因此，如果人类活动破坏了生态平衡，就会导致生态环境的迅速恶化。内蒙古自治区境内分布有众多而又典型的人地系统脆弱区，从全国生态脆弱度的程度的排序来看：内蒙古自治区（0.6186）为强度脆弱省份。

可见，由于内蒙古自治区地跨“三北”，并处于北方三大重要水系的上游，这种地理区位上的特殊性，决定了它将在全国生态环境大系统中起着关键的生态屏障作用，成为中国北方重要的生态防线。可见，无论是从内蒙古自治区地理区位的过渡性还是生态环境的脆弱性来说，生态环境保护对于作为全国生态屏障的内蒙古自治区及西部地区来讲，意义十分重大。

因此，“生态环境建设是西部大开发的根本点和切入点”。这也是为什么西部地区保有中国数量最多的战略性生态功能区的原因。“十一五”规划纲要划定的中国22个限制开发地区，西部地区就占17个，包括三江源、四川若尔盖湿地、甘南黄河重要水源补给区等，这些地区在保障中国生态安全方面具有特殊的地位和作用。如何正确处理好生态建设、环境保护、资源节约与经济社会发展的关系，对于西部地区相当重要。目前，“保护优先，适度开发”已经达成共识。

二、西部地区环境状况对生态文明的影响

西部地区的特性具有双重性：一方面资源丰富；另一方面生态环境脆弱，这两大特性对西部地区的生态文明与经济发展的影响具有正、负面两种截然相反的生态、环境效应。如何协调两者之间的关系，是西部

地区可持续发展模式选择的关键所在。

（一）西部地区环境资源优势及对生态的影响

1. 自然及旅游资源丰富。西部地区是中国自然资源密集地区，特别是矿产、能源、林草等资源在全国占有重要地位。铁矿占全国11.4%，其中富铁矿占40.6%，稀土、钾盐、镁、铬等矿产储量占全国90%以上，云母、盐矿储量占全国80%以上，汞、锡、锰、石棉、砷矿储量占全国60%以上，铜、铝、铅、锌占35%以上①。据有关专家对48种矿产资源潜在价值的计算，西部地区有7个省份进入人均矿产资源前10名；在全国已探明储量的156种矿产中，西部地区有138种，全部矿产保有储量的潜在总价值为61.9万亿元，占全国总额的66.1%；一些稀有金属总量名列全国乃至世界第一；西部地区能源丰富，天然气和煤炭储量占全国的87.6%和39.4%，已探明的煤炭储量约占全国的60%。西部地区拥有广袤的土地资源，面积占全国的71.4%，未利用土地占全国的80%，耕地后备资源占57%，人均耕地2亩，是全国平均水平的1.3倍；西部地区草地面积占全国的80%以上，森林面积占全国的50%以上。从东部、中西部资源禀赋的比较上来看：东部、中西部国土面积分别占10.7%、89.3%，人口分别占36.7%、63.3%，而中西部地区的草原资源、森林资源、煤炭资源分别占全国94%、51%、50%，各种有色金属矿藏量占90%；而东部的上述资源奇缺，仅占全国的3%—8%左右。

西部地区的自然、人文旅游资源更是“富甲天下”。西部地区旅游资源类型全、品位高、特色与垄断性强，而且西部地区旅游资源分布广泛，自然和人文景观交相辉映。独特的地理环境造化出西部地区千姿百态、雄奇壮美的多样的气候类型和完整的生物体系，与东部地区迥然不同。西部地处长江、黄河源头，是中华民族的发祥地，拥有悠久丰厚、灿烂辉煌的古文化遗存。数千年来西部地区众多民族和睦相处，各自保护着独特的文化习俗和民族性情，创造出绚丽多彩的民族文化、悠久的

① 郑长德：《论西部地区民族地区产业结构的优化和产业竞争力的再造》，《中国西部地区经济发展》，中国经济出版社2004年版，第314页。

民族史，以及浓郁的民族民俗、风情景观。青藏高原等高山大川纯净、无污染的生态环境和西藏、新疆、云南边陲的沿边旅游资源也为西部地区旅游产业的发展提供了广阔的前景。在西部地区的旅游景区中，拥有一批为数可观的世界级遗产、国家级重点风景名胜区、历史文化名城、重点文物保护单位、中国旅游王牌景点。西部地区资源种类之全，不仅超过东中部地区，在世界上都是罕见的。西部地区在发展经济的资源条件上有相对的优势。但是，伴随着西部大开发的热潮，稍有失控，就会对西部地区丰富的自然资源带来掠夺式的过度开发，同时资源型企业也会对西部地区造成严重的环境污染及生态破坏。

2. 草地是中国西部地区的优势资源。天然草地是中国西部地区的优势资源之一。保护和建设中国西部地区天然草地，实现西部地区草地畜牧业的可持续发展，对促进生态文明的建设具有重大意义。据 1996 年 10 月 31 日全国土地资源调查办公室汇总数据，中国牧草地总面积为 2. 66 亿公顷，占全国土地总面积的 28%，其中天然草地 2. 63 亿公顷，占全国牧草地面积的 98. 8% 天然草地。西部地区天然草地面积 2. 57 亿公顷，占全国天然草地总面积的 97. 89%。西部地区的内蒙古、西藏、新疆、青海、四川和甘肃等 6 个省区是中国的 6 大牧区，其天然草地面积 2. 48 亿公顷，占全国天然草地总面积的 94. 48%[①]。草地在西部地区 12 个省区市的土地面积中占 48. 49%，是西部地区耕地面积的 6. 47 倍，林地面积的 5. 77 倍，构成了西部地区土地资源和环境空间的主体[②]。西部地区的数千种天然牧草和饲用植物比林木更能适应在高寒、干旱、荒漠、盐碱等恶劣气候的贫瘠土地条件下生长，牧草根系多分布于土壤表层 30 厘米或更深的土层里，比林木更能有效地保持水土、防风固沙。所以草地资源在西部地区生态环境的保护与建设中居于主导地位。西部地区天然草地分布于蒙古高原、青藏高原、鄂尔多斯高原和天山、阿勒泰山，这里

① 李元：《中国土地资源》，中国大地出版社 2000 年版，第 224 页。

② 李毓堂：《草地资源优化管理开发与 21 世纪中国可持续发展战略》，《草地科学》2002 年第 2 期。

是中国大江大河的源头、上游和沙尘暴多发区，广袤的天然草地构筑了中国生态环境的天然绿色屏障。可见，中国西部地区尤其是主要牧区天然草地和草地畜牧业的状况，不仅直接影响着少数民族地区的经济可持续发展与社会稳定，而且关系到全国生态文明的进程。

3. 西部地区资源分布存在空间差异。由于地形、自然地理和地质条件的影响，西部地区的西南和西北在气候条件上呈现巨大差异。西北地区干旱、降水量少，生态环境脆弱，水资源贫乏，约占西部地区水资源18%；而西南地区湿润，雨量充沛，水资源丰富，约占西部地区水资源量的82%。西北地区光热资源十分丰富，日照时数也是中国最长的地区，同时具有大面积和高质量的草场，有利于发展农业和畜牧业，有利于发展清洁能源。而西南地区人均耕地面积相对较少，但森林资源丰富，草山、草坡面积广阔，水热条件较好，也具有发展畜牧业的条件。同时西南地区水资源也非常丰富，占全国水资源总量的46.7%，土壤条件较好。根据西部地区资源内部分异的特点，均具有利用可再生能源，减少环境污染的有利条件。

（二）西部地区生态环境的突出问题

1. 生态环境脆弱。中国西部地区生态环境十分脆弱。脆弱生态环境是指生态环境退化超过了现有社会经济和技术水平下能长期维持目前人类利用和发展的水平。中国生态脆弱区2/3以上的面积集中在西部地区。从全国生态脆弱度的排序来看，西部地区除广西为中度脆弱省份外，云南（0.5925）、内蒙古（0.6186）、四川（0.6285）为强度脆弱省份；极强脆弱省份有：新疆（0.6537）、陕西（0.6613）、贵州（0.7153）、甘肃（0.7821）、青海（0.8045）、西藏（0.8329）、宁夏（0.8353）①。生态脆弱具体表现在土地退化加剧，水土流失和土地荒漠化严重等生态环境问题的集合。目前全国水土流失面积179万公顷，西部地区约占80%；全国每年新增荒漠化面积2400多公顷，大都也在西部地区。西北部大部

① 赵跃龙：《中国脆弱生态环境分布及其综合整治》，中国环境科学出版社1999年版，第101页。

分地区森林覆盖率十分低下，青海仅为0.35%，新疆为0.79%，甘肃为4.33%。草原也在大规模地退化，环境污染也在不断加剧。

2. 草原退化、草地生态环境不断恶化、生产力下降。西部地区草原退化严重，特别是在西北干旱区，其次是在青藏高原区。根据《西部地区生态环境现状调查报告》（国家环保总局，2002），西部草地面积从1995年至2000年5年减少235.3万公顷。例如，目前新疆全境草地退化和沙化面积已达2133万公顷，占草地总面积的37.2%，更为严重的是，新疆全境草地现在仍以每年29万公顷的速度在退化。至于青海省，退化的草场面积也达到1173万公顷，占草地总面积的32.3%；沙化草地193万公顷；草原植被消亡、土地裸露的黑土滩面积已达333万公顷。宁夏则有97%的天然草原在退化、裸露和沙化。陕西、山西两省的干旱、半干旱地区草场退化比例也高达90%①。草地的退化、沙化使其产草量和载畜量已经严重下降。新中国成立60年来，西部地区草原每亩平均干草生产量已下降40%。据四川省资料，近15年来全省牧区草地产草量由276公斤/亩下降到240公斤/亩，降低了12.9%。青海省天然草地牧草产量也呈现出逐年减少的总趋势。20世纪80年代草地单位面积产量较70年代下降了1/3。甘南牧区1980年天然草地0.0667公顷产草量为374公斤，1999年减少到270公斤，下降了27.81%②。

植物第一性生产量与土壤、光、热、水等生态环境构成要素密切相关，温度和水分的不同组合对于陆地表面各种自然地理成分和过程起着决定性的控制作用，是决定陆地生态系统性质的最重要的因素。20世纪80年代以来，随着气候的暖干化，中国主要牧区普遍气温升高、蒸发量增多，部分地区降水量减少，加上草地建设和畜牧业投资严重不足等人为因素，导致西部地区不仅草地退化、沙化、盐碱化严重，而且鼠害严重，沙尘暴频繁发生。河流径流量锐减，湖泊干涸，地下水位下降，干

① 李锦等：《西部地区生态经济建设》，民族出版社2001年版，第24页。

② 吕晓英、吕胜利：《中国西部地区主要牧区草地畜牧业存在的问题、原因分析及政策建议》，《中国西部地区经济发展》，中国经济出版社2004年版，第119—120页。

旱缺水草场增多；生物多样性被破坏，草地野生生物种群数量剧减，甚至许多珍稀物种濒临灭绝。

西部地区的草地植被的退化必然导致严重的风蚀，风蚀则造成普遍的沙漠化荒漠化趋势及沙尘暴（或扬沙），对西部及全国的生态环境造成极大的影响。从原因上分析，西部草原的退化被普遍认为是由于过度放牧造成的，20 世纪 80 年代以来国家在西部牧区大力发展畜牧业，确实造成了一定程度的超载过牧问题。如目前宁夏山区的牛羊数量较 20 世纪 50 年代初便增长了 274%，牲畜超载 2.3 倍。但造成草原退化的另一个更为根本性的原因却没有被充分认识到，即由于水土开发造成的水资源枯竭问题。在西北及青藏地区草原，用铁筢搂发菜（一种藻类植物，因与“发财”谐音，加上媒体等的炒作，成为中国东部地区餐饮的珍贵美食）也对很多地区的植被造成严重破坏，这种破坏甚至比“过牧”更加严重。

3. 土地退化，土地沙漠化趋势加剧。土地退化包括土地荒漠化、盐渍化。中国是世界上荒漠化最严重的国家之一，全国每年新增荒漠化面积 2400 多平方公里，大都在西部地区。荒漠化使得大面积良田被迫荒芜，大片草原退化，土壤侵蚀也会造成土地退化。西部地区大部分为山丘区，加之冬春多风，夏季雨水集中，土壤侵蚀十分严重。其中，水力侵蚀 104 万平方千米，占西部地区国土面积的 15.3%；风力侵蚀 182 万平方千米，占西部地区国土面积的 26.8%；冻融侵蚀 124 万平方千米，占西部地区国土面积的 18.32%。累加起来占整个西部地区土壤侵蚀面积高达 410 万平方千米，占西部地区国土面积的 60.56%[①]。

生态环境破坏、自然灾害频繁、水土流失严重直接导致土地沙漠化趋势加剧。据《中国 21 世纪议程》提供的资料，中国的荒漠化很严重，已占到国土面积的 8%。其中风沙和水土流失引起的荒漠化各占一半，全国约有 1.7 亿人口受到荒漠化的危害和威胁，农田遭受荒漠化的严重

① 张红岩：《我国西部地区大开发中生态环境建设问题探讨》，《生态经济与可持续发展论》，2004 年，第 396 页。

影响。全国水土流失面积达179万公顷，每年流失土壤达50亿吨。据统计，西部地区沙漠面积为128万公顷，其中沙漠化土地12万公顷，其中因滥垦、过牧、强度樵采、工矿交通破坏造成的占85%，而这些沙化土地主要集中在西部地区的干旱区。

4. 森林资源面积减少、质量下降。根据《西部地区生态环境现状调查报告》（国家环保总局，2002），西部林地面积从1995年至2000年5年减少89.1万公顷，林地的减少虽然被认为主要是由于毁林开荒、滥砍滥伐所造成，但实际上1999年全面实施天然林禁伐之前国营林场大规模的森林采伐应该是主要原因之一。森林质量的下降表现在森林蓄积的持续减少。1986年西部地区森林单位蓄积约为105立方米/公顷，到2006年则下降为78立方米/公顷。同样，森工采伐也是森林质量下降的主要原因，尽管1999年以来森工采伐已经停止，但禁伐前大规模砍伐所造成的破坏，会持续很多年甚至造成永久性的森林丧失。特别是在西部地区严酷的自然生态条件下，经过千百万年演替形成的原始森林很容易经森工采伐毁于一旦。森林的退化消失是华南区喀斯特地区石漠化的主要原因，也是西北地区湿地荒漠化和沙漠化的重要标志，而湿地荒漠化又是沙尘暴的重要来源。

5. 湿地丧失、水资源短缺。湿地丧失和水资源的枯竭是西部地区特别是西北干旱区土地荒漠化的根本原因。由于大规模水土开发，盲目建坝兴修水利进行农业开发，造成西部地区河流相继断流、枯竭，湖泊干枯或咸化。如中国最大的内陆河流塔里木河，由于上游农业开发等用水和相应的水利建设，造成下游河流的干枯和胡杨林的死亡、植被沙化或荒漠化，湿地变成荒漠；内蒙古自治区西部最大的内陆河黑河，由于上游甘肃省水利建设和农业用水，造成下游河流干枯，居延海最终于1992年干枯，原来的湿地变成荒漠。西北地区的绿洲开发或人造绿洲，或者要建造大量的水利设施、消耗大量的地面水源，或者利用地下水打井浇灌，不仅造成河流湖泊的干枯，还造成地下水位的严重下降，必然造成地表植被的严重退化，如河谷林的退化消失、湿地的消失和荒漠化、草地的荒漠化等等。从毛乌素到库布齐，从柴达木到塔里木盆地，映入眼帘的常常是茫茫沙漠、漫漫戈壁。站在红柳河畔、昆仑山下，面对已经荒漠化或正在荒漠化的土地，遥想汉唐屯垦时的盛况，不禁使人为之感伤!

几十年来，由于西部地区地在利用水资源方面长期缺乏产权界定，缺乏相应的约束机制造成严重的水资源利用的浪费现象。同时由于水资源涵养林遭到过度采伐破坏，加之全球气候变暖，高山冰川过度融化，使区域对水的供给减少，大部分地区水生态平衡已失调，江河断流、湖泊萎缩、地下水位下降。中国最大的内陆河塔里木河主河道已缩短300多公里；西北最大的淡水湖泊新疆艾比湖水面已从20世纪50年代的1200平方公里，萎缩成现在的500余平方公里，缩小面58.3%；青藏高原的湖泊已有30%以上干化成盐湖或干盐湖；黄河源区有不少湖泊已干涸，累计亏水量148亿立方米；同时，地下水超采现象也十分严重由于过度抽取地下水，大部分城市和地区地下水位连续下降，有些地方形成了不同规模的地下水位降落漏斗。特别是最近50年，西部地区的许多地方地下水位下降的速度很快。如渭北地区的地下水位，一般都比50年前下降了20—30米。

西北部干旱和半干旱地区淡水资源不仅相当匮乏，而且西部地区大部分地区降雨量、水的蕴藏量极少，且水资源的时空、地空分布极不均匀，雨季和旱季水量起伏增大。干旱时缺水成灾，多雨时水满为患。干旱缺水不仅是影响西部地区大开发的重要制约因素，也是导致西部地区生态环境脆弱的主要原因。

6. 环境污染、生态环境破坏。西部地区的环境污染问题表现在大气污染、水污染和局部地区的土壤污染。污染的根源在于过度和片面追求经济发展，大量地不计环境成本地开发自然资源，特别是矿产资源开发。矿产资源开发是造成西部生态系统破坏退化和生物多样性丧失的一个重要原因。根据《西部地区生态环境现状调查报告》（国家环保总局，2002），截至1999年，西部地区（不含贵州、西藏）因矿产资源开发破坏的土地面积累计达 181 万公顷，其中林地破坏占 16.3%，草地破坏占 8.6%，耕地破坏占 8.0%。实际上，像水土资源开发导致湿地丧失和水源枯竭一样，矿产资源开发造成生态破坏的现象在西部大开发实施后有进一步加剧的趋势。大量在东部地区难以安家的污染企业，得以在环境监督相对落后和宽松而追求经济效益更加迫切的西部地区安营扎寨，这种状况实际上在西部大开发后更加严峻。西部地区的城市污染问题也是相当突出。农业开发乃至草原鼠虫害防治，大量的化肥、农药的使用也是导致水包括地下水污染、土壤污染乃至生物链破坏的重要原因。

7. 物种的濒危和灭绝。西部地区是中国重要的生物宝库，有许多特有的动植物资源。生态破坏已造成野生动植物锐减。分布在新疆、内蒙古、青海、甘肃的野生牦牛、黄牛、藏羚羊和野驴等动物，因生态破坏和滥捕、滥猎数量急剧减少。其他一些珍贵的野生食用植物和药用植物也因其商业价值较高而被大量盗采。栖息地的退化丧失必然造成物种的濒危和灭绝，物种的濒危和灭绝又加速了生态系统的进一步退化丧失。20 世纪在西部地区先后灭绝了 3 种大型哺乳动物：新疆虎、野马和高鼻羚羊，一些物种如野骆驼、河狸、长臂猿等极度濒危甚至已经绝迹，大量物种的濒危及很多物种的灭绝消失并没有引起人们的关注，特别是水生生物的灭绝消失。以新疆乌伦古河及乌伦古湖（中国十大淡水湖之一）为例，20 世纪 80 年代贝加尔雅罗鱼和河鲈是主要本土经济鱼种，产量达 3000 吨以上，进入 21 世纪后，这两种鱼已很难见到，当地再想吃河鲈甚至不得不从哈萨克斯坦进口。

8. 自然灾害频发。以 2010 年为例，西北各省的雪灾以及随之而来的雪融性洪灾，几乎席卷了新疆、内蒙古、甘肃等西北大部分地区，而西南的云贵川则饱受百年一遇旱灾的煎熬，进入夏季以来，洪灾、泥石流又席卷了甘肃、四川、云南部分省区。再往前追溯，汶川地震、大理地震以及甘肃陇南等地从来都是自然灾害不断。过去 10 年里，根据相关统计数据，中国西部地区平均每年受灾面积都在 8 万平方公里左右，受灾人口动辄以百万计。西部地区也是中国山地灾害最严重的地区，尤其是重力山地灾害，其恶化程度呈上升趋势。如四川省的山地灾害发生区，20世纪30年代14个县，70年代109个县，80年代135个县，全县新老山地灾害多达15处，严重影响人民的生命财产安全，对环境造成的破坏巨大①。

总之，西部地区生态环境形势不容乐观，有些地方已经出现了生态危机，威胁到全国的生态安全和生态文明的进程。因此，对西部地区加强生态保护与生态文明建设具有突出的迫切性和重要性。

（三）西部地区生态环境的未来演变对生态文明的影响

气候变暖是一个全球性问题，必然对西部地区的环境产生影响。近百年中国气温上升了0.4℃—0.5℃，略低于全球平均的0.6℃。但是中国西部地区，特别是西北（陕、甘、宁、新）变暖的强度高于全国平均值。气候变暖带来了一系列的环境演变。由于气温上升，冰川融化退缩，同100年至300年前气候较冷的时期相比，中国冰川面积已缩小17%。在气候变暖的同时，西部一些地区降水量有增加趋势。但由于西部地区大多属于年降水量不多的半干旱或干旱地区，降水的少量增加，不可能改变半干旱、干旱区的面貌。人类活动对西部地区环境变化有直接的影响，尤其是西部地区人口迅猛增长和不合理的经济活动，加速了区域环境恶化的进程。

据专家的有关分析，过去50年来中国西部地区生态环境处于局部好转、整体恶化的状态，而未来50年气候变暖对生态环境和社会经济将产生多方面的影响。从发展战略角度来说，西部地区水资源短缺、水土流失严重、荒漠化加剧、森林植被减少、草原退化等严重生态环境问题的主要顽症在于：西部地区经济的落后与生态环境恶化互为因果、西部地区人类经济活动的规模较普遍超出生态环境的承载能力、生态环境的科技支撑能力较弱、管理体制存在缺陷。对此，应顺应自然规律，针对突出的生态环境问题，因地制宜采取措施，加强西部地区气候资源开发利

---

① 张红岩：《我国西部地区大开发中生态环境建设问题探讨》，《生态经济与可持续发展论》，2004年，第397页。

用、水资源的高效利用与合理调配、土地资源合理利用与水土流失防治、土地荒漠化与沙尘暴防治、生物多样性保护等方面的建设，实现生态环境从恶性循环向良性循环的转变。

（四）西部地区的三大定位

国务院新闻办在2010年7月8日上午举行新闻发布会，国家发展和改革委员会副主任杜鹰在会上回答记者提问时表示，今后十年西部大开发的总体战略有“三大定位”：西部大开发在中国区域协调发展总体战略中具有优先位置，在促进社会和谐中具有基础地位，在实现可持续发展中具有特殊地位。

杜鹰表示，对西部地区的“三大定位”，源于以下四个理由：第一，在中国四大板块的区域协调发展战略布局中，尽管西部地区这十年取得长足发展，但它仍然是短板，最短的那块板。西部地区的经济发展速度和东部地区相比仍然存在着相当大的差距。因此，如果西部地区不发展，全国的发展也就无法实现；西部地区不实现现代化、不实现小康，全国的全面小康就不能实现。第二，为什么说西部地区在和谐社会建设中具有特殊地位？西部地区国土面积占全国的71.5%，陆地边境线长达1.8万公里，全国整个陆上边境线82%都在西部。西部地区又是少数民族集居区、边疆地区。还有相当一部分地区是贫困地区，全国75%的少数民族居住在西部地区，现在全国年收入在1196元以下贫困人口，有66%在西部地区。再加上西部地区民族文化多元，宗教问题比较复杂，稳边任务相当繁重。因此，从这个意义上说，西部不稳，全国不稳。第三，西部地区的生态地位非常重要。西部地区是中国大江大河的源头，森林、草原、湿地、湖泊这些主要的生态载体大多集中在西部，现在全国水土流失的80%、草原退化的主体也在西部。所以，如果不把西部生态环境保护搞好，全国的可持续发展就无法实现。第四，西部地区发展潜力巨大，战略资源非常丰富。西部地区煤炭探明储量占全国的67%，天然气可开采储量占全国的66%，水能可开发装机容量占全国的82%，以及风能、太阳能、特色产业优势、旅游优势、沿边开发开放优势，这些方面的潜力都非常巨大。

第二节　西部地区产业结构对生态文明生成与发展的影响

围绕提高生态文明程度与核心竞争力，积极调整产业结构，是实施西部大开发的关键。

一、西部地区产业发展条件对产业结构的“生态”约束

西部地区资源环境的优劣条件导致产业结构的“生态文明”问题凸显，即在产业结构调整中，要考量西部地区环境资源条件，格外重视生态环境的保护。生态文明要求产业发展以保护和改善生态环境为根本，限制对西部地区资源的盲目、过度的开发。因此，在西部地区资源开发及产业结构调整中，应当特别注意生态文明的建设，严格限制对西部地区不可再生资源的开发利用。

1. 经济水平较低、贫困问题突出。1994 年，西部地区国民生产总值在全国的比重是 14. 1%，而东部地区是占全国的 58. 5%；目前西部地区人均国内生产总值仅占全国平均水平的 63%，不及东部地区的一半（43%）；在国家划定的 592 个贫困县中，西部地区就占一半以上，按人口计算，90% 集中在西部地区[①]。贫困问题是西部地区的另一个生态环境问题。西部地区和全国平均水平的绝对差距仍在继续扩大。据统计，西部地区与全国人均 GDP 的绝对差距 1999 年为 2714 元/人，到 2008 年扩大为 5916 元/人。2008 年东部地区人均生产总值已达到 5331 美元，西部

① 曹兵、宋丽华：《对中国西部地区生态环境建设问题的认识与思考》，《中国西部地区经济发展》，中国经济出版社 2004 年版，第 168 页。

地区只有2297美元。从省区市看，最高的上海市高达10529美元，而最低的贵州省只有1271美元，上海市是贵州省的8.3倍。西部一些贫困地区至今仍未解决温饱问题。2009年，全国农村贫困人口仍有3597万人（按贫困标准1196元测算），主要分布在中西部地区。

中国西部地区的贫困地区主要分布在高原山区、沙漠荒漠地区、喀斯特环境危急区、黄土高原水土流失严重地区。其共同特征就是地质地貌复杂、自然灾害频繁发生、生存环境条件极为恶劣。西部地区除青藏高原外，大多分布在中国第二地形的中低山地，一部分在中部丘陵山区，地貌种类多样，恶劣地形较多，如西北黄土高原的沙漠、沙化地貌和黄土粘土荒漠地貌，西南的武陵山区和桂西北山区强烈发育的喀斯特地貌，青藏高原和横断山区的寒冻风化地貌等。同时，西部地区还集中了中国主要的大山、高原、沙漠、戈壁、裸岩。冰川以及永久性积雪地域等，构成了西部地区地质地貌的复杂性和特殊性，西部地区80%以上的贫困县分布在这样一个特殊的自然环境中。

国外大量研究表明，最贫困的人口生活在世界上恢复能力最低、环境破坏最严重的地区，由于穷人比富人更加依赖于自然资源，如果他们没有可能得到其他资源的话，他们或许会更快地消耗自然资源。世界环境委员会1987年对非洲撒哈拉地区的贫困现象进行了极具说服力的论述："没有比任何一个地区承受着这种贫困—环境退化—进一步贫困的恶性循环的痛苦更悲惨的了。"1994年9月，联合国人口与发展会议报告指出：贫困同经济落后、生活质量下降、人口分布不均、不能持续利用和公平分配土地、资源匮乏、水等自然资源以及环境严重退化有密切的关系，相互之间极易形成恶性循环，从而增加了自然及经济社会发展的非可持续性。同样，贫困问题对西部地区产业结构生态化调整也提出了相当严格的约束。

2. 区位条件自然阻断与中东部地区的频繁联系。西部地区由于天然的地形地貌，不少省份存在对外通道建设不足或对外通道不顺的问题，尤其是西部地区通往东中部经济发达地区及周边国家之间的公路通道数量较少，等级较低，通行能力不足，在一定程度上影响了西部地区与中东部发达地区及周边国家之间的经济联系。

由于地处气候多变区，也自然阻断了一些外资的流入。西部地区地处内陆，高原、山地较多，气候干燥，有的年份西南和季风来得晚，或退得早，或是风力太弱，雨水不足，从而决定了原始脆弱的生态环境，易发较为强烈的生态灾难。灾难的频发也会该地区产业经济发展造成一定的阻碍。气候的强烈变化，使得某些产业在此地无法兴起。

西部地区的区位在某种程度上形成天然的屏障，影响着西部地区高新技术等外资环保企业的引进。在一定程度上，也影响到西部地区以资源型产业为主体的产业结构生态化调整。

3. 产业基础设施相对不足。（1）有一定产业基础。如昆明、成都、西安、兰州、乌鲁木齐、呼和浩特等中心城市的科研院校、研究机构密集，拥有一批科技人才并形成了较好的产业基础和技术基础，为发展电子信息、机电一体化、生物工程与新材料工业等一批高新技术产业提供了一定的条件。（2）距离中心市场和出海口远，交通等基础设施落后。西部地区中地处西部、北部边陲的8省区距离中国大城市消费区和出海口最远，特别是新疆，出疆物资的平均运距一般达到2000—3000公里，单位产品的运费成本高，因此大大减弱了地区产业的竞争力。

新中国成立以来，西部地区交通条件虽然有极大的改善，但相对而言，路网密度仍然偏低，等外路比例大；以铁路为例，截至2001年底，西部12个省（市、自治区）的铁路密度（按营业里程算）为37.67公里/平方公里，公路密度（按里程算）为1017.81公里/平方公里，而全国同期的对应数字则分别为72.97和1768.76；西部地形多为高原山区，地势凶险，有些地区电网都还无法覆盖，通讯也无法全面地展开。加之水资源缺乏，大量水流出境外，并且时空分布不均致水利基础设施建设相对薄弱。因而，西部地区人才缺乏及交通、水利等基础设施不足就构成制约生态产业发展的一个重要“瓶颈”，削弱了生态环境保护的产业支持。

4. 地方政府环保观念淡漠。偏远落后、地域封闭，传统的自然经济观念加计划经济影响，造成西部地区的某些地方政府和人们封闭保守的观念和僵化的发展思路，过分强调依托资源，缺少保护资源环境的意识和可持续发展的观念。对发挥资源优势的理解上存在误区：一是误把资源优势当成经济优势，认为只要能够把当地自然资源开采出来就是发挥经济优势，而没有把重点放在如何使资源转换增值、变为产品优势、竞争优势和可持续发展的优势上来。二是错误地认为自然资源是大自然的恩赐，是取之不尽的、是无价的；缺乏一旦自然资源和环境被破坏，人们在生产物质产品以及维持正常生活中就要支付更多成本的基本认识。三是在确定资源利用成本时只计算直接生产成本，不计算社会成本、环境成本。四是认为“先污染，后治理”是值得的。由于认识上的误区，因而一些地区在较长时期内不能形成有特色、有创新的具有环保意识的产业发展思路，这也是阻碍西部地区建立生态文明的关键原因。

二、西部地区产业结构的现状及对环境的影响

（一）产业结构以资源开发型的基础产业为主体

目前，西部地区的产业结构仍然是处于工业化发展的初期阶段。有关统计显示，西部大开发10年来，西部地区工业增加值占GDP的比重由19.5%提高到38.7%，工业拉动GDP增长由不足2%提高到10.4%，对GDP增长的贡献率由25.7%提高到47.7%。据中国社会科学院城市发展与环境研究所最新的统计数字，2009年西部地区的增长57.4%由第二产业带来的。

西部地区相当多的产业属于资源开发型，结构单一、经营粗放、浪费和污染严重，大量初级能源、原材料产品进入市场。这种“资源高消耗、污染高排放”的产业经济结构，不仅没有形成较长的产业链，而且容易形成环境污染。例如，近年来，内蒙古自治区经济结构单一、偏重、发展不足的问题日益突出，能源、冶金、农畜产品加工业占全区规模以

上工业增加值的78%。

随着经济规模的扩大，资源开发型产业也增加了自然资源消耗和更多的工业污染物排放。工业“三废”是工业污染之源。从工业废气和固体废物与工业总产值的增长比较看，西北地区工业总产值增长1个百分点所产生的工业废气和固体废弃物的增长幅度显著高于全国，特别是东部的水平。这说明西北地区以资源指向型产业为主的工业结构具有极强的“三废”产生能力。并且，西北地区相当一些企业，对治理“三废”缺乏治理意识及治理资金，因而，西北地区工业“三废”的治理水平也很低。

总之，以资源型产业为主的西部地区，其以能源、原材料为全国优势的产业结构与环境的关系更为密切。在相同的GDP产值水平下，西部地区资源型产业资耗与能耗较高，对资源与环境的压力更大，更可能成为生态破坏、环境污染的发端和主要因素。

（二）地区间产业雷同现象严重

目前，西部地区在地区之间的产业相似性比较明显。主要表现为：一是企业生产经营规模小，专业化程度低，劳动生产率低，市场竞争力差；二是行业之间相互封闭，缺乏合作，重复引进，盲目发展，使资源不能合理流动，技术不能共享；三是地区产业结构趋同化，地区经济的互补性差。这种“小而全”、“大而全”的经济模式是造成西部地区资源浪费和环境污染问题产生的主要原因之一。因此，在制定产业政策和进行产业结构的调整时，应立足本地资源和特色，避免城市和省份间产业过度重复投资，优化产业布局。比如，现在开展的三北防护林工程、长江中上游水土保护、天然防护林工程和成渝经济走廊规划就是很好的典范。

（三）出现产业结构逆调整现象

随着经济的发展，各地区产业结构都处在不断升级的过程中，总体来看应该是由第一产业到第二产业再到第三产业的过程。而从工业内部来看，也应该是产业加工的深度不断提高，加工工业的比重和技术含量逐步增加。但在西部地区，因为主要是靠资源性产业来支撑发展，再加上一些价格因素，促使采掘和原料工业的比重提高，而且还很快，导致一些地区产业结构出现逆向调整，近年来这种结构低级化趋势进一步强化。

2007年在规模以上工业企业中，西部地区采掘和原料工业增加值所占比重达到55.7%，比2000年提高了10.75个百分点。比东部地区要高出25.14个百分点。而西部高技术产业增加值却比2000年下降了3个百分点，比东部地区低了7.8个百分点。从2001年到2008年，在规模以上现价工业总产值中，内蒙古自治区资源性产业所占的比重由60.9%提高到70.2%，增加了9.3个百分点。这种格局显然是不合理的。造成这种格局的原因主要是缺乏接续产业，而接续加工产业的发展又受到西部地区三方面因素的制约，即产业的不配套、物流成本高以及投资环境欠佳。

三、西部地区产业结构调整对生态文明的影响

综上所述，实现经济、资源、环境的协调可持续发展，是以生态脆弱为特征的西部地区实施工业结构调整所必须坚持的一个重要的原则。在生态文明建设中，西部地区加强了对产业政策的调整，严格限制能耗高、资源消耗大、污染重的企业发展；推行清洁生产、支持环保产业的发展，大力发展第三产业，力求形成合理的有利于生态文明的产业结构，促进地区经济与环境的协调发展。

（一）未来产业结构的调整的价值取向——生态文明

目前，西部地区正在大力推进工业优化升级。积极发展技术引领型产业，提高航天航空、现代装备制造、电子信息、国防科技、新能源、新材料等产业发展规模和水平，加强陕西阎良民用航空、甘肃金昌新材料、四川成都生物、德阳重大装备制造等高技术产业基地建设。优化发展资源利用型产业，促进能源化工及矿产资源加工业集约发展，提高资

源综合利用水平。着手建设新疆独山子石化1000万吨炼油、100万吨乙烯项目，加快长庆、涩北等一批重点油气产能建设。逐步建设鄂尔多斯、塔里木、准噶尔、柴达木、四川盆地石油天然气的开发、综合利用和外输基地。引导资源富集区可持续发展。目前，西部各省区纷纷提出产业结构调整，保护生态环境的规划和举措。例如，从内蒙古自治区发改委获悉，今后，内蒙古自治区将加快调整产业结构，重点培育四大新兴产业：清洁能源、新材料、装备制造、生物和环保等四大产业。内蒙古自治区把发展新兴产业作为调整结构、培育新增长点的重要举措，打造具有自治区特色的新兴产业体系。清洁能源产业是内蒙古自治区重点发展的新兴产业。加快千万千瓦风电基地规划和建设，着力解决电网接入等制约风电发展的突出问题。抓好太阳能、生物质能发电项目建设。积极实施煤制天然气、褐煤化学法提质等项目，着力提高煤的清洁利用、综合利用水平。积极发展甲醇下游产品，延伸甲醇产业链，建设清洁能源醇醚基地。西部地区产业结构调整的方向体现了生态文明价值取向，非常有利于环境保护。

（二）加快发展生态特色农牧业

目前，在西部地区启动了坡耕地水土流失综合治理工程，建设了一批高标准基本农田，大力发展旱作农业、节水农业。正在加强四川成都平原、陕西关中平原、内蒙古河套地区、宁夏沿黄地区、甘肃河西走廊等粮食生产能力建设。目前西部地区已经拥有优质棉、糖料、油料、烟叶、水果、花卉、茶叶、蚕桑、马铃薯、畜产品、中药材、天然橡胶等特色生产基地，培育一批特色农产品加工示范基地和带动力强的龙头企业。如汉中市留坝县的西洋参产业，在整个陕西乃至西北都具有唯一性。并积极推进陕西杨凌农业高新技术产业示范区、甘肃天水航天育种示范区和广西、云南亚热带农业示范区的建设。林业和畜牧业调整以发展特色林果业及其加工为核心，并形成众多的以其优势产品加工为主的轻纺工业基地。发展生态特色农牧业是西部地区生态建设的重要组成部分，对改善环境质量意义十分重大。

（三）构建特优生态资源产业群

在西部某些地区，政府部门根据自然环境、资源供给和市场需求状况，从经济可持续发展出发进行产业结构调整，形成了既能充分发挥地方特色和优势，又能改善生态环境，提升产业层次和竞争力的产业发展新格局。特别是在生态环境极端脆弱、资源富集，但经济落后的地区，摆脱传统的资源型产业发展模式，建立特优生态资源产业群落。

例如，内蒙古自治区中西部地区地域辽阔，地区内经济、社会、自然条件各有差异，产业转换的方向重点各有不同。总的思路是经过调整形成特优生态资源产业群落，即以绿色农牧业、林草业为基础，以生态工业为支柱，以生物制药、稀土应用等资源型生态高新技术产业及旅游文化产业为先导，第一、第二、第三产业协调发展并能不断升级的产业构架。具体包括：锡林郭勒、乌兰察布以及阴山以北地区绿色畜牧业、草业、饲料业、特色种植业产业群；河套地区及其他黄灌区以绿色种植业、养殖业、农副产品及饲料加工业为主的循环经济体系；鄂尔多斯西部南部、阿拉善盟沙产业群的构建及沙漠治理；呼和浩特、包头城市生态经济体系；乌海市以清洁煤电、绿色建材化工、机械为支柱的生态工矿型经济结构。

西部地区一旦形成生态农业、生态工业、生态旅游与服务等全面的生态产业发展格局，必将产生巨大的带动效应。例如，内蒙古自治区中西部地区特优生态资源产业群落的形成，不仅能有效地提升产业层次、优化经济结构、提高产业竞争力、改善生态环境、为经济持续快速发展奠定基础，而且也能为中国北部构建起绿色的生态屏障。因此，通过构建特优生态资源产业群，将会大大提速西部地区生态文明的进程。

四、调整优化产业结构，加强生态文明建设的原则与对策

（一）西部地区产业结构调整原则

在2000年中央人口资源环境座谈会上江泽民同志就指出：“西部地

区资源丰富，要把那里的资源优势转变为经济优势，必须坚持合理利用和节约资源的原则。要把加强生态环境保护和建设作为西部地区大开发的重要内容和紧迫任务，坚持预防为主，保护优先，搞好开发建设的环境监督管理。切实避免走先污染后治理、先破坏后保护的老路。”调整产业结构，使其生态化，是促进西部地区生态文明发展的关键。

1. 产业资源开发及产业调整要以生态环境保护为前提。具有独特区位和脆弱的生态环境的西部地区，其环境质量对全国乃至东部沿海都有至关重要的影响。因此，西部地区的产业资源开发和产业结构调整，应该以生态保护为前提。

（1）保护植被是产业调整的首要原则。在中国西部地区，植被破坏容易恢复难，恢复的成本远大于保护成本，有些植被一旦被破坏，几乎具有不可逆性。同时，西部地区又是生态环境脆弱区，水土流失、土地沙漠化、黄河断流等给当地及全国造成了无法估量的经济损失。因此，保护现有植被，是西部地区产业调整要考虑的首要原则。在产业结构调整规划中，特别要首先考虑当地人民的生活问题，通过实施扶贫政策等形式，使西部地区的贫困人口不再依赖于对当地植被等自然资源的破坏。

（2）要严格控制环境污染。在严格控制空气、水体和土地污染发生的同时，尤其是要控制水污染。西部地区是中国长江、黄河、珠江等重要河流的发源地，是中国水源保护的特殊地带。这一地区的水污染必将导致全国性水污染的发生。由于工业“三废”是环境污染的最直接来源，因此，西部地区的污染治理应从控制“三废”排放和进行废物处理入手，要坚决关闭和淘汰一批高污染、高耗能的行业。特别是对那些技术落后、质量低劣、资源浪费、污染环境、不符合安全生产条件等企业，坚决淘汰。

（3）产业资源开发要树立生态环境保护优先的观念。西部地区是生态环境脆弱区，工业结构又是以资源型为主，随着西部大开发的不断深入，西部地区抑制环境污染、资源浪费、生态破坏的压力日益增大，这直接关系到未来西部地区的生态文明的进程和经济发展的可持续性。因此，在进行产业资源开发与产业结构调整时，决不能再走牺牲环境、破坏生态、无序开发的老路。要坚决纠正并杜绝过去“有水快流”、“竭泽而渔”的资源开发模式，避免走只顾眼前的经济利益而牺牲长远的环境效益的老路，摒弃“先污染或先破坏，后治理”的陈旧观念。

2. 产业结构调整要与构建生态产业创新组合相结合。西部地区产业结构的调整，应该构建“环境整治+综合减灾+产业创新”的生态化产业创新组合，从产业组织角度对环境整治给予支持和保证。

通过产业创新，达到创新技术与生态产业的融合，发展生态化的特色产业和支柱产业，保持地区经济与其所处生态环境和社会经济环境的双重适应性。例如，在西部地区干旱与半干旱区实施产业创新，应坚持如下指导性原则：所建立的新产业必须保持对当地生态环境的最大适应性；必须利用地方的和民族的文化特色，并将这些转化为具体的产品优势；必须保证新产业创新技术在群众中的易于推广性；必须有一定的市场开拓能力并获得较高的创新利润，保证当地群众生产增收。例如，以种草种树为主旋律的“三性农业”作为西部地区干旱与半干旱地区的发展战略，即自给性农业、水土保持性的林业和商品性的畜牧业。在立草为业中，包括在草种繁育和草产品加工、经销、外贸等方面的拓展，都是重要的产业创新活动。建立以市场为导向的绿色畜牧产品和绿色中药材生产基地，因地制宜地发展小杂粮、马铃薯等特色种植业，都是上述原则的具体体现。因此，在西部地区的产业调整中，应注意环境因素在产业规划中的重要性，因地制宜，积极发展特色农业、生态工业、深加工业，大力开展生态旅游业、生态畜牧业、环保产业，重视教育、科技、交通、饮食服务等第三产业，积极探索新的生态化产业模式。

3. 产业结构调整要以循环经济思想为指导。循环经济本质上是一种生态经济，它要求运用生态学规律来指导人类社会的经济活动。传统经济是一种由“资源—产品—污染排放”所构成的物质单向流动的线性经济。它一端投入资源从事生产性消费，另一端则在产出的同时对环境产生直接的污染，诸如废水、废气、废渣。即依靠的是高强度地开采和消耗资源，同时高强度地破坏生态环境。而循环经济是一种与环境和谐的经济发展模式，是对传统发展模式的彻底否定和扬弃，是“资源—产品—再生资源”的反馈式循环流程的经济活动，生产遵循“减量化（reduce）、再利用（reuse）、资源化（recycle）”的“3R”原则，把生产活动对环境的影响降到最低程度。可见，循环经济则是有别于传统经济的一种全新的经济增长模式，它立足于最大限度地减少投入和节约消耗，并在生产和再生产过程中将有害物和无用物变为无害物、有用物，从而实现经济与环境发展的“双赢”。

在产业结构调整中应有三个层次：一是以减轻环境负荷为目标，企业大力推行清洁生产，从生产的源头和全过程充分利用资源，使每个生产企业在生产过程中废物最小化、资源化、无害化。大力发展质量效益型、科技先导型、资源节约型的产业和企业，把绿色产业、环保产业、再生利用产业列入优先发展领域。二是以经济增长和环境保护的双重效益并重为目标，构建生态产业集群。在工业集中地区、经济开发区积极发展生态工业，在企业清洁生产的基础上，使上游企业的废物成为下游企业的原料，不断延长生产链条，实现区域或企业群的资源最有效利用，废物产生量最小，甚至零排放。三是利用生态链以循环经济模式发展西部复合产业。发展生态农牧业，因地制宜大规模种草种树，推进农林牧复合生产经营模式。在一定区域内，用生态链条把工业与农业、生产与消费、城区与郊区、行业与行业有机结合起来，大力发展资源循环利用产业，实行可持续生产和消费，全面提高资源利用率，逐步建成循环型社会。

4. 确立生态产业为支柱产业，实现生态与经济“双赢”。根据西部地区生态环境特点及经济发展的水平，把生态产业确立为支柱产业来作为产业结构调整的发展方向，不仅有利于环境保护，也将会产生较大的经济效益。因为生态产业是当前效率最高的产业，能够获得巨大的投资回报。例如，陕西省提出重点建设四大标志性环境保护工程，即城市气化工程（蓝天工程）、渭河干流水环境综合整治工程（碧水工程）、生态环境保护工程（绿色工程）和环保科技产业化推进工程（朝阳工程）。这四大工程的实施和完成，将实现环境、经济和社会的协调发展。在“十五”期间，陕西省环保产业的产值有望突破200亿元。截至1999年底，环保产业的年产值62.94亿元，实现利润7.9亿元。勉县的建兴油脂厂开发出来的双低菜籽油，属于国家认证了的有机食品，在德国可以以普通油的4—5倍价出售，在国内以普通油的2倍价出售，赢得了巨大的经济回报。由此可见，经济发展与环境保护是可以统一起来的，投资环保生态产业同样可以获得巨大的经济效益，经济发展与环境之间形成了一种“双赢”正回馈关系。

（二）西部地区调整产业结构的对策

根据上述对西部地区产业发展现状与发展优劣势的分析，西部地区在调整优化产业结构中，除了应该遵循上述产业调整的原则，还有如下的重点与相关对策：

1. 增强生态意识，提高生态素质。首先大力提高各级干部的生态意识，真正重视生态工作，真正把生态保护建设作为经济工作的一个首要考虑问题。发挥政府部门行政职能，向公众积极宣传环境保护，树立生态观念，提高民众的生态素质。生产者要改变传统的生产习惯，树立科学的、绿色的生产意识，不要片面的追求产量而忽视质量，特别是生态的、绿色的质量要求。消费者要提倡绿色消费，从消费环节来制约生产上的反生态行为。

2. 大力发展生态产业与生态特色产业。生态产业不仅可以解决传统工业生产的污染与治理问题，使西部地区经济在追赶工业化的过程中，突破传统的“先污染后治理”模式的弊端，在经济发展与环境改善上走出一条“平扁”的环境库兹涅茨曲线；而且可以通过产业化改造，还将带动生态产品、生态机械、生态技术等一系列新兴产业的发展，并实现对传统产业的绿化改造。

西部地区草原地区地域辽阔，各地的自然、社会、经济条件差异很大。因此，应根据不同地区的资源比较优势确定产业发展方向。农业结构调整中，扩大“绿洲”农业，着力发展特色农业、节水农业和生态农业。工业结构调整一方面提高西部地区地区资源开发效率，建设以能源开发为主的能源工业基地；另一方面利用西部地区草原地区主要省会科研所密集的优势，重点发展电子信息、光机电一体化、现代生物医药和航天技术等高新技术产业。第三产业调整方向要充分利用西部地区草原地区自然风光独特、旅游资源丰富特点，大力发展旅游业，使其成为西部地区草原未来发展的重要支柱产业。

3. 重视新能源的开发和利用，积极发展清洁能源产业。西部地区的新能源主要包括风能、太阳能及水能资源。据调查，中国可开发风能资源达2.5亿千瓦，其中大部分分布在西部地区草原地区，目前仅开发了40万千瓦。西部地区不仅风能资源丰富，而且广阔的地域空间也为风力发电的分散式布局提供了充足的土地供给。特别是在新疆、内蒙古、西藏、青海等地，应将风能发电作为开发清洁能源产业的首选。

太阳能也是西部地区优势清洁能源资源。中国西部地区日照充足，气候干旱，地广人稀，可利用的太阳能资源丰富，而当地居民的生活燃料主要依赖于植被。因此，充分开发丰富的太阳能资源，可以极大地减少当地居民对植被的破坏性依赖程度，对保护西部地区的生态环境具有重要的现实意义。

西南地区是中国水资源最丰富的地区，不仅是水源区，而且落差大，水能开发的区位优势相当明显。需要指出的是，由于中国西部地区草原地区的资金和新能源清洁产业开发的技术相对欠缺，经验不足，因此，在项目开发上，西部地区草原地区需要积极争取国家政府部门和及国际金融组织机构等多方面的资金支持，同时加强技术开发的国际合作，充分吸收和借鉴先进国家的成功经验。

4. 西部地区在面临产业转移时应优先考虑环境因素。西部处在产业转移的机会中，面临着宏观调控、区域经济发展的机会，特别是关中、天水开发区，中央给予特殊政策，需要全面考虑。但本身生态环境脆弱，环境极易遭到破坏。因此，这些产业转移应该用绿色经济、低碳经济来衡量，绝不能走过去东部发展的老路，更不能走西方工业化发展的老路。西部开发不能换来千疮百孔、污染转移的黑色 GDP。不能以消耗资源、破坏环境为代价换来所谓的经济发展。

5. 加强生态技术支持，大力推广清洁生产技术。推广清洁产业离不开清洁生产技术，即利用先进的技术工艺和管理手段，将综合预防的环境策略持续应用到生产过程和产品中。采取有效的减排措施：一是节约原材料、水和能源；二是淘汰有毒原材料；三是减少从生产源头开始排放物与和废弃物的数量和毒性等。从而杜绝或减少生产及产品对人类与环境的风险。

由于中国西部地区生态环境脆弱，所以生态技术与清洁技术的大力推广就显得非常重要。重视产业内部资源的再利用，减少环境保护成本。在工业方面，改选传统工业，引导有利于环境的项目建设与产业的形成；在农业方面，减少化肥、农药的使用，保持利用农家肥的优良传统，合理采用先进生物技术，积极发展节水农业。

6. 培育龙头企业、实施名牌战略，带动生态产业发展。生态产业的发展主要是拉力不够，即龙头企业规模小，数量少，起不到应有的带动作用。因此，当前生态产业的发展，主要是培育龙头企业。培育龙头企业：一是要大力扶植现有龙头企业，为其发展排忧解难，鸣锣开道；二是积极引进外地企业，提高深加工能力；三是创新组织，按照市场经济原则，加强龙头企业与农户的联系；四是优化经营环境，从政策、制度、交通、文化等方面，为龙头企业的发展壮大创造条件。

生态产业的发展主要靠龙头企业的拉动，而龙头企业的发展主要靠名牌产品的拉动，没有名牌产品，龙头企业就难以发展。因此，生态产业的发展离不开龙头企业，更离不开名牌产品。实施名牌战略，首先，名牌产品要科技含量高，有广阔的市场前景；其次，名牌产品的原料要严格按照生态标准生产，标准的制定要科学规范；再次，名牌产品必须要有一定的规模，有名无货或产品销售范围太小，既不能真正形成名牌，也不能巩固名牌。

7. 创新用人机制。生态产业的发展离不开技术人员的指导和支持，因此必须改变农业技术人员积极性不高、投入不足的问题。解决的办法是制度创新、机制创新，不能把农技干部当做一般干部使用，要调动他们的积极性，使他们能够真正深入到农民群众中去，为他们的生产经营排忧解难。科研机构要积极开发新产品，把优势资源发展成为优势产业。同时，企业、技术人员要不断研究新问题，解决新问题，想方设法降低生态产品的生产成本，解决病虫防治、产量过低、质量不稳定等实际问题，使生产者能较快地尝到从事生态产品生产的甜头，积极从事生态产品的生产。

8. 优化经济环境，完善服务体系。首先是搞好基础设施建设，特别是交通运输系统的建设；其次是市场体系建设，通过完善市场体系的建设，使生产经营者能够适应市场，驾驭市场，迎接市场的挑战；再次是优化以金融、保险、法律等为主的服务体系，使生产经营者无后顾之忧；同时，提高生产者的技术素质，经营素质也是发展生态产业的重要方面。只有把经济发展环境建设好，才能吸引、发展龙头企业，才能实现生态产业的可持续发展。

第三节　外来投资对生态文明的生成与发展的影响

一、西部地区外来投资的现状与特点

1. 外资增加迅速。随着西部大开发的步伐加快，对外开放的力度不断增强，西部地区吸收外资的增长幅度还是很快的。下面是2006年各省市统计局公开发表的数据：2006年，重庆市合同外资金额11.30亿美元，比上年增长38.0%；实际利用外商直接投资6.96亿美元，增长34.9%；

实际利用内资298.25亿元，增长44.9%。四川省实际利用外资14.7亿美元，增长23.4%。全省累计批准外商投资企业7807家，全球500强企业中已有125家来川投资或设立办事机构。驻川外国领事机构达到6家。陕西省新批外商投资项目255个，实际利用外资9.25亿美元（含外商投资企业再投资部分），增长47.2%。

2. 中央投资西部显著加速。国家发展和改革委员会公布，2009年西部大开发新开工18项重点工程，计划投资总规模达到4689亿元。不论是重点工程的开工项目数，还是投资总规模，与西部开发十年中任何年份相比，都是规模最大的一年。不仅如此，在过去五年当中，中央历年投资在西部重点项目上的资金规模，由每年不足2000亿元，快速增加到2008年的4361亿元。中央投资向西部地区倾斜的力度正在加速。而在已经完成投资的九年里，国家已安排西部开发新开工重点工程102项，投资总规模17400多亿元。按目前的进展速度，即将“到期”的西部开发现行政策中，国家用于西部重点工程的中央投资总额，将超过2万亿元。

据统计，中国西部地区国内生产总值约占全国的20%，但排放的工业废气污水占全国的总量却远远超过这个数字。在生态保护与建设方面，中国政府从2000年全面实施西部大开发战略开始，目标就是“再造一个山川秀美的西部”。截至2005年，先后投入8500亿元进行了60多项重点工程建设，同时投入了1100亿元用于西部地区的生态保护。这对于改进当地生态与环境质量，促进经济可持续发展起到了很大的作用。“十一五”期间仍将继续加大西部地区的环保投入。

3. 吸收外资的水平不高。由于基础设施落后等积弊，西部地区并非外商最为热衷的淘金之地，吸引外资水平与沿海比有一定差距。西部无论是基础设施、资源开发、产业升级，还是提高城市或企业的管治水平、体制再造，比东部沿海地区更需要外资的参与，而实际情况恰好相反[①]：2005年重庆市实际利用外资5.16亿美元，山东省实际利用外商直接投资

① 数据来源：蔡律：《在全球金融风暴影响下如何搞好招商引资工作》，华龙网，2008年12月6日。

89.7亿美元，是重庆市的17.38倍，广东省为123.64亿美元，是重庆的23.96倍，广东省2006年实际利用外商直接投资145.11亿美元，增长17.4%；截至2006年底，累计批准外商直接投资项目12.82万个，合同外资额2895.41亿美元，实际利用外资1773.65亿美元。工商登记注册的实有外商投资企业达6.2万家。重庆、四川、陕西、贵州四个省市共计实际利用外商直接投资31.8484亿美元，广东省是四省市的4.56倍，显示出沿海地区与西部地区差距很大！

统计资料显示，2005年，在全国实际吸收外商直接投资超过600亿美元的情况下，西部地区12个省（自治区、直辖市）的外商直接投资只有19亿美元，中国官方在2007年3月公布了《西部大开发"十一五"规划》中，显示中国西部地区实际利用外商直接投资比重仅占全国的3%左右，引资相对乏力已成制约其发展的短板之一。

国家发展和改革委员会副主任、国务院西部地区开发办公室副主任王金祥在2007年3月国务院新闻办举办的《西部大开发"十一五"规划》发布会上说："在西部大开发取得各项成绩的同时，有一个比较薄弱的环节，就是西部对外开放的水平、吸引外资的水平还不够高。"他表示，今后西部大开发能不能够持续、快速地向前推进，一个很重要的条件就是对外开放水平的提高。

4. 经济增长主要依靠资源和投资拉动。中国社会科学院城市发展与环境研究所副所长、西部发展研究中心主任魏后凯告诉记者，为什么这10年西部发展这么快，除了政策刺激外，主要就是靠投资拉动和资源拉动。西部投资拉动占的比例高达65%，东部只有46%。

投资、消费和出口是拉动经济增长的"三驾马车"。这些年，东部主要靠出口和投资拉动，而西部因为出口所占比例很小，主要都是靠投资拉动。从投资增长看，2009年中国全社会固定资产投资增速高达30.1%，其中，西部地区增速38.1%，远高于东部和东北地区。尤其是四川、广西全社会固定资产投资增速分别高达58.1%和50.8%。这说明，在国家经济政策的刺激下，西部地区投资继续保持高速增长态势，其经济增长仍高度依赖于投资扩张。

现在以陕北、鄂尔多斯等地为代表的西部地区产业总体来说还是低层次的，采掘和原料加工业比重较大，产业链条短，加工深度和综合利用率低。这也说明西部产业发展目前还是依靠资源类投资拉动为主。

5. 外资政策继续放宽。国务院西部开发办公室特别提示，目前西部地区对外商开放的力度、领域都比全国其他地区要大。《西部大开发“十一五”规划》明确表示，外资投入西部应当享受优惠政策，它们可得到比其他地方更宽松的投资优惠。修订完善《中西部地区外商投资优势产业目录》，放宽外商投资领域，对于符合《外商投资产业指导目录》和《中西部地区外商投资优势产业目录》中鼓励类的外商投资项目，在市场准入资格、准入程序、业务范围、税收、土地供应等方面依法实行优惠政策。

6. 外资重点向西部六大产业倾斜。《西部大开发“十一五”规划》列举了西部地区六大特色优势产业，以承接国外和区域外资金，希望外资能够跟中国国内的优势企业一起，共同来抓住这个机遇。六大特色优势产业包括：第一，能源及化学工业。能源包括石油、天然气、煤炭、水电资源开发以及清洁能源，包括风能、太阳能和生物质能能源开发。第二，西部优势矿产资源非常丰富，希望吸引外资参与西部优势矿产资源的开采，特别是深加工。第三，西部特色农副产品的深加工业。第四，装备制造业。第五，高技术产业。第六，旅游及与旅游相结合的文化产业。

7. 招商引资步伐加快。国家政策对西部地区融资扶持力度加大。国务院在2009年8月20日讨论并原则通过的《关于应对国际金融危机保持西部地区经济平稳较快发展的意见》中指出：“要把西部大开发放在更加突出的重要位置，财政转移支付和扩大内需新增投资要继续向西部倾斜。”即优先投向西部地区，并重点投向民生工程、基础设施、生态环境、灾后重建等工程领域。西部地区也加快了招商引资步伐，积极开展对外经济交流与合作。如加大引进国际产业资本和金融资本力度，提高西部地区利用外资的质量和水平，支持国际资本通过创业投资基金、股权投资基金投资符合国家政策导向的重点项目和企业。

二、西部地区外来投资对生态文明的影响

外来投资对西部地区生态文明既具有重要的积极作用，也存在不容忽视的消极影响。最主要的表现是一些高耗能、高污染、高耗水的企业借机西移，加剧了西部地区的资源短缺，生态环境恶化。在2005年的“APEC循环经济与中国西部大开发会议”上，有研究报告指出：西部地区每年因生态环境破坏造成的直接经济损失达1500亿元，占当地同期国内生产总值的13%。这种“饥不择食”的招商引资方式给当地本就脆弱的生态环境带来沉重压力，威胁着西部地区的生态环境，其对生态文明的负面影响不可低估。例如，近年来发现大量石油和天然气的陕西北部地区，既是一个资源富集区，又是一个生态脆弱区。在受到越来越多投资者青睐的同时，当地也因能源开发而导致环境污染严重。

外商在西部地区设立这些高物耗、高能耗和高污染企业，实际上是将发达国家和新兴工业化国家和地区的某些高物耗、高能耗、高污染产业转移到西部地区，加剧了西部地区资源短缺状况，恶化了西部地区的生态和社会环境，不利于西部经济的可持续发展和生态文明建设。“众所周知，贵州是国家重要的原材料工业基地，但看看东部沿海地区那些乌黑的河流和肮脏的海岸，以及各种巨大的垃圾场，我们很害怕在得到经济利益的同时也牺牲了环境，那样西部的发展将得不偿失。”贵州省的一名经济官员说，“在这样的情况下，我们对靠承接东部产业转移的发展路径也充满了忧虑。”

三、理性引资，促进西部地区生态文明建设

新华网陕西频道4月10日电：在中国内陆的西部地区，“饥不择

食”的招商引资方式曾给当地本就脆弱的生态环境带来沉重压力，但现在许多西部城市已经学会了理性引资，将经济开发和环境保护并举。

目前，西部地区正在为外来投资设置“绿色”门槛。事实上，在渡过最初的盲目引资期后，西部地区在招商时都开始考虑环境问题。在被称为西部招商引资“晴雨表”的第十一届中国东西部合作与投资贸易洽谈会上，西部地区正在减少甚至杜绝污染项目的引进，而诸如农产品加工、旅游、高科技产业等成为西部地区重点推出的招商领域。

例如，在这次“西洽会”上，陕西省咸阳市在招商引资项目中，对环境风险高的工业项目进行了严格把关。曾是中国重要纺织基地的咸阳市，在改革过程中产生了大量的下岗工人，急需引进产业项目缓解就业压力，但这并没有使他们在招商引资过程中盲目引进。“‘西洽会’举行三天，我们总共签订了157个项目合同，没有一个是高耗能和高污染的，因为我们在引进项目时坚持一个原则，就是不让一个污染项目进入咸阳。”咸阳市招商局局长严希民说。再如，为了保护陕北地区的环境，陕西省省长袁纯清明确表示，在陕北所有的能源开发项目都必须进行环境评估，凡是达不到这个要求的，一概不准入驻。

与此同时，污水处理、煤炭环保开采等环保节能项目在这次“西洽会”上也备受关注。全球最大的致力于能源和环保领域的专业投资银行集团——英国气候变化资本集团准备在5年内投资5亿美元用于中国的清洁能源利用项目。这家公司的中国区总裁路跃兵表示，西部省区开始将节能降耗付诸行动，这里发展循环经济的潜力很大，为他们带来了巨大商机。

目前，西部各省区在积极理性引资方面基本达成共识：不能认为西部资源丰富、环境容量大就放任其消耗和污染。“西部大开发不可以‘乱’开发，而是要‘限’开发。”发展是西部大开发第一要务，但是要落实科学发展观、树立“增长是有代价的”观念，追求低代价的增长，在经济发展中要特别注重环境保护。

第四节　城市建设对生态文明的生成与发展的影响

一、西部地区城市化发展现状

中国城市分布与经济及人口分布基本上一致，由于中国经济与人口东西部地区分布的不平衡，也决定了中国西部地区与东部地区城市化发展水平上存在明显差异。据统计，中国东部地区国土面积仅为全国国土面积的 14.2%，却集中了全国城镇人口及城镇数目的一半。而西部地区国土面积占全国的 56.5%（西部地区 10 省区），而人口与城市数均占全国的1/6左右。东西部在城市化水平上也存在着差异，1996 年东西部城市化水平大约相差 8 个百分点①。

（一）城市化水平较低

西部地区城市数量少，规模小，结构不完善，处于加速发展阶段的前期。截至 2006 年，全国城市化水平为 43.9%，东部地区为 54.12%，西部地区仅为 35.72%，远远落后于东部地区和全国水平。并且城市体系发育不全，据统计，2005 年西部地区城市仅有 171 座，占全国城市总量的 25.8%，其中，大、特大和超大城市 15 座，仅占全国同类城市总量的 10.79%，中心城市竞争力不足，难以起到带动周围广大腹地发展的作用。例如，目前新疆城市结构体系的基本格局是：特大城市 1 座，中等城市 5 座，小城市 13 座。如果按照德国城市地理学家克里斯塔勒在中心地理论中设计的不同规模的多级城市系统网络结构，一个地区或国家

---

① 何炼成等：《西部地区城市化：一般规律与西部实际的结合》，《中国西部地区经济发展》，中国经济出版社 2004 年版，第 429 页。

应当形成如下的城市等级体系：A 级城市 1 个，B 级城市 2 个，C 级城市 6—12 个，E 级城市 118 个。中国东部地区四省特大、大、中、小四类城市的数量之比大致为 1∶2∶5∶8，呈金字塔形，每个特大城市都由 1 到 2 座大城市环绕，每个大城市又有若干中等城市环绕，每个中等城市又都有若干个小城市为基础。相比较可知，以新疆的城市结构体系为代表的西部地区城市化水平偏低。

西部地区城市整体规模较中东部地区要小得多。大城市以上规模之和仅为 19 个，而中部和东部分别为 35 个和 52 个，与中部有较大的差异。且中等城市数量较少，出现断层。相比之下，小城市数量较多。西部地区人口在 400 万以上的城市只有重庆、四川省成都和陕西省西安，人口在 200 万—400 万的只有云南省昆明，大部分省区在特大和大城市规模等级间出现中断，个别省区缺少中等城市。就区域来讲，西南地区城市规模较大，大中城市较多，而西北和青藏高原城市规模则普遍偏小。

西部地区以中小城市为主的特点造成了城市的聚集程度较低，规模效益较差，很难发挥城市的中心作用。再加上城市自身的结构体系不完善，城市间联系不密切，自然会影响到城市化的发展。

（二）西部地区城市空间布局结构不尽合理

西部地区城市在空间分布上，呈现了总体数量少、密度低、分布不均衡等特点。

从总体数量上讲，截至 2005 年底，西部地区共有建制市 170 个，占全国总数的 25.88%，这与其占全国 71.5% 的国土面积极不相称。而且，西部地区城市与中东部地区相比，西部地区总体数量少，比重也较低。中部地区比西部地区多出 57 个，比重高出近 9 个百分点。与东部地区相比则差距更大，东部地区城市数目比西部地区多出 90 个，比重更是高出近 14 个百分点。

西部地区不仅城市总体数量偏少，分布密度上也较低。2005 年底，西部地区城市密度每万平方公里连一座城市都不到，仅为 0.24 座，而中部地区每万平方公里有 1.36 座，东部地区有 2.45 座，其城市密度分别为西部地区的5.7倍和10倍之多。

（三）城市建设投入不足，城市基础设施落后

西部地区幅员辽阔，雪地、高山、沙漠、戈壁等不适宜人类居住的地区占了很大比重，地形、气候等自然条件明显处于劣势，很多地方不具备城镇建设的条件。

加之西部地区城市目前仍处在追赶和脱贫阶段，西部地区经济发展水平低。因此资金缺乏是一个突出问题。由此导致西部地区城市基础设施建设乏力，基础设施落后，无法吸引人口和产业的集聚，难以从根本上提高居民的生活水平，促进就业，创造良好的人居环境。

发展和环保问题从来就是一个矛盾统一体，但在西部地区城市目前的发展阶段上，资金用在解决人民群众衣食住行方面尚有很大困难，更不要说治理环境、建设生态优美城市。资金投入不足，也是造成影响西部地区城市生态环境问题的一个原因。

（四）工业化水平低，城市仍以外延扩展为主

新中国成立以来，特别是改革开放30年来，西部地区经济快速发展，工业有了很大发展，但由于西部地区缺乏区位优势，加上经济基础薄弱、开放较晚等原因，使西部地区工业化水平落后于东部地区。到2005年，西部地区第二产业在GDP中所占比重为42.8%，东部地区第二产业在GDP中所占比重为51.3%，而东部地区第二产业的产值大约为西部地区的5倍，西部地区城市化发展的产业基础十分薄弱。

全国政协副主席厉无畏在“2010中国城市发展合作（双流）论坛”上提出，西部地区城镇化发展相对滞后的原因是发展存在导向的偏差。一些地方政府和部门把城镇化片面理解为城镇建设，但产业并没有很发达，这样就阻碍了城镇化进程。

（五）城市化的内生动力不足，城市竞争力低

中国西部地区城市化的一个突出特点就是资源诱导成为城市发展的最直接动力。城市化发展中过分依赖自然资源、低成本劳动力等初级生产要素，而忽视高级人力资源、知识、技术与信息等高级生产要素的发

展。然而，在实际竞争中，丰富的资源或廉价的成本因素往往导致资源配置效率低端化的结果。

二、西部城市生态安全问题

自1999年中央实施西部大开发以来，随着产业结构的升级转化，西部城市大力发展经济，提高城市人民群众的生活水平，各种生产指标都有了显著提高。西部城市经济在走向现代化、高速发展的同时，城市生态安全问题却凸显，例如，各类污染加剧、生物多样性减少、生物入侵严重、整体生态环境恶化等问题日益突出。合理开发利用和节约资源，保护生态环境，实现可持续发展，已成为当今西部城市发展的紧迫任务。

（一）内外部生态环境差，城市生态调节功能降低，环境恶化

西部城市绝大多数处于高原区，地形和地势条件不好，光、热、水、土等自然生态条件不如东部城市，这就使西部城市在整体生态基础方面相对较差。如西北地区西宁、兰州、银川市处于干旱、半干旱地区，造成动植物物种相对较少和单一，生态基础脆弱。昆明市、贵阳市处于石灰岩熔地质区，且山高坡陡，加上前些年毁林开荒，石漠化和水土流失严重。因此，西部城市生态基础相对较差是造成西部城市生态环境问题的一个原因。同时，国内外的小部分企业利用东西部经济实力上的落差，将部分环境污染大、能耗高的产业引入西部城市。导致西部城市承接东部城市及国外产业转移带来的污染又加重了它的生态环境恶化，从而造成西部城市的气候和天气变化异常，各种恶劣天气和气候现象增加，西部城市的整体生态呈恶化态势。

以新疆为例，新疆城市的外部生态环境问题在西部地区城市具有一定的代表性，主要特征是：干旱少雨、水资源短缺，且时空分布严重不均；植被稀少，土地沙化、盐渍化严重，环境容量小，易于受到风沙的侵蚀和人为造成的污染等。这些特征决定了新疆城市外部生态环境的脆弱性、不稳定性和累加性，一旦遭受破坏，则难以恢复。因此，生态环

境问题对新疆城市化提出了一大挑战。目前新疆城市的生态环境问题已不容乐观。据国家环境保护总局发布的《1998 年全国环境状况概要》的有关资料显示，1998 年新疆工业废水处理率和工业废水排放达标率分别为 71%、44%，两项指标分别低于全国平均水平 16 个和 21 个百分点。全疆有 6 个城市的地下水质受到中度污染。由于生产、生活用水量不断增大，新疆城市地下水位总体呈下降趋势，其中乌鲁木齐等 7 座城市的地下水持续下降，平均下降幅度为 0.06—0.59 米。此外，新疆重点城市的空气污染也较为严重，其中，乌鲁木齐市尤为严重，在 1998 年国内外主要城市空气质量状况比较排序中居第 4 位，空气综合污染指数为 6015。这是新疆城市今后发展必须着力解决的问题，否则，会使其发展走入困境。

（二）环境污染问题日益突出

西部地区城市和工业集中地区的环境污染也相当严重，万元产值排污量大大高于东部地区和全国的平均水平。1998 年全国大气污染最为严重的十大城市中，西部就占了 4 个，依次是乌鲁木齐、兰州、重庆和贵阳。西部地区的环境污染主要体现在几个方面：首先是大气污染，由于西部地区能源工业、材料工业较多，是大气污染的主要根源。随着城市工业的发展大量排放二氧化碳 、二氧化硫等污染物造成大气质量下降，特别是许多城市及其工业、企业位于山间盆地，不利于大气扩散、净化，易形成大气污染。如重庆、兰州、乌鲁木齐等市，大气污染严重，超标率达 60% 以上，并且主要是二氧化硫和悬浮物。此外，西南地区酸雨严重。据测定，重庆酸雨 pH 值 3.00，宜宾 3.29，乐山 4.2，自贡 4.4，南充 4.5，且仍有发展趋势。其次是水体污染。西部地区水系特别是支流和局部水域污染较突出，水体污染物多为重金属有害有机物。岷江、渭河等河流污染相当严重，包头、西安、库尔勒等城市的地下水污染也比较严重。最后是固体废弃物污染，不仅占用大量土地，而且还产生二次污染。据初步统计，四川省固体废弃物年排放量为 6454 万吨，累计堆放量 25872 万吨。如此大量的固体污染物，如不采用高新技术综合治理，必然给环境造成更大危害。另外，还有其他污染。西部地区工业及居民生活垃圾的大量排放，有些又未能有效处理和充分填埋，造成城市周围和近郊垃圾堆积成山，臭气熏天；随着城市一幢幢高楼的建起和汽车的剧增，城市的噪音大大超过国家规定的标准，形成噪音污染；城市排放管网建设滞后和污水处理能力不足，加上城郊的农业面源污染，造成城市附近河流、湖泊水质量急剧下降，居民饮用水源逐渐减小，饮用水质量标准下降，随着城市发展，高层写字楼、公寓矗立，这种钢筋玻璃巨人，折光明显，造成相邻居民生活和学习不便；商业区高亮度的灯光使人难以学习、生活和休息，光污染问题也随之出现。另外，城市的各种电器设备、电线、电视、通讯转播塔、线密集，人均手机比率极高，电磁污染也成为一个问题。总之，西部城市经济在走向现代化、高速发展的同时，各种污染问题已日益成为城市生态安全问题的首要问题。

（三）资源型城市的环境及资源枯竭问题严重

西部地区有相当一部分城市属于资源型城市，像经济增长比较快的内蒙古等地，经济增长主要靠资源性产业尤其是能源重化工业的拉动。这类产业单位 GDP 能耗高，“三废”和碳排放强度大。2008 年，西部地区万元 GDP 能耗高达 2.02 吨标准煤，比全国平均水平高 83.6%。最近，中国政府已明确表示，到 2020 年单位 GDP 二氧化碳排放比 2005 年下降 40%—45%，这对西部城市生态建设将是严峻考验。

资源型城市一般都产业结构单一、功能不完善、企业所有制结构单一。依靠资源起步的城市如果不能及时转变产业结构，一旦资源枯竭，将陷入萧条，部分资源型城市的资源面临枯竭。目前，国家公布的两批资源枯竭型城市转型试点西部地区有 4 个地级城市、6 个县级城市和 1 个市辖区，随着矿产资源的开采，还将会有更多的西部城市加入资源枯竭型城市的队伍中来。

资源型城市靠的是资源型产业的推动，往往会带来城市环境污染及资源枯竭等诸多环境问题，是生态文明建设的重灾区。

（四）城市的生态多样性减少，系统稳定性降低

城市也是生态系统的一部分，维护城市在区域山水自然格局中与自

然有机体的连续性和完善性，是维护城市生态安全的关键。近年来西部地区城市盲目追求现代化，急于上档次，围圈泄洪滩地、开耕荒山，切断自然山水格局，造成自然景观基础质的破碎，大量的生物物种不能继续生存；同时，城市建设部门人为地打破城市的自然景观的布局、比例，引用、植种外地或外国的单一的树种和苗圃，大量剔除、砍伐本地乡土生物物种，不仅使代表本地区城市特色的动植物物种和景观荡然无存，同时也破坏城市的整个生态系统的稳定性，致使生物物种大大减少，调节能力大大下降。

（五）生物入侵风险

西部地区部分城市景观具有不稳定性、开放性、破碎性、脆弱性，因而面临着较大的生物入侵风险。在城市的植物中，外来杂草比重较大；在城市野生动物物种中，外来啮齿类动物和卫生昆虫比重大；城市养殖业、种植业中，外来人工引用的比重高；这些问题在西部部分城市已日趋明显。外来物种诱发各种传染性疾病，威胁居民身体健康；降低城市景观的美学价值，影响旅游业的发展；毁坏城市基础设施，引发各种灾害，对城市生态安全构成严重威胁。西部城市要加速发展，必须有效防止生物入侵问题。

三、解决西部城市生态环境问题的对策

21 世纪西部地区大开发战略能否成功，在很大程度上取决于西部地区城市化生态化是否顺利推进。抓住国家大力开发西部的契机，根据西部地区城市化过程中存在的基本问题制定出切实可行对策，促进整个西部地区生态文明建设。

（一）发挥政府的宏观调控作用

通过对世界城市生态化发展的经验可以看到，政府生态环境保护的政策调控对城市生态化的建设有不可估量的作用。在市场经济体制下，政府在城市生态化中的最大作用是生成、催化与提升生态建设的宏观调

控和环境规制的力量。政府应根据城市功能对城市环境的要求，利用政策手段，对城市中的生态资源和资产进行重新组合和优化配置，以实现这些生态资源和生态资本最大化与最优化使用，从而实现城市的可持续发展。

（二）树立科学发展观，做好城市生态建设规划

城市的生态建设规划必须满足城市可持续发展目标，立足城市市域范围，综合考虑城市周边地区及所在区域生态环境的影响因素。主要内容应包括：土地利用规划、城市生态绿地和植被建设规划、城市环境保护规划和城市历史文化遗产保持规划。生态环境建设规划要强调城市绿地的连通性、城郊绿地的结合性、景观生态的共融性。它是生态建设、打造城市生态安全屏障的依据，各级政府应高度重视。

（三）走新型城市工业化道路，促进产业结构升级

一是加快工业园区建设。工业园区作为城市建设和产业集聚互动的连接点，承载城市工业布局调整，推动产业结构升级，形成充满活力的产业群。例如，煤化工产业群、有色金属冶炼加工产业群、绿色生物资源加工产业群等。二是大力发展“两型产业”。加快发展现代制造业，适度发展劳动密集型产业；既重视信息咨询、物流配送等新兴服务业发展，又要注重零售、餐饮等传统服务业的发展，尤其是生态旅游业的发展，使西部地区的生态旅游资源优势得到充分发挥。还要根据经济发展和居民生活需要，加强基础设施建设。改变过去陈旧的规模扩张、外延拓展式的城市发展模式，创造一条全新的质量提升、内涵丰富、品质拓展的城市发展道路。

（四）引导资源型城市的可持续发展

在青海柴达木、内蒙古鄂尔多斯、四川攀枝花、新疆准噶尔、贵州六盘水等资源富集区开展循环经济区试点，推进资源有序开发。加大矿产资源勘探力度，形成一批能源、矿产资源重要接替区。加快甘肃白银、宁夏石嘴山、云南个旧、陕西铜川、重庆万盛区等资源枯竭城市转型。

贵阳市委一位负责人说：“贵阳是一个资源型城市，长期以来产业层

次较低，资源型产品、粗加工产品占到三分之一以上，能耗较高，资源利用效率和就地转化率较低，不但浪费了资源，还损害了生态，显然，这样的增长方式是不可持续的。”因此，贵阳市使出了三板斧：积极优化三次产业结构，大力推进产业生态化，加大节能减排力度，着力推进发展方式从高消耗、高污染、高排放向低消耗、低污染、低排放转变，引导城市的可持续发展。

（五）恢复城市湿地，保护乡土植物，维护生物多样性

湿地不仅是人类最重要的生存环境，也是众多野生动物、植物的重要生存环境之一。它对城市及居民具有多种生态服务功能和社会经济性。它提供了丰富多样的栖息地、调节小气候、减缓洪涝灾害、净化环境，满足感觉需求，是精神的源泉。生物多样性、物种丰富性是城市生态系统稳定和安全与否的标志。21世纪生态城市建设的主题是保护本地区生物多样性，包括原有生物生息环境的保护和新的生物生息环境的创造。在城市建设中应保护具有地带性特征的植物群落，要保护乡土树种及区域稳定植物群落的组成，有节制地引种。乡土树种是构成地方性自然景观的主角，也是反映地区性自然特征的基调树种。因此，西部城市要努力维护原来被占湿地，注重保护乡土植物，维护生物的多样性①。

（六）强化生态环境监管，提高公众参与度

生态环境的管理部门在生态环境建设和城市生态安全的构建中负有重要的作用。其必须强化执法力度，严格监督惩处各种不利城市生态环境建设的违法行为；同时必须强化规范意识、服务意识、依法管理、依法服务。调动广大市民的参与力度，使其从身边一点一滴的小事做起，保护环境，美化城市，鼓励公众监督、举报环境违法犯罪行为，引导公众科学、有序地参与政府环境管理的决策，真诚欢迎群众的批评、监督，虚心听取公众的意见和建议，也是建设生态城市、维持城市生态环境的重要一环。

---

① 叶轶：《探讨西部城市生态环境的存在问题及对策》，资源网，2008年8月26日。

第五节 居民消费对生态文明的生成与发展的影响

一、西部地区的消费现状

在西部地区构建生态消费模式，通过对传统消费模式的生态变革，能够起到引导产业结构调整、转变、传统生产方式、减少资源消耗、保护生态环境的积极作用。

实施西部大开发战略10年间，西部经济增长迅速，据统计，西部地区GDP年均增长率达11.42%，较全国平均水平高出近2个百分点；西部工业增加值增加15.5%，高于全国平均水平，也高于东部的9.7%。内蒙古自治区继续保持高速增长态势，增长速度高达16.9%，连续多年居全国首位。2009年增长速度最快的省市前5位，有4位是西部省市。2000—2008年，西部地区生产总值从16655亿元增加到58257亿元，年均增长11.7%。全社会固定资产投资由6111亿元增加到35839亿元，年均增长22.9%。随着经济增长的加快，极大地提高了人们的消费水平。据国家发改委网站公布，2009年西部地区全年社会消费品零售总额23039亿元，同比增长19.2%，高于各地区加总和东部地区1.1个和1.9个百分点。家电下乡、汽车摩托车下乡等政策对刺激西部地区居民消费，有效扩大当期需求发挥了重要作用，汽车、家电等大宗消费品市场表现活跃。

2009年9月30日，国务院颁布了《关于应对金融危机保持西部地区经济稳定平衡较快发展的意见》。从相关的记者发布会上可知：

西部地区消费需求和市场发展潜力巨大。2008年西部地区总人口3.65亿，占全国人口的28%，但西部地区人均消费只有全国水平的

64%，只有东部地区的42%。如果拿2000年到2008年间的数据做比较可以发现，西部12个省区从5900多亿元增加到19239亿元，年均增长14.9%，但是，2008年仅仅广东省的消费品零售总额就达到了12772亿元，增速超过20%。如果西部地区平均消费能达到全国平均水平，将可创造1万亿元的消费需求，如果能达到东部地区的平均水平将可以创造2.7万亿元的消费需求。

随着西部大开发的力度进一步加强，青藏铁路、西电东送、西气东输、节水和开发水资源等一批具有战略意义的重点工程为今后几年投资需求的增长拓展了空间。这不仅会提高西部地区经济发展水平，也会为拓展西部潜力巨大的消费市场发挥重要作用。

二、生态消费模式是构建西部生态文明的重要支撑

（一）构建生态消费模式，保护生态环境

人与自然关系的对立，究其原因，既有生产方面的原因，也有消费方面的原因。作为人类可持续发展行动纲领的联合国《21世纪议程》早在1992年就指出，全球生态环境遭到破坏的主要原因是传统的工业文明非持续的消费与生产模式，并且呼吁要更加重视消费问题，呼吁各国执行新的政策以鼓励向适当的消费模式转变。

传统的消费模式存在着追求过度包装产品、过度深加工产品、一次性消费品等现象，特别是一次性消费品的广泛出现。这种消费模式使得人类对自然资源和环境的压力大大增加，形成严重的生态破坏和环境污染。统计表明，在不少国家，伴随着人口增长和消费增长，由生活消费而导致的污染在许多领域已经超过了由工业生产而导致的污染。根据2007年发布的《2006年中国环境状况公报》数据显示，2006年中国工业生产的废水排放量为239.5亿吨，而生活消费的废水排放量为297.5亿吨，即生活消费的废水排放量远超过工业生产的废水排放量。同时，生活消费废水中的主要污染物化学需氧量（COD）、氨氮排放量，也均已

超过工业生产废水中的排放量。因此，建设生态文明，必须变革传统的消费模式，构建生态消费模式。

生态消费模式，是指以维护自然生态环境的平衡为前提，在满足人的基本生存和发展需要基础上的一种可持续的消费模式。生态消费模式的核心是消费的“生态性”。它对生态文明建设具有积极的作用。其一，生态消费追求绿色、环保、低耗消费，崇尚适度消费，反对过度消费，因此，会直接减少对自然资源的消耗和对生态环境的压力。也许每一个消费者的生态消费行为对地球生态环境保护所起的作用微不足道，但地球上65亿多名消费者作为一个整体，其累积的生态消费行为必然对生态环境产生重大保护作用。其二，生态消费通过对生产的引导作用，间接地减少资源消耗、保护生态环境。市场经济是需求导向型经济。由于商品之间的替代性，如果消费者选择环保商品而排斥非环保商品，这将会引导企业甚至迫使企业减少或停止非环保产品的生产而转向环保产品的生产和清洁生产，这就是消费者“货币选票”的威力。经济学家阿尔弗雷德·马歇尔说得好：在市场经济下，一切需要的最终调节者是消费者的需要。因此，从最根本的意义上说，生态消费模式是建设生态文明的终极支撑。

（二）宣传生态消费理念，改变西部地区人们的传统消费行为

党的十七大报告提出，要“建设生态文明，基本形成节约能源资源和保护生态环境的产业结构、增长方式、消费模式”。

构建生态消费模式，需要依赖生态消费教育来变革全社会的消费理念，进而转变消费者的消费行为。因此，在西部地区要想促使人们的传统消费行为有个根本改变，重要的是要在政府的引导和全民的参与下，进行持续的全民性的生态消费理念的教育和宣传。“生态文明观念在全社会牢固树立”，这是胡锦涛总书记在党的十七大报告中提出的新要求。联合国《21世纪议程》指出，“教育是促进可持续发展和提高人们解决环境与发展的能力的关键”。《中国21世纪议程》也强调要“加强对受教育者的可持续发展思想的灌输”。发达国家经验证明，消费教育对消费者

理念更新、促进生态消费行为十分关键。从20世纪80年代末开始，发达国家的许多作家、编辑和电视制作者为保护地球，出版了不少类似《消费者行动指南》之类的出版物。这些书籍和公益出版物向消费者提供了关于保护地球生态环境和节约自然资源的详细的实践方法和信息，并且很快传播，成为这些国家消费者的行为指南。

总之，西部地区生态消费模式的建立需要通过消费教育对消费理念进行重新塑造，只有通过消费教育，把生态消费的理念植入每一个普通消费者的观念中，才能从根本上促进消费者消费行为的转变，并最终实现生态文明。

第八章 中部地区生态文明与发展

第一节　中部地区环境概况

一、中部地区环境对生态文明的影响

（一）中部地区的基本概况

中部地区包括山西、安徽、江西、河南、湖北、湖南六省，总面积102.8万平方公里，约占中国面积的10.7%；总人口3.61亿，占全国总人口的28.1%。2007年，中部六省GDP 5.19万亿元，占全国的21.03%；地方财政收入3585亿元，占全国的7.25%①。中部地区占全国原煤产量的50%，全国有色金属矿产的55%，全国商品粮的35%，是中国的人口大区、经济腹地和重要市场，它的发展将是从根本上代表和体现了中国整体崛起的一个标志。

2009年9月23日国务院讨论并原则通过《促进中部地区崛起规

① 朱有志：《中国中部地区发展报告（2008）》，社会科学文献出版社2009年版，第44页。

划》，表明国家支持“中部崛起”将进入实质性操作阶段。一批重大建设项目陆续开工，粮食生产基地、能源原材料基地、现代装备制造及高技术产业基地和综合交通运输枢纽（以下简称“三个基地、一个枢纽”）建设取得积极进展，国家将集中政策、资源、资金从八个方面力促“中部崛起”发展战略向纵深推进，不断加大对中部地区的投入力度。中部地区将成为国家战略层面鼓励和支持的重点发展区域，迎来新一轮发展机遇。

1. 优良的区位优势。中部地区具有独一无二的地缘优势，以武汉为中心画一个1000公里半径的圆，可以囊括全国几乎所有主要城市，以至于人们常常把武汉喻为全国棋盘上的“天元”。中部地区的大交通、大网络联通了中国东部和西部、南部和北部。纵向的有京广线、京九线，都是通向中国省份的大动脉。横的有陇海铁路、长江的黄金水道，几乎每一个中部地区省会都是一个比较重要的交通枢纽。省级高速公路四通八达，中部六省出省主要通道大部分实现高速化，航空运输也取得了突破性进展。承东启西、通连南北，铁路、公路、水运、航空等“齐放”，形成了发达的交通运输网，并成为我国重要的人流、物流、商流和信息流的中心。同时，中部地区又是中国经济腹地的构成者，如果东部地区本身的发展缺少经济腹地的支持，其竞争力必然受到影响。

2. 中华文化的发源地。中部地区作为中华文化的发源地，加上其独特的地理区位，使得中部地区的旅游资源富有特色。自然地貌发育奇特，名山大川气势磅礴，革命遗迹寓意深远，风土人情绚丽多彩，名胜古迹数不胜数。从而形成了以人文旅游、风光旅游和红色旅游“三色并举”的旅游产业。在全国119个重点风景名胜区中，中部六省拥有27个；在全国751处重点文物保护单位中，中部六省拥有187处；在全国84处革命遗址及革命纪念建筑物中，中部六省拥有22处。

3. 中国商品粮基地。中部六省地处亚热带和温热带，土壤肥沃，气候温和，日照充足，雨量充沛，拥有宜农平原、宜林山地、宜牧草场和宜渔湖泊等多种农业自然生态系统。中部六省的农业在全国具有举足轻重的地位，是国家粮、棉、油、水产品等的重要产区，许多农副土特产品在国内外久负盛名，农副产品的深加工前景广阔。中部地区对中国的粮食安全至关重要。河南、安徽、湖南、湖北都是粮食大省。从农业来讲，河南是突出的一个粮食大省，它每年的粮食产量基本上接近全国粮食产量的1/10。河南省对农田基本面积的保护以及每年提供的商品粮的数量方面在全国都占有十分重要的地位。

4. 重要的能源基地和原材料基地。中部六省属于环太平洋成矿带内的重要成矿地区，矿产资源种类齐全，有140多种，且储量丰富。一些重要或稀有矿产资源的丰度也远优于东部，密度高于西部，且资源配套程度较高，具有广阔的开发前景。江西省的有色金属和黑色金属、山西省的煤炭、河南省的石油、湖北省和湖南省的电力、水利等工业发展战略资源的拥有量十分突出，特别适宜兴办大型原料、能源项目和高科技项目。

5. 劳动力资源提供的基地。河南、湖北、湖南、安徽都是人口大省，它们每年劳动力输出到东部或到其他地区去，占整个国家流动人口的比例很高。也就是说，其他地方尤其是东部的发展有中部的劳动力的重要贡献。中部在劳动力资源方面也具有竞争优势。中部六省素来有重视科教的传统，几十年来积聚了全国一大批有影响的高等院校和科研机构，科教实力雄厚，人力资源丰富。其综合科技实力排名全国第三位（仅次于北京、上海）。农村大量富余的劳动力具有较高的劳动水平，入厂既为工人。

相对于沿海发达地区用工紧张的状况，中部地区不仅劳动力数量充足，且平均劳务价格也低于沿海地区。以2004年的江西省为例，全省在岗职工平均工资为11860元，仅为上海、广东、浙江、江苏等省市的39.75%、56.48%、50.46%和65.16%。

综上所述，中部地区地处中国内陆腹地，具有承东启西、连南接北的区位优势。区域内人口众多，科教基础较好；自然资源和文化资源丰富，农业特别是粮食生产优势明显，工业基础比较雄厚，产业门类齐全，水陆空交通便捷。

（二）中部地区在全国的生态地位和影响

1. 中部地区是东部地区的生态屏障。中部地区处在大江大河的中游地区，也是人口比较密集，工农业生产比较重要的地方。假如这个地方的生态环境保护出现问题，它的直接影响就是影响东部地区。

从目前情况看，中部正在成为东部及国际产业加速转移的热土，伴随着产业转移，特别是低层次产业的进入，必然会带来一定的环境污染和生态压力。从自然条件来讲，中国每年3/4的自然灾害基本上都发生在中部。无论南方长江的水灾还是北方的旱灾，多数都是发生在中部地区。中部地区和西部地区一样，也承受着比较大的环境压力。因此，从这个意义上来讲，中部地区作为生态屏障与西部具有同等重要的地位，也是东部重要的生态屏障。

2. 中部地区是中国生态文明建设的中心辐射区。在中国的整体生态文明建设中，中部地区扮演着重要的角色。中部地区地处中国的内陆腹地，具有承东启西、连南接北、吸引四面、辐射八方的中心作用。不仅是我国经济版图的腹心之地，也是中国自然地理的中心部位。“中原定，天下安”，“中部崛起”战略的实施对该区域乃至全国的生态文明都将产生重大的影响作用。因此，加快中部地区经济与生态的协调健康发展，是东西融合、南北对接，推动整个中国生态文明建设的客观需要。

二、中部地区生态环境问题现状

中部地区生态破坏和环境污染问题严重，根据国务院研究室综合司的研究报告，主要表现为：

（一）水污染十分普遍

山西省受污染河流长达3753公里，其中超五类污染河道占67.2%，主要是煤矸石和矿井废水造成的。河南省几大水系受严重污染河段达2938公里，占36.9%。江西省年均排放酸性废水5900万吨，城市垃圾无害化处理率为40.3%，约50%建制镇未建成符合规范要求的供水设施，污水处理率仅为10%。湖南省枯水期严重污染的四五类劣质水占40%。湖北省主要湖泊水库受污染的三类以上水体近70%。在三峡库区，生活污水集中处理率不到10%，生活垃圾无害化处理率不足7%，各支流沿江城镇生活污水和垃圾基本未作处理。淮河近几年在治污方面下了很大气力，但污染仍然十分严重。黄淮海地区也几乎有河皆污。

（二）城市和矿区空气污染严重

山西省13个城市被列入全国30个空气污染严重的城市。河南省二氧化硫年排放量居全国第一位，每千美元GDP排放污染物的二氧化硫是发达国家的7倍多，是江苏省、广东省、浙江省的1倍多。湖南省城市酸雨频率高达76.4%，除一个城市外所有城市都受到酸雨污染。江西省赣州、鹰潭、抚州、上饶、景德镇等城市酸雨频率也达60%—80%。

（三）水土流失或土壤破坏

黄河水土流失严重。很多江、河、湖泊泥沙淤积，洞庭湖泥沙沉积率高达74%，“八百里洞庭”只剩500多公里，湖泊面积由新中国成立初期的4350公里减少到目前的2625公里，减少了近40%。山西省1993—2003年10年间因煤炭开采，使40余万亩水浇地变成旱地。江西省在矿产资源的开发中，累计堆积废石量12.85亿吨，尾砂11.53亿吨，土地和植被破坏面积达9.4万公顷。

（四）产业转移带来的生态环境压力

中部地区目前及未来都要承载着东部沿海及国际产业向中部加速转移带来的生态环境压力。2007年源于美国的次贷危机，在2008年逐步演化为具有极强破坏力的金融风暴。全球金融危机的冲击效应日益显现，中国东部沿海地区外向型经济受到严峻挑战，其中部分外向型国内企业逐步转向内需为主，并开始向中部地区进行产业转移。随着中部地区基础设施、产业配套能力以及政策环境的不断完善，以及国家《促进中部地区崛起规划》的实施，中部地区承接东部和境外产业转移的能力将不断增强，中部地区正在成为承接东部沿海发达地区产业梯度转移和国际产业转移的热土。

产业转移在促进经济增长的同时，也会出现污染入侵，即转嫁污染产业、销售有毒产品和转移有害废弃物带来的环境污染。近20年来，发达国家一方面通过提高国内环境标准、禁止销售使用有毒物质等一系列措施来改善其国内环境；另一方面，迫于高成本的处理费用，把能耗高、污染重的“肮脏产业”转移到发展中国家和地区；或者向发展中国家和地区出口本国法律禁止销售的农药杀虫剂等有毒产品；或者直接将有害废弃物倾销到发展中国家和地区。以投资、经济援助的名义把能够对生态环境造成严重破坏和威胁的石化、冶金、电子、化工等工业项目迁移到发展中国家和地区，利用这些发展中国家和地区的廉价土地和劳动力、丰富的自然资源以及不完善的环境法规等等推行生态殖民主义，加剧发展中国家和地区的环境污染。因此，在产业梯度转移过程中，中部地区面临着接受来自于东部地区和境外国家和地区的低水平产业转移的风险。因此，中部地区承载着很大的产业梯度转移过程中产生的生态环境压力问题。

第二节　产业结构对生态文明的生成与发展的影响

《促进中部地区崛起规划》为中部地区未来几年的产业发展指明了方向，工业和信息化部在2010年也开始实施《促进中部地区原材料工业结构调整和优化升级方案》。为贯彻落实钢铁、石化、有色金属等重点产业调整和振兴规划，巩固和提升原材料工业基础地位，促进中部地区崛起战略的实施，中部地区将围绕“三大基地、一个枢纽”，以加强粮食生产基地建设为重点，推进大型煤矿建设，加快电力和电网建设以及发展原材料精深加工。以核心技术、关键技术研发为着力点，建设现代装备制造业及高技术产业基地，力争到2015年实现经济发展水平显著提高。这些目标的实现，有助于中部地区产业结构的升级，这也必将对中部地区生态文明建设产生积极的作用。

一、中部地区产业结构对资源环境的影响

2005年下半年，国务院研究室综合司深入中部六省进行调查研究，先后用50多天时间，赴20个城市、15个开发区、40家企业和12个县乡镇调查，召开了28个不同类型座谈会，就中部地区发展的有关问题与各地领导进行了交流。以下数据除非特殊注明，均引自于这组调查报告。

（一）产业结构重型化、同构化严重，导致资源高消耗、环境高污染

超重型、原料型、初级型、畸轻畸重是中部地区一些省份产业结构的主要特征。中部地区已形成以煤炭、电力、冶金、机械、化工、纺织等为主的门类齐全的工业体系。然而，由于资源条件和历史积累，中部地区产业结构具有畸重、低端、同构等特征。

重工业为主的产业结构。中部地区产业结构一直以来表现为以采掘业和能源、原材料等中间产品为主。例如，中部地区优势产业主要集中在煤炭采选业、有色金属采选业、黑色金属采选业等能源、原材料采选业以及能源、原材料的后续加工产业领域，如有色金属矿冶炼及压延业、黑色金属矿冶炼及压延业、石油加工及炼焦业等。这些产业在生产过程往往存在比较普遍的高消耗、高排放特点。

资源类产业占相当比重，结构同构现象突出。也就是说，中部地区产业结构中，存在低端化倾向、重复建设等明显问题。例如，在39个产业中，共有14个产业被各省列为支柱产业。烟草、石化、电力、食品、钢铁为五省共有；有色、煤炭采选、汽车为三省共有。这直接影响中部地区的可持续发展能力。河南省采掘业、原材料工业占工业总产值的60%以上，低端产品占74%，轻工业中以农产品为原料的加工业占70%以上。江西、安徽、湖南、湖北等省的产业层次也比较低，制造业、能源、原材料等重工业和初加工产品比重大，缺乏带动力强、产业链延伸

度大的高加工度、高技术含量产品与最终消费品，工业增长主要依赖生产要素高投入和资源高消耗。

这种以超重型、资源型为特征的产业结构，是中部地区生态文明建设中面临的最大不利因素。以山西省为例，山西省是中国煤炭大省和重要的能源基地，10年前山西省重工业与轻工业的比重为78∶22，目前的比重为92∶8，在重工业中煤炭占80%以上。2006年，煤炭经济拉动该省经济增长近5个百分点。多年以来，“因煤而富”的山西，也因煤“负债”。长期的煤炭开采，给山西省的生态环境造成很大破坏。根据中国科学院2003年可持续发展战略报告，山西省的“环境支持系统”在全国排名倒数第二位。国家环保总局公布的2003年度中国十大空气污染城市，头三位就是山西省的临汾市、阳泉市和大同市。

（二）工业增长方式比较粗放，加重了环境污染和资源的过度消耗

江西省钨矿、稀土、金矿、煤等矿山中，小型矿山高达99%。湖南省每万元工业产值耗用钢材、水泥量分别是发达国家的5—8倍和10—30倍。山西省单位GDP综合耗能超过全国平均水平1.6倍，矿产资源平均回采率为44%，3368个乡镇小煤矿回采率仅为10%—15%；每年因采煤白白排放的煤层气高达60亿立方米，相当于“西气东输”输气量的50%。河南省矿山总数5188个，小型矿山也占96%。铝土矿回采率不足40%。可见，中部地区一些省份工业增长方式还比较粗放。这是中部地区环境污染、资源过度消耗、生态破坏的重要因素之一。

（三）资源的可持续利用能力不足

中部地区是中国重要的有色金属矿业、冶炼、加工基地。虽然在近期内由于能源、钢铁、有色金属等产品的市场需求大，致使这些资源产业增长很快，效益不断提高，但是，这些资源产业的可持续发展能力并不高。

据测算，大同市2001年底侏罗纪煤炭可采储量不足15亿吨，按目前的生产规模，开采年限仅能维持20年左右。资源产业不仅存在超强度开采的现象，而且开采方式十分粗放，目前山西省的煤炭资源回采率平

均仅45%左右，其中，地方乡镇煤矿采煤机械化程度低，回采作业落后，资源回采率大部分在35%以下，资源浪费十分严重①。山西省预计2005—2020年16年间，年衰减生产能力将达到8000万吨。再如，江西省稀土冶炼企业平均规模不足2000吨；安徽省铜矿资源已经基本枯竭，铜业生产80%—85%以上矿石主要靠进口，铜精矿90%以上依赖进口。河南省铝土矿保有储量仅能维持企业6—7年正常生产需要。江西省11个黑钨矿山，已有8个列入关闭破产计划。湖南省32个大中型有色金属矿山，其中25个几近资源枯竭。中部地区的能源等资源相对丰富，但近期资源新增探明储量的增长远低于开采耗竭速度，且开采速度越来越快，开采成本逐步增加。

（四）资源型城市面临资源枯竭、污染恶化

河南省的郑州、洛阳、开封、平顶山、焦作市，安徽省的淮南、淮北、马鞍山、铜陵市，江西省的南昌、萍乡、景德镇、鹰潭市，湖北省的武汉、黄石、襄樊、十堰、宜昌、荆州市，湖南省的株洲、湘潭市等，都是国家过去推进工业化进程的重镇。目前资源面临枯竭，经济转型或培育替代产业迫在眉睫。中部地区城市大部分资源开采已经步入中年期，有的已经步入老年期，资源枯竭严重影响了中部地区城市资源产业的持续发展。根据中国矿业年鉴统计，中部地区共有122个矿业城市（镇），其中属于中年期的92个，老年期的14个，幼年期的仅为15个。这些城市靠自己的力量来解决资源问题是难以完成的，仅解决采掘沉陷区问题凭地方财力就无法承受。如山西省采空区面积5000平方公里，涉及1900个自然村220万人，且塌陷面积还以每年94平方公里速度增加。江西省各类矿山坍塌点1366处，坍塌面积达35187公顷。安徽省铜陵市老城区60%—70%是采空区，近3000户居民住在塌陷区。

中部地区的煤炭、有色金属、黑色金属等资源占据很大优势，但是在长期的资源开采过程中，也造成了大气、水、固体废弃物等环境污染，

① 贾若祥：《“中部崛起”的产业优势、问题及发展思路》，《中国经济时报》2005年12月30日。

致使地面塌陷逐年扩大，地质灾害频繁发生，部分城市已成为中国生态环境最为恶劣的城市，甚至成了世界级的环境污染区。

二、中部地区产业结构调整对生态文明的促进

正确处理好资源开发与环境破坏以及资源枯竭之间的关系、经济发展与环境保护之间的关系，注重产业结构调整与生态环境保护相结合，是中部地区产业结构调整、推进生态文明建设的根本出发点。

（一）调整重型化工业结构，减少资源消耗与环境污染

中部地区是中国重要的煤炭生产基地、电力输出基地和重要原材料基地，而且，目前国家也正在加大对中部地区煤炭、石油、电力等重大能源建设项目的支持力度，加大对原材料工业的支持力度。因此，中部地区在能源、原材料建设中的生态关注度，关系到整个国家的能源和经济安全，特别是生态安全。

减少生态环境负荷，优化调整能源结构，大力发展原材料深加工业，加快新型能源、原材料基地建设，已成为目前中部六省产业结构调整的首要任务。主要包括：优先发展火电，深度开发水电，加快发展核电，积极发展风电和太阳能，逐步形成稳定的能源供应保障体系和更为科学的能源结构。依托山西、安徽、河南省丰富的煤炭资源，建设大型高效环保机组，淘汰小火电机组，加强大型坑口煤电一体化电厂建设，积极发展热电联产。在原材料精深加工、矿山采掘设备更新改造、采用新工艺新技术、提高能源、资源综合利用率等方面迈出新步伐。

以山西省为例，山西省针对产业结构重型化、产品初级化和高度依赖煤炭的情况，2006 年，山西省委、省政府提出的战略思路是，“建设全国新型能源基地和新型工业基地”。坚持走新型工业化的道路，实现传统产业新型化和新型产业规模化。从“能源基地”到“新型能源基地”，标志着山西省煤炭资源开发利用将开始走上洁净、节约、细加工之路。

2007 年 5 月山西省 9 个城市与省政府签署“军令状”——关停 197

座300立方米以下的高炉。除了钢铁行业，此次受到“冲击”的还有焦炭、电力、水泥、电石和铁合金产业，其中焦炭年内要淘汰产能859万吨，电力要关停机组66万千瓦。“发展不能以牺牲人民群众的利益为代价，我们决不要污染的GDP！”从2006年开始，山西省决定用5年时间，在全省11个重点城市和32个重点市县实施“蓝天碧水工程”。这些地区的经济总量和污染物排放量均占全省总量的60%以上。

（二）加快新兴产业发展

中部地区各省抓住金融危机提供的难得机遇，大力发展新兴产业，优先发展高新技术产业。以光电子、电子信息、人工智能、先进制造技术、新材料、新医药及军工为重点，建立有特色的高新技术产业基地，发展高新技术产业集群。优先发展一批带动力和影响力强的产业，支持搞好现有高新技术开发区，支持国家级科技创新试点城市建设。

1. 建设在国内有影响的电子信息产业基地。积极发展通信网络设备、电子专用设备、计算机及应用设备、LED（发光二极管）大屏幕显示器、TFT－LCD（薄膜晶体管液晶显示）、集成电路、数控系统制造产业以及中文语音等软件开发和服务外包。大力发展光电子器件、激光、光显示产业。支持有条件的地区发展信息安全产业，加速信息安全产品产业化。

2. 大力发展生物产业。推广应用苗木工厂化繁育、设施栽培、安全高效畜禽养殖和水产品标准化养殖技术，大力研发新型农兽药，培育林业特产资源高效利用新产业。积极发展生物育种、生物制药、诊断试剂产业。加快发展现代中药和现代生物医药产业。

3. 壮大新能源和新材料产业。推动企业联合重组，加强集成创新，提升技术水平。有序发展高效率、低成本太阳能光伏发电、热发电及建筑一体化技术与设备。稳步发展基于钛镁铝合金和电子玻璃的信息材料，提高基于晶体硅的新能源材料产业技术水平。加快发展超硬材料和硬质合金材料。逐步提高铝镁合金深加工产业的规模和水平。

例如，湖北省武汉市确定了以新一代移动通信、新型显示、节能环保、新能源等为主的15个新兴产业，力争用5—10年时间，打造一批千亿元产业和百亿元企业。江西省南昌市把低碳产业列为可持续发展的战略产业，重点扶持光伏、LED半导体照明、服务外包、环保电动汽车、节能家电等新兴高端产业。山西省依托大型煤炭企业推动产业结构调整、延伸、转化，引导能源资本积极投向现代农业、高新技术产业、教育产业等其他产业，实现资本合理转移。

总之，中部地区加快新型产业的发展，不仅节约自然资源，减少环境污染，还降低在经济发展中的生态环境成本。

（三）发展循环经济，构建节约型的产业结构

国家发展和改革委员会（以下简称“发改委”）宏观经济研究院国土开发与地区经济研究所的贾若祥曾指出，近期内，资源产业仍将是拉动中部地区经济发展的主要动力，发展循环经济，实现经济发展与资源、环境、生态相统一，对于中部地区来说具有十分重要的现实意义。

中部地区注重发展循环经济，转变经济增长方式，加大技术、政策、法制等层面的工作力度，倡导绿色生产方式，构建节约型的产业结构和消费结构，建设节约型社会。目前发展循环经济已是中部许多资源型城市和工矿企业共同的选择并取得很大成效，如湖北省鄂州市循环经济产值已达60亿元，古“铜都”铜陵被列为安徽省清洁生产试点城市。

（四）提升生态旅游业在产业结构中的比重

中部地区正在兴起建设文化强省和旅游大省的热潮。厚重的文化底蕴是中部省份最大的财富，丰富的历史文化资源是发展文化产业和旅游产业的支撑力。安徽省的徽商文化，山西省的晋商文化，河南省的中原文化，江西省、湖南省的红色文化，湖北省的楚文化，成了这些省着力挖掘的资源。全力打造“红色旅游”、“绿色旅游”、“古色旅游”，不仅正在成为中部省份新的经济增长点，同时，也为中部地区产业结构生态化注入绿色元素。

三、产业结构调整中的环境保护措施

（一）加大产业结构转型升级的政策支持力度

加快《促进中部地区崛起规划》相关政策的落实，全面提升能源、

原材料等传统优势产业，加快装备制造业和高新技术产业的发展。在税收、市场准入、资金支持和土地等方面给予支持。充分发挥中部各省特有的产业优势和资源优势，推动央企与地方对接，主动承接沿海及海外产业转移，提升中部地区产业层次。

（二）建立利益补偿机制，统筹区域经济发展

中部地区承担着国家粮食安全和能源安全的“双基地”建设任务，但是，粮食生产和能源资源采选业处于产业链条的最下端，附加值和经济及生态效益都很低，在与其他产业竞争时处于劣势地位，国家经济的正常运行又离不开这些产业，需要这些产业为国家作出贡献。因此，有必要建立合理的利益补偿机制，以促进这些产业的健康发展。要不断完善资源有偿使用制度和价格形成体系，建立矿产资源开发补偿机制；此外，还要建立衰退产业援助机制，促进中部地区产业的可持续发展。

（三）发展精深加工，延长产业链条

中国有色金属工业协会铜部副主任赵波表示，2009 年中国十种有色金属产量为 2604.88 万吨，其中，十种有色金属产量超过 100 万吨的中部地区有河南、湖南、安徽、山西四省。如果再加上江西、湖北两省，那中部地区十种有色金属产量将占全国总产量的一半。但中部地区许多资源优势尚未变成经济优势，需要不断优化升级高技术产品生产，并延长产业链条。

以钨为例，目前钨工业低端原料大量出口，工业产品以中低端刀具、钻头、耐磨件为主，高端产品主要依赖进口。中国有色金属工业协会副秘书长张洪国表示，这些资源越来越少，如不及早保护开发，未来中国将无资源可用。虽然中国钨储量和产量均占全球第一，但中国硬质合金技术发展以跟踪模仿和引进为主，没有将资源优势转化为经济优势。《促进中部地区原材料工业结构调整和优化升级方案》提出要做精做深，调整和优化产品结构，要求有色金属工业重点发展高精度高性能板带材、箔材等精深加工产品，大力发展合金制品和新材料，加快向产业链高端环节转移。同时，合理控制稀有金属发展规模，提高深加工能力。加快

构建覆盖全社会的有色金属资源综合回收利用体系，发展再生有色金属产业。与高新技术发展紧密相关的优势资源，中部地区也相当丰富。如稀土、钛、镁、钨、钼、镓、铟、锗、铋等，但绝大部分只能加工成初级矿产品或初级冶炼产品，优化产品结构势在必行。因此，在《促进中部地区原材料工业结构调整和优化升级方案》中，要求技术含量高、附加值高的金属和非金属深加工产品、精细化工产品比重要进一步提高，为新能源、电子信息、装备、航空航天、国防军工等高新技术产业提供新的材料。

发展深加工延长产业链条，这不仅有利于中部地区产业结构调整过程中经济优势的发挥，同时还可以节约资源，减少环境污染。

（四）发展接续产业，解决资源枯竭问题

面对中部地区资源枯竭等问题，首先，要整合中部地区众多的资源采选业，通过提高环保标准和技术标准，提高资源开采效率，减少生态环境破坏，防止超强度开发，变“有水快流”为“细水长流”，为经济转型赢得足够时间。其次，积极培育具有发展潜力的特色农业、新材料业、高新技术产业、旅游文化等替代产业，打造新的经济增长点，同时也减轻资源压力。再次，创造良好的产业发展环境，引进外部的战略投资者，借力发展资源型产业的替代产业。

（五）积极发展有色金属精深加工，减少污染与资源浪费

加强政策规范和市场引导，严格产业准入，发展有色金属深加工，严格限制冶炼和一般加工能力规模增长，加快淘汰浪费资源和污染环境的落后产能。支持江西铜业、铜陵有色等骨干企业实施战略重组，加快调整产品结构，努力实现高精铜材替代进口，建设全国重要的铜精深加工生产基地。支持重点企业发展铝镁深加工，配套整合氧化铝、电解铝生产能力。合理开发和有效利用铅锌、镁、钛等资源，支持优势企业加快发展。加强再生资源集散市场和有色金属二次资源回收利用基地建设。

（六）突破节能环保的技术瓶颈

由于在采掘、冶炼、加工等方面的生产链长、工艺复杂，有色金属工业成为中部地区近年来节能减排的重点行业，其技术改造目标之一就

是突破节能环保的相关技术瓶颈。

冶炼是有色金属工业生产耗能的重要环节，其中又以铝冶炼的能耗为最大。目前，吨铝电解的直流电耗为1.3万—1.33万千瓦时，电解铝所消耗的电能约占全国电能消耗的5%。

《促进中部地区原材料工业结构调整和优化升级方案》要求，有针对性地改造现有电解铝工艺，使现在的吨铝直流电耗低于1.2万千瓦时。同时，要大力发展铜、铅、锌冶炼短流程工艺、烟气脱硫、高性能专用铜铝材生产工艺、吨铝直流电耗低于12500千瓦时的电解铝关键工艺、低品位和难选冶矿产高效利用、尾矿和赤泥综合利用、再生金属保持性能等技术。

铜冶炼方面的工艺技术改造将加快淘汰密闭鼓风炉、反射炉、电炉等落后炼铜工艺，使烟气得到充分利用，硫的综合利用率达到95%以上。

《促进中部地区原材料工业结构调整和优化升级方案》还要求，逐步淘汰160kA及以下铝电解槽，限期淘汰年产5万吨以下铅锌冶炼厂、年产1万吨以下金属镁等“小有色”企业。对于工艺技术落后、产品质量差、安全隐患大、能源资源消耗高、环境污染严重的落后产能要加快淘汰步伐。重点企业和地区要按期淘汰反射炉及鼓风炉、电炉炼铜产能、烧结锅炼铅产能、落后锌冶炼产能和落后小型预焙槽电解铝产能，逐步淘汰落后烧结机铅冶炼产能。

另外，在技术进步上要加快步伐。要求力争在关键工艺技术、节能减排技术，以及高端产品研发、生产和应用技术等方面取得新突破。

（七）加大新兴产业谋划和发展力度

在国家出台十大产业振兴规划后，中部各省均出台了各自的产业振兴和调整规划，加大对能源、原材料和机械设备等传统优势行业的扶持力度。能源产业在巩固优势的基础上，促进结构的多元化。优势原材料产业不断加快产品结构的调整和生产技术水平的提升，全面提升产业综合竞争力。装备制造业和高技术产业着力加大科技研发投入，提高产品技术含量，逐步提高自主知识产权和自主品牌的核心竞争力。这对构建可持续发展的轻型产业结构具有十分重要的意义。

第三节　外来投资对生态文明的生成与发展的影响

经济全球化的发展，导致国际资本在全球范围内加速流动；同时，伴随着中部崛起，中部六省成为资本投资竞相逐鹿的焦点。在这种形势下，环境与外来投资的问题日益引起人们的关注，如何给外来资本注入绿色的元素，保证中部地区经济可持续发展，意义十分重大。

一、中部地区外来投资总体状况

伴随着工业化发展和经济水平的快速提高，中国东部地区的煤炭、电力、水资源和人力资源都出现严重紧缺，沿海地区土地、能源、劳动力等资源价格的飞速上涨，使得一些附加值低、劳动密集型产业产生了迫切向中部转移的愿望。同时，中部地区六省拥有天然的农业基础、独特的区位优势、完备的工业基础，低廉的土地和劳动成本，以及近亿人口的消费市场，能够满足产业转移中降低成本、开拓市场的规模集聚的需要。一位浙江投资商曾这样向记者算过一笔账：杭州市工人的工资是1600元/月至1800元/月，而在河南省是800元/月，一个800人的工厂一年节省下来的费用就高达几百万元。中部地区巨大的发展潜力，必然成为全球性产业转移的“桥头堡”和最佳承接地。

（一）中部地区成为承接东部沿海和国际产业梯度转移的热土

2008年上半年，中部地区吸收外资增长1倍。据了解，目前，有300多家世界500强企业投资中部六省，仅2006年江西省就有24家具有世界500强背景的企业入驻。2006年11月8日，发布的《中国企业竞争力报告（2006）》显示：中部城市占据“跨国公司眼中最具投资价值的城市”

的“吸引力潜力20强”城市中的12席，显示了巨大的市场魅力。

2006年的首届中博会一问世，就吸引了全世界关注的目光。当届博览会共签约各类招商引资项目1199个，引进合同外资99亿美元，内资方面合同引资达764.7亿元。到了2007年，有了第一届成功的经验，中博会的影响力被进一步放大。4月26日到28日短短三天时间内，中部地区六省共签订外商直接投资项目196个，合同外资123.74亿美元；签订内资项目467个，吸引资金1997.63亿元。各参会单位还累计签订出口成交合同9.2亿美元，内贸合同29.96亿元。据中博会组委会提供的统计数据显示：自2006年9月首届中部博览会以后，海内外客商投资中部地区的步伐明显加快。2007年第一季度，外商投资项目698个，实际融入外资金额9.84亿美元，同比增长22.7%和79.4%。

近年来，河南省充分利用地处交通枢纽优势，以“得中原者得天下”为口号，积极推进招商引资工作。通过省主要领导带领中原企业到香港、美国等地推介河南，举办“豫港投资贸易洽谈会”等投资招商贸易洽谈会，积极引进优势企业的项目、设备、管理经验，搞活本地企业的内部机制，并通过与投资中原的战略合作伙伴实施合作，已形成“请进来，走出去”的发展模式，吸引了众多客商投资。从2003年开始，河南省先后有龙宇能源、新乡拓新生化、乐天澳的利饮料有限公司、新飞电器等几十家企业通过并购引进了国际战略合作伙伴。

江西省、安徽省更为突出。以安徽省为例，2009年前10个月，实际利用省外资金高达3907.9亿元，已经超过上一年全年利用外省资金的总和，其中利用长三角地区资金1000万元以上项目所占比重过半，占60.8%。安徽省引进省外的投资中，来自江、浙、沪的民营资本占70%以上。江西省利用外资和国内资本投资急剧增长，4年来增长5.3倍，其中3/4来自长三角、珠三角和闽三角地区，2000—2004年达到2567亿元；东部沿海企业尤其是民营企业也争相到湖南、湖北、河南、山西省的各类开发区落户。

（二）投资力度持续增强

自2008年底国家推出4万亿元投资计划以来，中部各省积极争取国家投资，加大财政投入力度，积极推进交通基础设施、经济适用房以及公共建设工程等项目，投资继续保持较快增长，有力地支撑了经济增长。六省城镇固定资产投资平均增速由2008年底的33.1%上升至2009年1—10月的37.9%，提升4.8个百分点。与上年同期相比，除安徽、江西省外，其余各省投资均明显加快。其中山西省加快15.1个百分点，河南省加快0.3个百分点，湖北省加快3.6个百分点，湖南省加快15.3个百分点。其中，湖南省城镇固定资产投资增长43.2%，居全国第5位，中部首位。中部六省投资占全国的比重有所提高，由2008年同期的21.2%提高到2009年的21.9%，上升了0.7个百分点[①]。

（三）国家的加工贸易政策等也在向中西部地区倾斜

商务部目前已经认定南昌、重庆等31个中西部城市为加工贸易梯度转移重点承接地。今后，涉及机械加工、电子信息、农业、化工、轻工纺织、物流、新材料等众多行业的外商，将鼓励在中西部地区投资建厂。国家开发银行拿出300亿元人民币支持中西部地区重点承接地的加工贸易发展，这些加工贸易项目可以享受国家中长期贷款、短期贷款和技术援助贷款支持，对于重点企业和重点项目，国家开发银行可以提供优惠贷款条件。总之，从区域结构看，随着东部地区生产要素成本的上升，中部地区迎来了利用外资的良好机遇。“十五”期间，中部地区抓住国际产业转移的机遇，通过利用外资和自主创新，基本奠定了在全国乃至世界产业转移中的龙头地位。中部地区在全国经济舞台上扮演着越来越重要的角色。

二、中部地区外商投资对生态环境的影响

对于外商直接投资与环境关系的研究主要有三种观点[②]：第一种认为外商直接投资对东道国的环境是有害的，存在负效应。最有名的是“污

① 安徽省经济信息中心：《2009—2010年中部地区经济形势分析与展望》。

② 李明：《中部地区外商直接投资的生态环境效应分析》，武汉理工大学硕士学位论文，2008年11月。

染天堂”假说，即发达国家较严格的环境管制会使污染产业迁移到环境管制较弱的发展中国家，使发展中国家成为“污染避难所”，也就是说外商直接投资会加剧东道国的环境污染（Walter & Ugelow，1979；Water，1982；Baumol & Oates，1988；Chiehilnisky，1994；Copeland & Taylor；1994；Xing，Y. & Kolstad，C. D. 2002；List，2004；Matthew A. Cole，2006）。第二种观点认为，外商直接投资对环境存在正面的影响。环境保护与FDI之间存在着一种互惠互利关系，贸易与FDI为发展中国家提供了采用先进技术的动机和机遇，促使其实现清洁生产或绿色生产，进而提高全球环境质量和地区可持续发展能力。FDI提高世界范围内专业化分工程度，使得生产活动和污染治理活动都具有规模效益递增的特征（Porter & VanderLinde，1995；Birdsall & Wheeler，1993；Zarsky，1999；Frankel，2003；Eskeland & Harrison，2003）。第三种观点认为，外商直接投资对东道国的环境影响是复杂的，既有积极的方面，又有消极的方面（Crossman，1991；Borregaard，N & Dufey，A，2002；Globeman，Steven，1993；Runge，1994；Letehumannan & Kodama，2000）。在分析外商投资带来的环境污染问题时，往往从外资所投向产业这个角度进行分析。因为正是由于这些产业的转移才带来环境问题。产业分为污染密集型产业①（pollution intensity industries，PIIs）和清洁产业（clean industries，CIs）。

外商对中部地区的直接投资结构中，有一定比例的污染密集型产业。例如，山西省2007年总共合同投资项目有152个，其中采矿业占了7个，制造业68个。而在制造业里，化学原料及化学制品制造业就占了10个，医药制造业1个，电力、燃气及水的生产和供应业18个。总的来

① 污染密集产业是指在生产过程中若不加以治理则会直接或间接产生大量污染物的那些产业。这些污染物对人类、动植物生命或健康有害；促使环境恶化，影响生态质量；工人的安全和健康受到威胁或明显受到影响。污染产业主要包括电力、热力的生产和供应业，采掘业，造纸及纸制品业，水泥制造业，非金属矿物制造业，黑色金属冶炼及压延工业，化学原料及化学制品制造业，纺织业，石油加工、炼焦及核燃料加工业，医药制造业，化学纤维制造业，橡胶制品业，有色金属冶炼及压延工业。

说，在投资项目中，PIIs 行业就占了约 24%，合同金额约占总投资的 28%。到 2007 年为止，外商投资和港澳台投资的工业企业的 166 个单位中有 102 个属于重工业，64 个为轻工业。这其中属于 PIIs 的有电力、热力的生产和供应业有 5 个，采掘业 11 个，非金属矿物制造业 18 个，黑色金属冶炼及压延工业 1 个，化学原料及化学制品制造业 9 个，纺织业 3 个，石油加工、炼焦及核燃料加工业 20 个，医药制造业 15 个，橡胶制品业 1 个，有色金属冶炼及压延工业 11 个；共有 94 个，占全部工业项目的 57%。湖北省 2007 年外商投资和港、澳、台商投资工业企业单位数为 771 家，轻工业 394 家，重工业 377 家。其中，属于污染密集型企业共计 295 家，占全部外资企业数的 38.26%。截至 2007 年年底，江西省外商投资企业登记数目共有 4542 个，其中 PIIs 732 个，分别占企业总数和利用外资的 16.12%、15.8%。湖南省城镇固定资产投资中的港、澳、台和外商投资总共为 187.91 亿元人民币，其中属于 PIIs 的共 54.19 亿元，占外商投资的 28.84%。安徽省全部规模以上“三资”工业企业有 707 家，PIIs 行业总数占 34.88%。河南省规模以上“三资”企业共 520 家，轻工业 292 家，重工业 228 家。其中属于 PIIs 的有 198 家，占总数的 38.1%①。

在外商投资构成中，由于污染密集型产业的存在，中部地区外商投资对生态环境的影响是十分明显的。就中部地区而言，“从 1997 年到 2007 年，外商对中部地区的实际直接投资每增加 1%，对工业废气和工业固体废弃物的增加量分别是 0.3579%、0.3619%。”② 总体上可以认为，外商直接投资对中部地区的环境带来了负面的影响。由于中国处于工业化发展的初级阶段，中部地区的工业化道路虽然起步较早，但是发展缓慢，经济发展模式还比较粗放，外商投资的污染密集型产业不可避免地会对中部地区的环境产生巨大的压力。

---

① 引用数据来源：李明：《中部地区外商直接投资的生态环境效应分析》，武汉理工大学硕士学位论文，2008 年 11 月，第 22—24 页。

② 同①，第 32 页。

三、中部地区外来投资管制及利用对生态文明的促进

（一）引资政策的环保生态化改变

2006年11月国家发改委公布了《利用外资“十一五”规划》，对中国利用外资的总体战略目标进行调整，这在很大程度上成为中部招商的风向标。这是中国首次公开利用外资的规划，在中国改革开放编年史上具有标志性的深远影响。《经济视点报》曾经发布过“中部城市投资环境调查暨中部最佳投资城市推介活动”的成果——《中部投资蓝皮书》，在这部调查报告中指出：在走过轰轰烈烈全民招商的年代后，中部的招商正趋于理性化的发展，他们有选择、有重点地吸引外来投资，有目的地将外来资金投入到产业链条当中，逐步培育着中部经济的良性循环发展。在中部六省各城市的招商局，《经济视点报》记者听到最多的一句话就是：“我们现在已由过去的招商引资，转变成了现在的择商选资。”这代表了中部六省在经济建设中的质变。

如今中部地区的招商引资工作有四大门槛：“环保型”、“规模型”、“科技型”、“前景型”，而“环保型”则被放在了第一位。例如，江西省等一些省份纷纷提出“要青山绿水”。表示对引进外资持欢迎态度，但不能把污染和高耗能产业转移到中国来，因为中国人均资源还很短缺，环境容量也有限。江西省在2007年的招商引资工作中推出了“三不”原则：不准引进破坏生态环境的项目；不准引进危害群众生命安全和身体健康的项目；不准引进涉及黄、赌、黑的项目。江西省的态度在一定程度上代表了整个中部六省目前招商引资的方向，择商选资提出了一个健康投资的理念。

（二）促进中部地区在承接东部产业转移中的生态化转型

在全球金融危机的风暴袭来之时，东部地区加速转型，产业转移步伐加快。而中部地区面临有利的国家宏观政策、扩大增加投资与承接东部地区产业转移的新机遇。在新一轮由东向中西部地区展开的产业转移中，国

家确定的“中部崛起”战略和“两型”社会配套改革试验就是为了避免中部的资源、环境、人口压力加大趋势而提出的一种新型的区域经济发展模式，防止东部地区的高投入、高耗能、高污染产业向中部地区简单迁移。

在“两型社会”的“绿色思维”指导下，2008年上半年，湖北省对投资项目推行“绿色通道”、对项目入驻实行“路条制”。2008年全省生产总值11330.38亿元，增长13.4%，连续第五年增长超过10%①。湖北省主要污染物化学需氧量、二氧化硫排放总量持续下降。

2006年，江西省合同外资金额达到40.31亿美元，合同外资项目数982个，实际利用外商直接投资28.1亿美元。而此前的1984年至2003年的20年间，江西省实际引进外资不到40亿美元。正处于发展黄金期的江西省也格外重视环境保护。在2007年招商引资工作中，江西省强调：不准引进破坏生态环境的项目；不准引进危害群众生命安全和身体健康的项目。

《促进中部地区崛起规划》指出：到2015年，中部地区崛起要努力实现以下环境保护目标：万元地区生产总值能耗累计下降25%，能源利用效率逐步提高；万元工业增加值用水量累计减少30%，水资源利用更加集约；单位地区生产总值和固定资产投资新增建设用地消耗量持续下降，耕地保有量保持稳定；大江大河防洪体系基本形成，防灾减灾能力不断增强；主要污染物排放量得到有效控制，生态环境质量总体改善。

（三）利用引进外资，促进产业价值链重构提升的调整

目前，国际资本的流动出现了一些新特点，主要体现在产业链条整体转移趋势明显，关联产业协同转移现象增多。因此，中部地区的企业，特别是一些骨干企业抓住这个机会，积极“引进来”，引导外资全方位参与产业价值链重构，力图改变长期处于价值链低端的地位。在“引进来”方面，湖南华菱通过与安赛乐·米塔尔开展的战略合作，成功引进了电工钢、汽车板、不锈钢等六项关键技术，大大增强了企业核心竞争

① 景体华、魏书华：《2008—2009年我国区域经济发展走势的评析与展望》，中国网，2009年5月11日。

力。湖北省在富士康、中芯国际的一批引进企业的带动下，外贸出口呈现出跨越式发展态势。

再以武汉光谷为例，随着国际半导体产业向中国转移，到2010年，中国半导体产业市场规模将达3500亿美元。光谷位于“九省通衢”的武汉市，拥有国内最大的光纤光缆、光电器件、光通信产品研发基地，科教资源丰厚，物流人力成本较低，理应从产业转移中分得“一杯羹”。结合这样的优势，武汉市东湖开发区提出，将“光谷”打造为中西部地区最大的半导体产业基地，力争与长三角、环渤海湾的半导体产业带形成三足鼎立之势，成为未来的中国半导体产业“第三极”。东湖开发区招商局王继增局长说，到2010年，要力争把开发区建设成为国内一流的集成电路、半导体照明及光伏产业基地，力争集成电路产业实现年产值400亿元，半导体照明及光伏产业实现年产值150亿元。这种利用外资推动产业价值链向高端提升，也给中部地区生态环境优化带来了强劲的促进。

（四）招商引资促进工业园区的开发，节能减排

招商引资工作的主体是企业和项目单位，招商引资工作的载体主要是开发区和工业园区。中部地区六省地处内陆，在现阶段的招商引资工作中，要想促进产业集聚，形成配套完整、技术领先的产业链，就必须充分发挥开发区和工业园区的优势，开展园区招商。在中部六省中，工业园区招商成绩最为显著的是江西省。2006年江西省实际利用外资28.07亿美元，外贸出口额增幅居全国第二位，中部第一位，其中工业园区的招商工作功不可没：2006年，江西省工业园区实际到位内外资1030.3亿元，增长29.31%；产品销售收入2323.3亿元，增长57.17%；上缴税金129.7亿元，增长36.63%。随着开放型经济服务平台日趋完善，江西省新开通了4条欧美国际航线；南昌市出口加工区正式获得批准；九江出口加工区正式封关验收；赣州市出口加工区的申报工作进展顺利；电子口岸建设取得实质性进展。可见，节能环保的工业园区建设成为江西省招商引资、发展开放型经济的主战场。

例如，近年来，武汉市以可再生资源作为园区发展基础，主要围绕

可再生资源的加工、循环利用来推动产业发展，节水、节能减排，得到专家好评。如建立试点“资源—产品—再生资源—再生产品”的新沟工业园循环经济圈。以世源热电厂为中心，在发电的同时将余热输送到周围企业，作为生产用蒸汽；间接冷却水降温消毒处理后作为居民生活和农田灌溉水回用；粉煤灰用于生产环保型建筑材料。新沟工业园的建设，对武汉市生态文明的建设、发展循环经济、低碳经济，都起到了很好的示范和促进作用。

第四节　城市建设对生态文明的生成与发展的影响

一、中部地区城市群建设的强劲发展

中部地区城市群以占中部地区34.5%的土地资源、44.13%的人口，创造了超过一半的国民生产总值以及超过60%的工业增加值①。到2020年，率先在中西部地区基本实现现代化，成为继长三角、珠三角、环渤海之后全国第四大经济增长极。

“十五”期间，中央提出中部崛起的战略，中部地区各省纷纷提出应对之策，其核心均是打造城市群，把各自的城市群作为实现崛起的“龙头”，培育出以下五个主要城市群：武汉城市圈、长株潭城市群、中原城市群、皖江城市带、环鄱阳湖城市群。

1. 武汉城市圈。位于湖北省东南，以武汉为中心，包括周边100公里内的鄂州、黄冈、黄石、咸宁、孝感、天门、仙桃、潜江等8个中小

① 朱有志：《中国中部地区发展报告（2008）》，社会科学文献出版社2009年版，第44—47页。

城市及所辖区域。区域总面积 5.78 万平方公里，占该省面积的 31.1%，人口 3094 万人，占该省的 51.1% 以上；2006 年该城市群 GDP 为 4578 亿元，占全省的 61.1%。是湖北省人口、产业、城市最为密集的经济中心区。远期目标是到 2020 年，力争发展成为继沿海地区之后我国第四大经济增长极。

2. 中原城市群。位于河南省中部偏北，以省会郑州为中心，半径涵盖 500 公里，包括洛阳、开封、新乡、焦作、许昌、平顶山、漯河、济源等 9 个省辖市及下辖地区。区域总面积 5.87 万平方公里，占该省总面积 35.1%；人口 3950 万人，占全省总人口的 40.2%。2006 年该城市群的 GDP 为 7084.39 亿元，占全省的 56.8%。未来将打造成中西部地区规模最大的城市群。

3. 长株潭城市群。位于湖南省东北，包括湖南省中部的长沙、株洲、湘潭 3 个地级市及所辖地区。区域总面积 2.18 万平方公里，占全省的 13.3%；人口 1301.5 多万人，占全省 19.2%。2006 年该城市群的 GDP 为 2412.6 亿元，占全省的 37.6%，是湖南省经济社会、文化中心。长株潭城市群的中期目标是"要启动以长株潭为中心的'3+5'城市群建设研究，即以长沙、株洲、湘潭为中心，1 个半小时通勤为半径，包括岳阳、常德、益阳、娄底、衡阳在内的城市群建设"。该城市群土地面积 9.7 万平方公里，人口 3958.5 万人，分别占全省的 59.4% 和 60.1%；GDP 占全省的 74.4%。

4. 环鄱阳湖城市群。位于江西省北部，以南昌为中心，包括九江、景德镇、上饶、鹰潭在内的 5 个设区市及宜春市所辖的丰城市、樟树市、高安市，涵盖 32 个县市。该城市群总面积 6.4 万平方公里，人口 2100 万人，分别占全省的 38.1% 和 47.1%。2006 年该城市群 GDP 达 2740.9 亿元，占全省的 58.68%。发展目标是"做大一个中心，突出两条轴线，打造两个城市圈，强化 50 个小城镇"。

5. 皖江城市带。位于安徽省中南部，包括马鞍山、芜湖、铜陵、安庆、巢湖、宣城、池州、滁州等 8 个市在内的沿江城市带。总面积 7.35

平方公里，占安徽省的52.65%，人口2830.34万人，占全省的42.93%。2006年GDP达3855亿元，占全省的62.76%。中远期目标是建成临江产业密集带、沿江城镇密集带。

二、中部生态型城市群建设对生态文明的促进提升

近年来，在中部城市群的构建重点中，突出了生态环境保护、环境友好型区域的建设。生态共建、环保同治，提高城市群资源环境承载能力成为城市群建设中的主要议题。中部五大城市群在中部经济发展中的支撑作用和生态环境保护的核心地位日益明显。

（一）城镇生态化建设

武汉市通过建立符合中心城市辐射型、高技术含量型和高附加值型、低能耗型和无污染型、高收入弹性型产业体系，发挥中心城市要素聚散的基本功能，提升武汉城市圈的生态文明建设的力度。

长株潭大都市区的建设，是以三市三个主城区为核心，三个主城区接合部为绿心，突出长沙主城区主核的地位，包括株洲市、湘潭市两个副核城区，构建“一主两副环绿心”的大都市区生态型组团空间布局结构。形成北温带内陆型自然风貌优美、城市人文景观本土特色鲜明、各类文化丰富多彩与社会开放程度高、经济竞争能力强、公共管理服务优、生态环境保育好的繁荣型、创新型、和谐型、宜居型、灵秀型的生态社会环境良好的组团式网络型国际化都市区。

资源型城市加快经济转型，培育壮大接续替代产业，拓展发展空间。加强矿区生态环境综合治理，重点抓好采空区、沉陷区治理和植被恢复工作，支持尾矿库安全闭库。支持资源枯竭城市解决好就业和社会保障等民生问题，加快棚户区改造。加大对资源型城市转移支付力度，建立资源型城市可持续发展准备金。

（二）构建中部城市群的生态旅游联盟，推进区域环境优化一体化

中部地区是华夏文明最早发展、最为发达的地区之一，生态旅游资

源也十分丰富。有以鄱阳湖、洞庭湖、洪湖、巢湖为代表的水域景观；以黄山、庐山、三清山、张家界为代表的山岳景观；以武当山、龙虎山、九华山、衡山为代表的宗教朝圣景观；以黄鹤楼、滕王阁、岳阳楼为代表的江南名楼景观；以岳麓书院、白鹿洞书院、鹅湖书院为代表的书院文化景观；以南昌、瑞金、井冈山、韶山、红安、六安为代表的红色革命史迹景观。从而构建以绿色旅游、古代遗迹、红色旅游等三大旅游板块为核心的城市群内生态旅游合作联盟，共同打造中部城市群生态旅游品牌和精品路线，保证生态旅游资源共享与共护、旅游路线互接、客源互送、促销互利，从而最大程度促进经济发展与生态保护的协调发展。

（三）促进城市群生态环境综合治理一体化

以构建以长江为轴线的中部城市群为契机，促进生态文明建设，围绕长江周边环境的治理，加强各市之间在生态环境保护方面的协作，共同推进“碧水工程”计划实施。目前，中部地区正在加快建设城市（镇）生产污水处理厂、工业废水集中处理系统，逐步提高污水处理率；大力整治区域内的鄱阳湖、洞庭湖、洪湖及湘江、汉水、赣江、皖江河道及两岸，使各城市内的河段有机污染明显改善。长江是中华民族的母亲河，它以其农业灌溉和气候变化的天然调蓄器的特殊功能维系着人与自然的和谐发展，其生态意义十分重大。为了保护长江，目前的做法是：在长江两岸5公里范围内，禁止发展有污染的工业和项目，加快传统工业的技术改造，推广清洁生产、清洁工艺和绿色消费，发展生态农业；规划和建设以长江周边的农田水网、桑基鱼塘和山坡丘陵为基础，以各市县组团间的绿化隔离带、城区绿地系统和自然保护区为支撑的城市群绿地系统，形成“青山、碧水、绿地、蓝天”的生态城市群格局。

（四）保护自然资源

中部地区还承担着国家后续战略资源保障尤其是农业资源、原材料资源、能源供应保障的任务。因此，中部地区在推进城市化的同时，还需特别注重保护耕地，优化区域资源的配置结构，改善人居分布状况和自然环境滋养力，以避免经济发展过程中的生态破坏。中部地区采取大城市群发展战略，可以尽量在有限土地面积上容纳更多的城市人口，达到既推进城市化，又保护耕地和生态保护的目的。重视节约和集约利用土地。中部地区的小城镇（县级市）建设避免数量上的盲目扩张，注重做优、做精、做巧的质量提高。按照社会主义新农村的标准，构建生态型、环保型、宜居型绿色小城镇。

（五）合理引导外资投向，消除东部产业转移带来的负面生态影响

经过20多年的发展，中国东部地区正处于产业结构升级阶段，导致东部地区的劳动密集型产业和资源密集型产业向中部地区的转移。再加上中部崛起带来的本地区经济的快速增长，中部城市群成为中部地区承接东部产业转移的区域热土，从而增加了中部地区城市群人口及生态环境压力。合理引导外资投向解决负面生态问题已广受关注，如湖北省积极引导外资优先投向武汉市、沿江城市、省级以上开发区和具有发展潜力的生态工业园区，重点投向资源节约与环境友好型的大项目，投向农业、基础设施、高新技术产业、汽车及机械制造业、原材料工业和纺织服装业，加快第三产业利用外资步伐。

第五节　居民消费对生态文明的生成与发展的影响

一、中部地区居民消费的现状

（一）消费增长迅速

据统计，2005年中部地区的社会消费品零售总额则为13184亿元，占全国的比重为19.4%。2009年前三季度，中部地区社会消费品零售总额同比增长18.9%，在全国四大经济板块中居第2位，已成为国内一个重要的消费市场和国内外企业关注和博弈的又一焦点。“十一五”期间，

中部地区六省的社会消费品零售额取得了突飞猛进的增长。尤其是2006年上半年，对中部地区六省来说具有一个里程碑的意义，全国各地区全社会消费品零售总额中部增速最快。与上年同期相比，中部地区增速由倒数第一变为正数第一，提高了2.63个百分点，成为不可忽视的消费力量。2006年1—5月份，扣除价格因素，四个地区全社会消费品零售总额实际增速由高到低依次为：中部地区（14.34%）、东部地区（14.31%）、西部地区（13.16%）、东北地区（12.17%）。东部和西部地区增幅也有所提高，分别增长了1.11个和0.74个百分点，东北地区则下降了0.3个百分点。从2003—2006年中部六省的社会消费品零售额可以看出：中部六省的消费力不仅呈现出不断增长的势头，而且增加的幅度越来越快。据了解，2006年全年，全国社会消费品零售总额为7.64万亿元，同比增长13.7%；而中部地区六省的同比增长速度均超过国家其他地区，表现出了庞大的市场潜力，已成为国内一支重要的市场消费主体①。

（二）消费群体庞大

中部地区六省约占全国人口的1/4强，是中国内需市场的主力军。近年来，随着中部崛起战略的提出，中部五大城市经济群（武汉城市圈、长株潭城市群、中原城市群、皖江城市带、环鄱阳湖城市群）异军突起，成为新兴的市场消费热潮，并表现出了巨大的市场潜力。据2007年3月公布的中部地区六省省会消费水平数据显示，在八大类重要消费品支出中，长沙市人均消费性支出高达10679.74元，其中教育文化娱乐服务支出高于全国平均水平。太原市人均衣着消费支出1116.26元，家庭设备用品及服务支出679.18元，医疗保健支出877.52元，均不同程度地高于全国的平均水平，其中衣着消费高出88.05元，家庭设备用品及服务高出39.33元，医疗保健支出高出55.58元②。

① 经济视点报：《中部投资蓝皮书》，2007年9月4日。

② 同①。

（三）消费需求持续旺盛，居民消费结构升级

2009年以来，随着各地家电下乡、汽车下乡、提高城镇低收入群体补贴、推进农村养老保险和医疗体制改革等“促消费”组合政策的出台，有效地带动了城乡居民消费。据统计，1—10月份，中部地区六省的社会消费品零售总额平均增速达18.9%，高出全国平均水平3.6个百分点。其中，湖南省消费增长19.1%，居全国第6位，中部地区首位。

家电下乡拉动农村消费效果明显，农村消费潜能得到不断释放，农村消费市场持续升温，增长快于城市。河南省实施“代垫直补”补贴方式，大大促进了家电下乡产品的销售，1—10月份，农村市场消费增速为19.6%，快于城市市场1.2个百分点。安徽省农村消费增速19.3%，比城市消费品零售总额增速高0.9个百分点。湖南省农村消费增长19.2%，比城市快0.2个百分点。

扩大消费政策还加快了居民消费结构升级步伐。1—10月份，湖南省限额以上汽车类零售额达22.6亿元，增长53.1%，比社会消费品零售总额平均增速快33.6个百分点，家电下乡产品销售量168.3万台，销售额31.5亿元，销售量、销售额及补贴金额一直在全国第二批启动的9个省市中稳居第一名，全国排名第四名。安徽省10月当月汽车类增长41.1%。

二、中部地区打造绿色消费体系的努力与措施

（一）采取得力措施全面节约资源和能源，加快建设节约型社会

通过加强对重点行业的能源、原材料、水资源的消耗管理，鼓励制造业企业按节约资源的要求优化设计，减少原材料和能源的消耗。推进交通运输、农业机械、新建住宅、公共建筑的节能，引导服务业和居民生活节能。

（二）树立可持续的消费观，提倡生态消费

提倡健康文明、有利于节约资源和保护环境的生活方式与消费方式，鼓励合用绿色产品，抵制过度包装等浪费资源的行为，培育公民节能、

节水、节材、节粮、垃圾分类回收、减少一次性用品的使用等良好生活习惯。开创节约型机关、节约型企业、节约型社区的活动，树立节约意识。

（三）发展优质安全食品和绿色食品加工业

发挥龙头企业在资金、技术和市场等方面的优势，推进农产品转化增值。应用现代生化技术，开发淀粉深加工产品类食品原料，大力发展冷鲜肉和各类熟肉精制品产业，以及精制食用油、果蔬制品、乳制品、速冻食品等深加工产业。加大食品生产加工企业监管力度，建立健全食品生产加工检验检测体系，保障食品质量安全。

（四）加强消费品制造业的绿色发展

提升家用电器制造业国际绿色竞争力。大力开发环保健康空调、节能冰箱、仿生节水洗衣机等绿色智能家电产品，加速技术升级和产品换代，培育自主品牌，努力扩大出口。加快发展家电关键配套件产业，培育和发展产业集群。改造升级传统纺织服装业。采用先进技术设备改造传统纺纱织造、针织、印染等行业，淘汰落后产能。鼓励发展高新技术纤维和生物质纤维，加快产业化进程。积极支持承接产业转移，加快发展服装和家用、产业用终端纺织品生产，加强品牌建设，提高产品附加值。发展现代造纸产业。利用木材、竹子、芦苇等资源优势，加强造纸原料基地建设，推进林纸一体化发展。支持企业兼并重组、淘汰落后技术，加强污染治理，促进造纸产业可持续发展。

后记

历时近两年时间，《生态文明与区域发展》一书终于出版。书稿的完成，凝聚了课题组全体成员的艰苦努力。从酷暑难耐的盛夏，到冰封雪飘的严冬，课题组成员始终在用心写作、笔耕不辍。从每一个理论的引用，到每一个数字的落笔，都倾注了课题组成员的心血和汗水。课题组成员涉及从南到北的地域跨度，广博的学术知识和深厚的学术功底，为完成本书稿奠定了基础。

本书的框架设计及总撰：上海大学刘铮教授。

各章节的撰写分工如下：

第一章：生态文明发展与区域发展，上海大学刘铮教授（吉林大学经济学博士、博士生导师）；第二章：区域经济发展与生态文明，上海大学艾慧副教授（上海复旦大学经济学博士）；第三章：珠三角生态文明与区域发展，吉林财经大学景玉琴教授（华南师范大学经济学博士后）；第四章：长三角区域生态文明与发展，上海大学翁志勇副教授；第五章：环渤海区域生态文明与发展，天津市社会科学院蔡玉胜副研究员（吉林大学经济学博士）；第六章：海峡西岸经济区生态文明与经济发展，福建省社会科学院陈燕助理研究员（福建师范大学经济学院博士研究生）；第七章：西部地区生态文明与经济发展与第八章：中部地区生态文明与发展，内蒙古财经学院刘冬梅教授。

上海大学社科学院博士生刘泾、龚万达，参加了本书稿的部分章节撰写、修改和编辑。